建筑工程高级管理人员全过程管理一本通系列丛书

项目总工全过程管理一本通

赵志刚　陆总兵　主编

中国建筑工业出版社

图书在版编目（CIP）数据

项目总工全过程管理一本通 / 赵志刚，陆总兵主编
. — 北京：中国建筑工业出版社，2024.7（2024.10重印）
（建筑工程高级管理人员全过程管理一本通系列丛书）
ISBN 978-7-112-29698-9

Ⅰ．①项… Ⅱ．①赵… ②陆… Ⅲ．①建筑工程-工
程项目管理 Ⅳ．①TU71

中国国家版本馆 CIP 数据核字（2024）第 060035 号

责任编辑：高 悦 张 磊
责任校对：李美娜

建筑工程高级管理人员全过程管理一本通系列丛书
项目总工全过程管理一本通
赵志刚 陆总兵 主编

*

中国建筑工业出版社出版、发行（北京海淀三里河路 9 号）
各地新华书店、建筑书店经销
北京鸿文瀚海文化传媒有限公司制版
鸿博睿特(天津)印刷科技有限公司印刷

*

开本：787 毫米×1092 毫米 1/16 印张：20¼ 字数：502 千字
2024 年 4 月第一版 2024 年 10 月第二次印刷
定价：**78.00** 元
ISBN 978-7-112-29698-9
（42743）

本书编委会

主　　编：赵志刚　　陆总兵

副 主 编：陈仕辉　　何　燕　　张　亮　　张建伟
　　　　　苑　华　　刘金瀚　　杨　晋　　柯卫东

参编人员：

蒋贤龙　　蒋君飞　　张勇建　　刘　强
贾建喜　　陈卫华　　廖鹏宇　　曹　勇
袁晓栋　　潘颖发　　张　广　　寇文洲
王纪刚　　颜俊龙　　侯　剑　　刘　宾
曾开盛　　郑国鸿　　丁宇轩　　徐龙杨
付金祥　　吴雪松　　杨正华　　张在洲

前　言

　　本书以工程进展各阶段项目总工工作内容为主线，结合项目总工实际工作，写清楚招标投标阶段、项目准备阶段、项目实施阶段、项目收尾阶段等各阶段项目总工工作重难点，书籍非常贴近施工现场，更加符合施工实战，能更好地为高职高专、大中专土木工程类及相关专业学生和土木工程技术与管理人员服务。

　　此书具有如下特点：

　　（1）图文并茂，通俗易懂。书籍在编写过程中，结合大量的施工实例图片或施工图纸截图，系统地对项目总工工作内容进行详细的介绍和说明，直观明了、通俗易懂。

　　（2）紧密结合现行建筑行业规范、标准及图集进行编写，编写重点突出，内容贴近实际施工需要，是施工从业人员不可多得的施工作业手册。

　　（3）学习和掌握本书内容，即可独立进行项目总工工作，做到真正的现学现用，体现本书所倡导的培养建筑应用型人才的理念。

　　（4）本次修订编辑团队非常强大，主编及副主编人员全部为知名企业高层领导，施工实战经验非常丰富，理论知识特别扎实。

　　本书由赵志刚担任第一主编；由南通新华建筑集团有限公司陆总兵担任第二主编；由中鸿亿博集团有限公司江门分公司陈仕辉、重庆交通建设（集团）有限责任公司何燕、四川吉通建设工程有限公司张亮、甘肃新瑞城市建设有限公司张建伟、广东万弘建设工程有限公司苑华、浙江江南工程管理股份有限公司刘金瀚、北京建工集团（广州）建设有限公司杨晋、武汉城建集团武汉建开工程总承包有限责任公司柯卫东担任副主编。本书编写过程中难免有不妥之处，欢迎广大读者批评指正，意见及建议可发送至邮箱 bwhzj1990@163.com

编者

2024 年 7 月

目 录

1

本书解决重难点

1.1 总工的整体工作思路

项目总工是一个技术管理岗位，是项目经理的"军师"，是项目部的"参谋长"，是项目工程技术、质量的主要责任人，是项目执行层的领头人，是一个涵盖项目管理决策、项目实施和结束全过程的主要技术管理岗位。其对技术和管理能力要求比较高，需要在项目技术、生产、安全、质量、成本管理等各项工作中进行组织协调，对项目整体目标的实现起着重要作用。其需要具有较强的责任心、较广阔的知识面，敢于开拓进取、创新管理和运用"四新"技术，在思想、业务能力、工作作风上是技术人员的楷模。

1.1.1 部门及人员职能分工

作为项目总工首先要分析在项目技术质量工作中要达到的目标，然后分解目标，细化为各种具体事项，因事设岗，因岗设人，列出具体的人选（每个岗位至少要有一到两位备选人员），对部门人员进行分工，明确每位人员的工作内容、完成时间及检查验收标准，让每位员工都知道自己的工作内容及要求。

1.1.2 勘察现场，进行施工总平面图的规划及临建施工方案的制订

入驻现场第一件事就是要考虑施工人员的生活问题，如何合理规划施工总平面图，使人员出入方便、生活舒适、现场井然有序，同时又符合公司和当地政府的管理规定，是一件需要认真策划的事。

1.1.3 技术管理

1. 图纸会审

图纸会审包括项目部组织的内部审核及参加建设单位组织的图纸会审。图纸会审是一项重要的工作，大量的变更（包括材料、设计、方案的调整）都可以体现在图纸会审纪要中，也是商务创效的一个重要途径。后期的变更往往耗时且大量的联系单会引起建设方的反感，因此务必重视此项工作。图审不仅仅是工程技术部的工作，也是商务部的工作，要各部门集

思广益，如果项目自身实力不足的话还可借助外部资源——请外部熟练的人员审图。

2. 施工组织设计、方案

按公司、规范及当地政府要求编写施工组织设计、方案的编制计划，对方案要有预感，要提前组织，特别是一些 A、B 类方案，耗时长。方案的编制审批需要在满足可行性的前提下以商务为指引，做到既施工方便又有利润可图。

3. 内业资料

做内业资料首先要确定内业资料的执行标准、格式，总包、分包的内业资料格式要统一。具体是什么格式，要与业主、质监站、档案馆、消防大队沟通确认，要符合当地档案管理规定（一般档案馆、消防大队都有固定的流程、资料要求文件）。施工日志也是一项重要内容，是解决质量纠纷、劳务纠纷的一项重要资料，格式上最好总、分包一致。内业资料要做到与现场同步，忌讳后期补资料的行为。

4. 技术交底

技术交底作为质量预控的最后一道措施，内容方面一定要切合实际，要能抓住重点、切实对班组交底，交底的时候尽量采用图片、动画、PPT 等进行，在施工过程中要及时实施过程检查、及时纠偏。

5. 三检制

三检制包含了交接检，在一些存在工作面交接的部位务必要执行三检制，以免后期产生纠纷。

6. 样板制

样板制及首件验收制实际上是交底的一种形式，关键是要切实交代给作业人员。

7. 图纸深化

深化图纸工作要找专业的人员做，有时也可以借助专业劳务队的力量，做好与设计院的对接。深化图纸会是我们进行施工及开展商务活动的一件重要利器。

8. 技术核定单

技术核定单要内容准确，不存在模棱两可的表述，表述内容要符合商务定额子目的叙述要求，满足商务算量套价的需求。

9. 检验试验

检验试验项目要符合规范及当地主管部门的规定（比如防雷接地在广东省有要求，费用高昂，在福建就费用较低且属业主方费用），要保证既不漏项也不会铺张浪费。属见证取样的项目要提前联系相关人员到场检查，做好签认工作。

1.1.4 质量管理

（1）贯彻全面质量管理方针，负责项目质量管理（QC）小组的日常活动，并督促检查技术人员及班组 QC 活动情况，认真总结经验。

（2）建立并执行质量管理制度，对例行质量检查、质量奖罚作出规定，各劳务队要签字确认。坚持周例会制，坚持现场检查制，奖优罚劣。落实公司的实测实量制度，对于业主、监理下发的通知内容要优先处理。

（3）质量事故调查。对质量事故要重在预防，一旦出现要决不手软，按照四不放过的原则进行处理。

1.1.5 技术创新与科技进步

技术创新与科技进步是施工企业健康发展极为重要的动力源泉，是转变增长方式、提高劳动生产率和效益水平的关键所在。项目作为施工企业的重要组成部分，承载着推进企业技术创新与科技进步的重要任务。因此，作为项目的总工程师，同样承担着相应的职责。

（1）领导并组织好项目的技术管理体系，在做好技术管理工作的同时，积极开展技术创新活动，不断提高科技进步水平。

（2）根据项目工程特点和需要，负责制订相应的技术进步和科技开发的实施计划，为工程的顺利施工提供有力的技术支持。

（3）针对影响工程质量、安全、工期和效益的关键工序或重大问题，结合项目自身情况，负责申报局、公司级科技课题，或自行进行一般性专题立项，通过开展专项科研课题研究和技术攻关，解决项目的实际问题。

（4）积极引导和鼓励项目全体人员开展技术革新（小改小革）、修旧利废、合理化建议、QC 小组等活动，提高项目的整体技术水平。

（5）结合项目实际，积极采用新技术、新工艺、新材料、新设备，大力推进"四新"技术的推广和实施。

（6）积极建立和完善科技信息的收集、处理和交流体系，充分发挥科技信息对施工生产的服务功能。

1.1.6 其他

项目总工还要做好分部、分项工程的验收组织工作，做好日常对监理、业主的对接服务。

1.2 总工到底应该干什么

项目总工程师是项目经理部的技术总负责人，是对全体工程技术人员进行指导、协调和组织管理的领导人员，并主持工程项目的日常技术工作。项目总工程师不仅要具备技术业务、技术管理、科技开发等工程师的基本能力，更要强调对工程项目及工程技术人员的协调、组织管理的领导能力。

项目总工程师要运用自己的专业技术知识和实践经验，解决工程项目中的日常技术问题和施工难题，搞好工程技术管理的日常业务工作，并指导技术人员搞好技术创新和科技开发工作。

项目总工程师是一个技术性的管理职务，具有工程师或高级工程师技术职称，目前许多地方已要求项目总工程师需要具有一级建造师证，是在项目经理领导下的分管项目技术管理工作的总负责人。主要工作职责如下：

（1）全面负责项目的施工技术管理工作。贯彻执行国家有关技术政策、法规和现行施工技术规范、规程、质量标准以及承包合同要求，并监督实施、执行情况。

（2）组织技术人员熟悉合同文件，领会设计意图和掌握具体技术细节，主持设计技术交底和会审签认，对现场情况进行调查核对，如有出入应按规定及时上报监理。

（3）在项目经理主持下，组织编制实施性施工组织设计、施工技术方案，识别和编制关键工序、特殊工序控制清单，并制订关键工序、特殊工序控制计划。

（4）组织编制关键工序、特殊工序专项施工技术方案和工艺措施，并在施工前组织有关技术人员进行全面的施工技术交底。

（5）督促指导施工技术人员严格按设计图纸、施工规范、甲方标准和操作规程组织施工，负责技术把关控制。

（6）负责研究解决施工过程中的工程技术难题。

（7）领导试验检测和施工测量工作，负责对试验、测量在施工过程中发生重大技术问题时的决策或报告。

（8）负责技术质量事故的调查与处理以及审核签发变更设计报告。

（9）主持制订本项目的科技开发和"四新"推广项目计划，并组织实施。制订项目技术交流、职工培训、年度培训计划和主持有关部门开展 QC 小组攻关活动。

（10）主持交竣工技术文件资料的分类、汇总及编制，参加交竣工验收，组织做好施工技术总结，督促技术人员撰写专题论文和施工工法，并负责审核、修改、签认后向上级推荐、申报。

（11）主持对项目技术人员日常工作的检查、指导和考核。

1.3 如何利用规范、方案提高现场合规性

施工项目必须配备合同要求及施工技术管理所必需的现行施工与设计技术标准、规范与规程，并确保使用的规范有效性。项目每年要下载最新的技术标准和规范目录清单，及时做好技术标准与规范的更新工作。

与工程相关、常用的施工技术规范，项目部必须配备一套纸质版，方便管理人员查阅。同时，项目工程技术人员还应有一份电子版规范。

项目档案管理人员要建立项目所有的技术标准与规范台账，从项目档案室借阅、发放的技术标准与规范要履行签字手续。

1.3.1 技术标准、规范、政策的贯彻与执行

（1）明确本工程所依据的规范、验评标准等，特别是有无特殊的地方标准或规范。

（2）组织技术管理人员学习、贯彻落实施工技术规范、操作规程、安全技术规程及上级颁发的各项技术规定，并检查执行情况。

（3）按照国家规范、规程和标准及设计要求，指导并督促施工员及时作各种原材料和半成品、设备的检验，及土建工程和设备安装工程的各种功能性检验。

1.3.2 认真组织编制施工方案，并组织对方案的学习及讲解

无方案不施工、无交底不施工：及时、准确、有针对性交底时要利用 BIM 三维模型、

三维节点详图、现场讲解、过程监控；接地气生产会、班前会用好班组长；解决"最后一公里"；开好现场会：直观、直接，人员齐备，分包人员到场；整改提升：用好内部各部门、监理、甲方，借力打力；过程检查要勤，拍照、核对，用好规范、图集、图纸。

（1）主持编制施工组织、专项方案、交底、应急预案等，并评审。

（2）过程中召集相关人员（技术、安全、操作人员）讨论。

（3）在编制、讨论、讲解、实施的过程中总结，提高相关人员的水平。

1.4　如何把公司制度文件在现场落实

规章制度制定的最终目的是应用，使之为企业经营服务，为员工的自我发展服务。而制度的应用落实有待做好以下几个方面的工作。

1. 制度的落实首要工作是让员工"知道"有这么个制度

让员工"知道"有这么个制度的最好做法是在制定制度时就让各条战线的员工参与进来，让其充分了解制定一条规章制度的必要性以及制定该规章制度所能实现的目标或利益（意义），只有取得员工的理解与支持，将来执行起来才能取得事半功倍的成效。让员工"知道"企业规章制度的方法还有很多，比如将制度公开，广泛征询意见；组织员工培训，安排适当考核以及笔者谓之"三段论"的方法等。但无论哪种方式方法，都只有一个目的，就是让员工熟知企业的规章制度，只有这样，员工才会对照自己的行为，明白什么可为，什么不可为，久而久之，便形成了一种良好的习惯，这就是制度落实的一个良好开端。

2. 企业制度的执行和执法一样，讲究的是公正

再好的规章制度，不能公正地执行，只会与制定制度的初衷背道而驰，甚至带来无穷的负面效应。俗话说"制度面前，人人平等""王子犯法，与庶民同罪"，不管是领导干部或亲戚朋友，必须严格按制度办事，谁违背了规章制度，谁就应该受到制度的处罚，否则，任人唯亲，保持一团和气或放低处罚标准，甚至大事化小，小事化无，根本起不到应有的作用，甚至会起到消极的负面作用。

3. 领导干部的表率作用是企业规章制度得以落实的推进器

企业高层领导处在重要的工作岗位，他们负责确定企业价值的目标定位、发展思想、资源配置、各种规章制度的出台以及工作的方式方法等，对规章制度的执行起到决定性的作用。而企业的中层管理者是企业走向成功的中坚力量，他们承上启下，既是大团队中的一员和伙伴，又是小团队中的领导和教练，他们应具备正确做事和做正确事的双重能力。企业领导和中层管理者，通过各方面的工作影响、作用于每一位职工。只有各层领导以身作则，对制度给予充分重视，执行中不偏颇，做到公平、公正，才能有力地推进企业制度的有效落实。

4. 完善的监督机制，是企业规章制度有效执行的有力保障

企业制度的落实仅靠各级领导干部的"自觉性"是远远不够的，并不能保证制度一定能够落实到位、到底。领导干部，尤其是制度的具体执行者，可以说是权力的直接掌握者，"没有监督的权力是危险的权力"，随时都有成为脱缰之马的可能，必然会出现人为偏离制度的约束和要求，不能真正起到约束和规范作用。只有系统、完善的监督机制才是企业规章制度有效执行的有力保障。如果制度的制定不是为了泛泛而谈或表面约束，就应将制度细化分工、责任到位、相互监督、严格执行。

5. 公司季度检查等相关制度在现场具体落实的案例

2020年××××公司第三季度在××××项目根据公司检查制度，在现场检查实体质量和内业资料后下发整改通知单，并限期整改。具体如下：

整改通知单

编号：××××总科 20220905-1

<u>××××××</u>号院项目：

　　<u>　2020　</u>年<u>　9　</u>月<u>　5　</u>日检查<u>×××××××</u>号院项目技术质量板块内业资料及现场施工情况，现场检查发现存在以下问题。

一、内业资料方面

1. 洋房屋面防火隔离带用岩棉板，缺少合格证及出厂检测报告。

2. 洋房屋面工程检验批资料与现场不符（现场保护层为贴砖，资料显示为细石混凝土，保温板厚度现场为100mm，资料显示为70mm）。

3. 地下室地坪做法为细石混凝土，检验批资料为石膏自流平。

4. 车库顶板防水材料缺少见证取样记录及复检报告。

5. 屋面防水出厂检测报告时间为2021年5月份，进场复检报告时间为2021年4月份。

6. 缺少屋面防水闭水试验记录。

7. 质量例会缺少会议纪要及签到表。

二、现场质量情况

1. 石膏自流平地面个别房间有强度低、大面积裂缝问题。

2. 屋面花架抹灰阴阳角不顺直、不方正。

3. 地下室顶板防水卷材铺贴不平整、不顺直，有扭曲、皱折现象。

4. 屋面缺少排气孔，反坎防水高度普遍不够。

5. 楼梯间挡水台未做，楼板裂缝有渗水现象。

6. 主楼内核心筒区域设有4个沉降观测点，现施工阶段被石材覆盖。

7. 抽查16号楼32、22层共计11个客厅和房间顶板极差，不合格2处，合格率81.8%。抽查抹灰工程18面墙，不合格1处，合格率94.4%。

三、改进建议

1. 加强对石膏自流平地面的配合比控制和养护工作。

2. 高回填楼栋，加强沉降观测。

3. 雨期施工期间，要从工序安排和管理两方面加强应对地下室防水排水措施，车库回填土要注意回填土厚度控制及临时土场位置规划。

4. 加强顶板极差情况排查与修补整改工作。

5. 对1号楼后续施工与外架拆除作业，加强高压线影响的安全管理工作。

6. 加强内业资料管理。

以上问题请<u>××××××</u>号院项目部积极整改，并于<u>2020</u>年<u>9</u>月<u>20</u>日前将整改情况回报公司科技部。

　　项目负责人签字：　　　　　　　　检查人员签字：

　　　　　　　　　　　　　　　　　　检查日期：

整改完成情况：

　　项目负责人签字：　　　　　　　　复查人员签字：

　　日期：　　　　　　　　　　　　　日期：

1.5 如何带领项目技术管理人员提升自己

管理就是通过他人做好工作的意志行为。对所辖技术人员管理要有"成人之长，去人之短"的胸怀，唯有尽自己之所长，才能去人之所短。对自身要有"取人之长，补己之短"的情怀，唯有不恃己之所长，才能取人之所长。

1.5.1 带班的品味

（1）关注每个人的特点及特长，定期不定期地动态明确岗位、工作职责，明确工作目标及预期达到的效果。

（2）关注技术人员的思想动态，必要时谈心、做思想工作，帮助遇到困难的同事。

（3）关注各技术人员的工作状态：责任心、工作质量、工作效率，必要时给予建议或帮助。

（4）定期召开技术学习、技术座谈、技术培训会议；技术学习时要适当引入新知识，让大家知道该学的知识还很多，学无止境，以此激发大家自觉学习的积极性。给所有技术人员提供畅言的机会和学习条件。

（5）组织主要管理人员及所有技术人员经常性地开展重大技术方案讨论会议。

（6）关心每位技术干部的技能提升和岗位晋升，给技术干部创造技能提升和岗位晋升的有利条件，参与技术总结、撰写论文、科研创新、各种汇报资料的编制等工作。

1.5.2 育人的品味

（1）创建学习型技术团队，经常组织学习或有趣的活动，营造积极向上、乐观进取的良好氛围。

（2）帮助技术人员规划职业生涯，让每位员工看到希望，按照既定目标奋斗。

（3）想离开单位的技术人员，我们努力做工作，让他打消念头。若他执意要走，不强求。让周边同事尽可能少受影响。

（4）选优秀技术干部，树立榜样，并切实培养。项目总工有建议权。选人（寻找合适的人，正确评价和定位），提出要求（做合适的事，目标管理和绩效考核），激励他（提供支持，用机制和管理环境激发潜能，让他做得高兴），培养他（开发和提供发展机会），使其他技术人员受启发，进而努力跟上。

（5）确保让下属：做正确的事，正确地做事。让大家自觉地：认真去做事，用心地做好事。

（6）建立技术团队台账及相关活动记录。看看你对团队做了哪些工作？看看你自己带领的是不是一个团队？

1.6 总工如何赢得各方认可

一句话成事、一句话败事、一句话创造一个和谐的音符。一句话兴邦、一句话亡国。

沟通的力量是无穷的，沟通的作用是无限的。以真诚换得真诚，以平等消除距离，以赞美赢得人心，以忠告提出批评，以主动铺开人脉。

1.6.1　团队满意

要让团队满意，就需要让项目部各个部门都满意，主要有以下几个方面：

（1）对项目经理来说：项目总工程师是项目经理在施工现场管理中的指挥棒和执行者；是项目发动机，是项目管理策略、策划的设计者，也是落实者，在项目经理与管理人员之间起到承上启下的作用。项目总工要适应项目经理的管理模式和风格，提前谋划、提醒项目经理各个阶段的工作要点，积极提供合理化建议，为项目二次经营提供支撑。

（2）对生产经理来说：项目总工要做好现场生产的技术配合（及时性），多交流项目部署和资源组织方案，善于听取意见。

（3）对商务经理（或合约部）来说：项目总工前期要配合做好项目成本测算，做好项目二次经营策划；施工过程中配合做好工程量验收、技术核定单办理（及时性）、配合对内对外工程量结算办理、签证索赔的技术支撑；收尾阶段配合做好结算的技术支撑。

（4）对机电经理来说：项目总工要协同作战，做好临时水电方案，做好专业配合、对外关系（质监、设计、消防、幕墙等）的技术配合。

（5）对安全部门来说：项目总工要配合做好报建程序办理、现场标准化实施方案、项目亮点打造等，并及时提供技术支撑。

（6）对工程部来说：项目总工要做好技术交底，做好现场技术指导；加强培训（内容针对性、深度）、人才培养。

（7）对材料部来说：要做好材料总计划（准确、及时），配合材料验收（标准、工程量）。

（8）对综合办来说：要为综合办的 CI 管理提供技术支撑，并配合项目行政管理。

（9）对技术质量部来说：项目总工要带头坚持原则，为懂业务、兢业的质检、安全等技术人员"撑腰"，让现场技术管理人员大胆工作，为现场施工规范化、程序化、标准化打好基础。

明确分工，掌握思想动态，发挥团队优势：项目总工要加强对技术人员的动态分工管理，分阶段明确每位技术人员的岗位职责，使每位技术人员知道自己应该做什么，应该做到什么程度。帮助每位技术人员进行职业生涯规划，帮助每个技术人员明确长远发展方向及近期努力的目标。了解技术人员的思想动态，做好技术人员的思想教育工作。

创建学习型技术团队，牢记"大雁法则"：

相互支持、相互帮助、共同提高、荣辱与共的团体。

每只大雁在飞行中拍动翅膀，为跟随其后的同伴创造有利的上升气流。这种团队合作的成果，使集体的飞行效率增加了 70%。队形后边的大雁不断发出鸣叫，目的是给前方的伙伴打气鼓励。

帮助别人其实也是在帮助自己。不管群体遭遇到的情况是好是坏，同伴们总是会互相帮助。

如果一只大雁生病或被猎人击伤，雁群中就会有两只大雁脱离队伍，靠近这只遭到困难的同伴，协助它降落在地面上，然后一直等到这只大雁能够重回群体，或是直至不幸死亡之后，它们才会离开。

1.6.2　业主满意

对外联系首先要讲诚信，其次要讲立场、讲原则，为自己树立形象的同时，也为企业争信誉、赢利润。

多与建设相关单位沟通，为业主提供合理化建议，把问题解决在施工之前，保证工程顺利完工，使业主满意。

1.6.3　公司满意

公司部门：落实公司各项管理制度；配合其他部门完成相关事宜。

公司领导：现场支撑市场，为企业树立品牌；配合公司做好人才培养；协助调配项目技术资源。

在项目施工过程中为公司培养成熟型人才，通过科技创效为公司创造高效益和好的口碑，从而现场带动市场，让公司满意。

1.7　总工的职业规划应该怎么做

项目总工（考证、评职称）→项目经理→公司层级管理（走专家路线、去甲方）。抓实平时工作、重在日常积累，尤其是基础管理的业务方面，学习与应用并重，让工程师不但要参与技术管理，而且还要重点参与，大范围参与，让其在理论和实践中反复验证图纸或方案等在现场的应用效果，加强预判能力和出现问题后的解决能力，使其快速成长为能解决问题的应用型总工，而不是理论型技术人员。

1. 职业规划

引导技术管理人员建立起清晰的职业规划，让他有信心、有希望，愿意从事总工工作。

2. 制订目标

对技术管理人员制订清晰的工作目标和计划，严格考核目标完成情况。

3. 严格标准

严格工作标准，导师以身作则，传递正能量，事事有闭环，形成良好习惯。

4. 事事关注

既严肃工作，也主动关心；既严格标准，也允许创新；既放手去做，也重点关注。

5. 证书

想成为一个好的项目总工，职业证书也是必不可少的，就像开车一样需要有驾驶证。项目总工的职业证书就是中级工程师证书（有考的也有评的），现在有的地区已经要求有建造师证书了。作为项目总工一定要有自己的取证规划，中级工程师这个职称证书，一般工作年限到了就可以评了，这个是比较好办的；建议按照一级建造师→一级造价师，然后再进行增项的节奏进行考证。因为有了证书就比别人多了许多机会，比如升职、加薪。

6. 专业能力

（1）接受过专业知识的培训，掌握与工程规模相适应的施工专业理论知识。

（2）具备与岗位相适应的安全生产知识和管理能力，依法取得必要的岗位资格证书。

（3）参与过相应规模的工程施工，具有一定的施工经验和管理业绩。

（4）熟悉国家、地方有关技术规范以及相关法律、法规、标准等。

（5）有较强的文字处理能力，熟悉项目施工程序，掌握分部、分项工程施工工艺和质量、安全等要求。

（6）具有独立解决问题的能力，能够处理施工过程中的质量问题。

（7）具有科技创新意识，并在工作中能够积极创新或改进。

（8）具有组织、沟通和协调能力，能与项目经理部其他管理人员、建设、监理和设计单位进行较好的配合。

1.7.1　项目总工程师的工作内容

项目总工程师的工作内容包括技术管理、质量管理、现场检查与指导、技术创新与科技进步、技术培训与交流、信息化管理等。

1. 技术管理

技术管理是一项针对项目施工中产生的一系列技术活动和技术工作进行计划、组织、指挥、协调与控制的全面系统性的工作。因此，项目总工程师应根据项目的工程特点，以国家和行业有关技术标准、规范、规程、合同、设计文件及企业自身的相关规章制度为依据，紧紧围绕项目经营管理的总目标，并结合自身和可利用资源的情况，从实际出发，科学和实事求是地开展好各项工作。

（1）组织有关技术人员认真审核合同技术条款和设计图纸，充分理解工程的技术要点、特点和质量标准。

（2）组织有关技术人员进行控制点的复测和恢复中线，认真做好现场踏勘工作，并做好技术和质量策划工作，指导、督促做好施工过程中的测量工作。

（3）组织有关技术人员编制大型工程以下项目的施工技术方案，积极参与大型工程以上项目的施工技术方案制订工作。制订的施工技术方案既应符合合同技术规范要求，体现设计意图，又要做到切实可行、技术和工艺先进、经济合理，能保证质量、安全和工期要求。方案按规定批准后，组织实施。

（4）组织制订安全和环保技术措施，并按规定批准后实施。

（5）组织好技术交底和交底原始记录的整理归档工作，指导、督促做好二次技术交底工作。

（6）负责项目工地试验室的建设和取证工作，指导、督促做好施工过程中的试验检测工作。

（7）组织做好设计变更工作，做好测量、试验数据的审核把关工作，指导、督促检查各种施工原始记录的整理、签认和归档保存工作。

（8）负责对项目的技术工作进行及时总结，积极推进项目整体技术策划和标准化施工。

（9）组织做好交（竣）工项目的各项准备和资料整理编制、归档工作，负责竣工验收前修复工程的方案制订及实施。

（10）做好项目分包工程的技术管理工作，定期对其进行检查和指导。

2. 质量管理

工程质量是企业素质的综合反映，是项目管理水平的重要标志。项目总工程师在项目经理的领导下，对工程质量负全面技术责任。

（1）负责建立项目质量保证体系，协调质量相关部门的接口工作，指导、督促和检查质量职责的落实和质量体系运行等情况，并及时制订改进措施。

（2）主持编写项目质量目标实施计划，并组织贯彻实施。

（3）根据项目的工程特点，负责编制关键过程和特殊过程的作业指导书，并督促实施，做好过程控制。

（4）负责质量信息的审核、发布和上报工作，保证其及时性、准确性和可靠性。

（5）负责组织开展创精品工程和创优工程活动，并制定实施措施和奖惩办法。

（6）组织工程质量事故的调查与处理。

3. 现场检查与指导

现场检查与指导是项目总工程师的一项重要工作，通过现场检查与指导，可以及时了解现场情况，发现问题并及时采取措施，做到预防预控，防患于未然，确保工程顺利进行。

（1）负责组织每月一次的项目质量大检查，并将检查结果及时上报。积极参与和配合公司的季检、半年度抽检及业主、监理等组织的各项质量检查活动。

（2）定期或不定期地进行现场检查，要重点关注关键过程和特殊过程，对于发现的问题，要及时采取措施。

（3）要亲自到现场组织和指挥重大技术方案或技术措施的实施，实施过程中要不定期地进行现场检查与指导，确保方案或措施能落实到位。

（4）要经常对测量、试验、施工现场（包括拌合站）等的技术质量状况和相关技术人员的工作情况进行检查，发现问题及时解决。

4. 技术创新与科技进步

技术创新与科技进步是施工企业健康发展极为重要的动力源泉，是转变增长方式、提高劳动生产率和效益水平的关键所在。项目作为施工企业的重要组成部分，承载着推进企业技术创新与科技进步的重要任务。因此，作为项目的技术负责人，项目总工程师同样承担着相应的职责。

（1）领导并组织好项目的技术管理体系，在做好技术管理工作的同时，积极开展技术创新活动，不断提高科技进步水平。

（2）根据项目工程特点和需要，负责制订相应的技术进步和科技开发的实施计划，为工程的顺利施工提供有力的技术支持。

（3）针对影响工程质量、安全、工期和效益的关键工序或重大问题，结合项目自身情况，负责申报局、公司级科技课题，或自行进行一般性专题立项，通过开展专项科研课题研究和技术攻关，解决项目的实际问题。

（4）积极引导和鼓励项目全体人员开展技术革新（小改小革）、修旧利废、合理化建议、QC小组等活动，提高项目的整体技术水平。

（5）结合项目实际，积极采用新技术、新工艺、新材料、新设备，大力推进"四新"

技术的推广和实施。

（6）积极建立和完善科技信息的收集、处理和交流体系，充分发挥科技信息对施工生产的服务功能。

5. 技术培训与交流

开展技术培训与交流活动，是提高项目整体施工技术水平的重要环节，也是项目总工程师的重要工作内容之一。

（1）施工准备阶段，负责组织相关技术和操作人员进行岗前技术培训，为施工做好技术准备。

（2）施工中，应在关键过程和特殊过程的重点技术方案、措施实施前，或采用"四新"技术前，组织相关人员进行技术培训，必要时聘请技术专家来项目进行技术指导，确保实施效果。

（3）根据项目的实际需要，有计划地组织技术人员进行项目内外的业务技术学习和技术交流，加速知识储备和更新。

（4）根据项目的工程特点，组织对工人施工操作技能的培训，做到能熟悉本职工作，熟练掌握本岗位的操作要领和方法。

6. 项目信息化管理

项目总工程师应加强工程的信息化管理，领导和组织项目技术人员充分利用电脑办公系统和网络信息资源，更好地为工程施工服务。

项目信息化管理的内容有：信息化工作计划和管理制度的制定与实施，计算机管理人员的任用和考核，全员信息化的培训与考核，电脑设备的配置与管理，软件与信息系统的开发、管理与维护，计算机网络系统的组建与管理等。

1.7.2　项目总工程师的工作程序

项目总工程师的工作程序大体上按照技术规划、施工整体部署、过程控制、竣工总结的管理流程进行。

技术规划是针对上级机关的技术方针目标，结合工程项目的具体情况，制订适合本项目的技术方针和质量目标，选定相应的科研课题，确定本工程所需要购置的重要设备、仪器以及所要执行的技术标准、规范和规程，拟定主要技术人员的分工安排。

施工整体部署主要包括编制实施性施工组织设计，建立技术管理和质量管理体系，确定关键工序的施工方案，落实工程开工的技术准备工作。

过程控制就是要对施工的各个技术环节和全过程进行横向到边、纵向到底的全方位监控，特别是对影响工程质量、进度和效益的关键过程和施工工艺，应重点进行监控，确保施工按计划顺利实施。

竣工总结就是要在做好竣工验收工作的同时，组织全体技术人员，认真分析技术上的成功与不足之处，探讨本工程的施工经验和教训，对在施工中成功使用的施工工艺和方法、课题研究成果以及"四新"技术的应用成果等及时进行总结。

1.7.3　项目总工程师的工作方法

项目总工程师的工作方法，就是以科学技术的态度、方法和知识作为手段，以创造、创新和集体协作精神为宗旨，把工程施工上的具体问题作为任务加以分解，组织全体技术人员并身体力行地予以合理的解决。

1. 日常工作方法

1）处理公文

公文是公务文书的简称，是上级领导机关用来发布文件、传达领导意图、指导工作、通报企业工作情况、交流经验及项目向上级和业主请示意见、上报材料、互通情况的工具。公文的主要作用是上传下达、凭证依据、宣传教育和规范行为。

处理公文必须准确、及时，防止公文被搁置而贻误工作。按照文件的来源、使用范围、用途和收发不同分类处理，对公文要认真阅读，领会其精神，慎重地审核批复。

工程联系单是指在工程施工过程中，图纸某些地方需要修改或出现甲方想要改变的事项，为了进一步斟酌，以免出错而使用的文书，部分项目的变化都采用工程联系单沟通。工作联系函与工作联系单，是建设方、施工方、监理方通用的表式文件。在施工过程中，各方有需要沟通与协商的事宜，可以通过这两种方式进行处理（表 1-1）。

工作联系单 表 1-1

编号：<u>2020-03-17</u>

工程名称	××××××1 号院项目
联系事由	关于外墙造型和砌体构造柱的事宜
联系单位	中国××××程局有限公司

致：××××××房地产开发有限公司

　　我单位施工的××××××1 号院项目，1、2、3、5 号楼建筑图纸中每层均有 24 个外墙造型。根据图纸要求造型由构造柱与 100mm 厚的砌体墙组成，且造型转角特殊（转角为 144°的阳角）。

　　经我公司技术人员和相关专家进行多次 BIM 模型和深入现场讨论，发现二次结构造型有以下不足并提出优化方案。

　　不足主要有以下几点：

　　（1）造型 100mm 厚墙体转角部位搭接长度不足 10cm，稳定性较差。

　　（2）二次结构造型施工工序较多、工期较长、施工进度缓慢且施工危险性较大。

　　（3）墙体砌筑完成后，根据规范要求最少需要间隔 7d 才能进行顶砌，顶砌结束才能浇筑构造柱，墙体两端皆为自由体，在这期间墙体非常容易发生整体倒塌，导致安全事故。

　　（4）造型立面的分隔线在砌体转角部位（转角为 144°的阳角）上下存在偏差，影响外立面效果。

　　（5）造型内部为封闭空间，墙体砌筑完成后，造型构造柱在浇筑过程中容易导致 100mm 厚墙体倾斜、位移，最终造型完成效果较差，影响贵公司的形象。

　　（6）因造型外侧直接为装饰面层，砌体与结构板交接处经过几次季节循环后容易裂缝，影响造型效果，最终影响贵公司在业主心中好的形象地位。

　　优化方案 1：建议外墙二次结构造型改为带角铁骨架的 GRC 装饰线条，其特点如下：

　　（1）无限可塑性。GRC 产品是将原料按一定配比搅拌，在模具内浇筑成型，可生产出造型丰富、质感多样的产品。可根据客户和设计师的不同需要，进行任意的艺术造型，完美实现设计师的设计梦想。

　　（2）质量轻、强度高。GRC 的体积密度约为 1.8～1.9g/cm³，8mm 厚标准 GRC 板质量仅为 15kg，抗压强度超过 40MPa，抗弯强度超过 34MPa，大大超过国际标准要求。

　　（3）超薄技术、尺寸大。GRC 板最薄可做到 5mm，标准宽度为 900mm 和 1200mm，长度不限，满足运输条件即可，亦可做成 5mm 至任意厚度，任意尺寸。

　　（4）色彩丰富、造型多样。GRC 产品采用同质透心矿物原料，可以根据客户的需求做成各种不同颜色及不同造型的艺术效果。

　　（5）质感好、肌理丰富。GRC 产品表面可做成喷砂面、荔枝面、光面等不同质感效果，也可以做成条形、镂空、浮雕等不同肌理效果。

（6）环保、无辐射。GRC属可再生材料，有利于环保。原材料不含有放射性核素，为国家放射性核素含量A类环保材料。

（7）防火、防水。GRC原材料全部为不燃材料，经检测为A1级防火材料。在水中长期浸泡，GRC材料的形状及安全性系数变化很小，结构和性能均不发生变化。

（8）抗污、不变形、超耐久。GRC材料干湿变形小于0.123%，大量试验证明，GRC具有超强的耐久性，不怕紫外线照射，经得起风吹日晒雨淋，耐候性远远高于一般的建筑材料。

（9）隔声、抗震性好。根据GRC材料厚度和表面处理方式的不同，可以达到良好的隔声吸声效果。加之其质量轻，强度高，相对于其他材料抵抗地震冲击能力更强。

（10）工期短、维护方便、易更换。GRC可大块生产分割，安装方法简便多样，且全部为工厂预制，有利于现场施工，大大缩短工期。

优化方案2：建议外墙二次结构造型改为EPS装饰线条，其优点如下：

（1）重量轻。以50cm×50cm的装饰线为例，其重量是GRC装饰线的1/6左右。一个人可以随意搬动、施工。

（2）粘贴牢固。装饰线（件）的安全是非常重要的，尤其是质量终身制的要求下，如果只重美化，不注重安全，那将带来很大的隐患。EPS装饰线不仅质轻，而且与基层墙面粘结十分牢固。它主要是用聚合物砂浆进行粘结，而聚合物砂浆是将有机胶加到无机材料水泥砂浆中搅拌制成，不仅使用寿命长，而且粘结牢固，并已经有国家标准和规范，且在大量工程中应用证明可行，是安全可靠的。免去因采用锚栓固定产生施工隐患和锚栓锈蚀隐患而导致的质量事故。

（3）造型随意加工。由于是计算机设计造型自动切割，线条（件）样式可以随心所欲确定，加工简单。

（4）安装方便。利用特殊的粘结材料和方法，一个人就可以安装施工，尤其较大体量构件，只需粘结安装。

（5）装饰线（件）流畅、美观，线形间无缝隙。由于两个线条之间使用了缝隙修补材料，使缝隙全部消失，在以后的使用中也不会出现裂缝。

附：构造柱详图

抄送：×××建设管理有限公司

发文单位（盖章）：

负责人（签字）：

2020年3月18日

2）组织会议

组织会议是常用的一种领导工作方法，通过会议来安排工作、协调关系、咨询决策、互通信息、讨论与决定问题等。会议的组织工作包括确定会议的议题、参加会议人员、会议的议程、时间、地点等，并要事先通知，使参加会议人员准备好有关资料，会场要提前做好布置。

3）组织协调

组织协调是行政管理的重要职能，主要是改善和调整各部门、各工种和人员之间的关系，使各项工作密切配合，人员分工合作、步调一致，促进工程项目的圆满完成。

协调的本质是对人员的协调。协调工作要贯穿工程项目施工的全过程，本着平等公正、求同存异、合理分工和统筹兼顾的原则，照顾到各个方面、各个环节和所有人员，做到上下协调、内外协调、横向协调、平行协调，使工程项目施工和谐统一，物尽其用，人尽其能，充分调动全体人员的工作积极性和创造性。

4）深入施工现场

施工现场是项目管理工作的基础，因此，项目总工程师应深入现场，了解并掌握具体情况，指导和解决实际问题，从而取得领导工作的主动权和实效性（表1-2）。

工程技术核定单   **表 1-2**

编号：20211124

工程名称	××××商业广场项目	建设单位	×××××上海实业有限公司
设计单位	××××××设计与顾问有限公司	监理单位	××××工程建设监理有限公司
施工单位	中国×××××××局有限公司	施工图号	—

核定单内容：

    由我单位施工的××××商业广场项目，根据 1 号楼 C 区一层柱施工图放线后发现 C 区 X/8 轴交 E-C 处的柱子原设计截面为 900mm×900mm，钢筋为 4Φ25＋16Φ20，现设计柱截面为 650mm×650mm，钢筋为 22Φ25 和 26Φ25。根据 A、B 区植筋情况，我部发现若割除钢筋后重新进行植筋，存在位于十字梁交叉处钢筋太密的问题(此处梁截面为 500mm×1000mm，横向钢筋面筋为 18Φ@250mm，纵向钢筋面筋为 27Φ25，箍筋为 10mm@100mm)，植筋数量和钻孔深度无法满足设计要求。

    此类情况下，需将原柱周边结构按照 900mm×900mm 的立杆间距，1500mm 的步距，纵横向每隔三跨设置竖向剪刀撑进行加固、回顶，同时对柱截面水平距离 3.5m 范围内主梁内的混凝土进行凿除，新增钢筋深入地下室长度达到负一层净高的 1/6 约 900mm。

    根据贵司进度要求，我单位本着降低施工成本、减少施工难度、加快施工进度的原则，经各方商讨确定 C 区 X/8 轴交 E-C 处的柱子按照原结构预留柱子钢筋(通过等面积代换增加钢筋)和截面进行施工，为了满足造型需求，对原柱子截面进行微调，具体如下图所示。

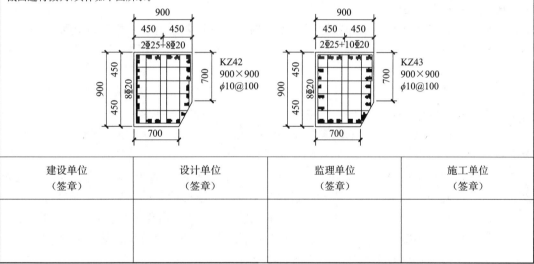

建设单位 （签章）	设计单位 （签章）	监理单位 （签章）	施工单位 （签章）

5）工作计划

    工作计划标明了工作的目标和重点，并将其规定为有序的连续过程，执行的方法和进度，是工程管理的重要依据。

    项目总工程师的工作计划包括项目总体计划和个人工作计划。项目总体计划又分为横道图计划和网络计划，都是对工程项目的整体工作安排。在总体计划之下，需按照项目经营的要求细化为年度计划、季度计划、月计划乃至周计划，还需按工作类别不同细化为科技工作计划、质量工作计划、材料和设备进场计划等。个人工作计划是用于日常工作安排的，是本人所主管的业务工作计划。

    任何事物总是处于不断的发展变化中，这是客观规律。同样，由于工程施工中各种内外部条件的变化、环境与气候因素、不可抗拒的自然与社会灾害等，以及原计划本身的缺陷，工作计划需要随时作出相应的调整，以适应这些变化，更符合工程的内在规律性。

2. 调查研究方法

调查是通过各种方式和手段亲身接触和广泛了解客观实际情况，详细地占有材料。研究则是根据调查得来的情况和资料，用科学的观点和方法进行全面、系统的分析、归纳和总结，弄清事实真相，明了事物的内在联系和发展规律，预测事物的发展变化，从而得出正确的结论，以指导具体工作。

调查研究是科学的工作方法和领导方法。调查是前提，是手段；研究是深化，是目的。调查研究有经验调查和科学调查两种方式，前者主要使用考察、询问、谈话、蹲点等传统方法，侧重于弄清事实真相，找到正确处理问题的方法；后者是采用系统、科学、专业技术的方法，利用先进的调查工具和分析研究技术，不但要弄清事实真相，还要找出其内在的客观规律。

调查研究的基本形式，有专题调查、典型调查、普遍调查、抽样调查和临时性调查等。

（1）专题调查研究是根据上级领导或业主要求，施工难点、技术或工艺的需要，针对某一专题采取的点面结合的调查研究方法。在项目中主要是要解决施工中的技术难题和研究提高工程质量的方法。

（2）典型调查是从具有某种共性的总体事物中，选择若干有代表性的问题而进行的一种非普遍性调查。通过典型调查，找出其内在规律性，用以概括同类问题的一般规律特点，以便指导和推动整体工作，这是一种从个别到一般的工作方法。如混凝土外观质量是工程项目遇到的普遍问题，项目针对护栏的外观质量问题开展调查研究，找出确保其外观质量合格的施工方法，并供其他工程借鉴，就是典型调查的表现形式。

（3）普遍调查是指在一定的范围和规定时间内，对所有对象逐一进行调查，在取得全面资料的基础上再进行分析研究的一种方法。

（4）抽样调查是从总体中抽选一定数量的问题作为样本进行调查，再根据所得的调查数据，运用数理统计原理推算出总体数据的一种方法。抽样的目的在于科学地挑选总体的某部分作为调查对象，通过对局部的研究，取得能够说明总体情况的足够可靠资料，以推断出能代表总体的规律性。样本抽选通常有随机抽样法、分类（分层、分组）抽样法、整群抽样法以及计划抽样或立意抽样的非随机抽样法。

（5）临时性调查是对一些突发性事件或问题所进行的调查研究，如对工程质量事故或技术安全问题的调查。

3. 检查总结方法

检查总结是上级对下级实施决策的情况和结果所作的专门调查，是对决策的再认识。领导不能只是作出决策、发号施令，重要的是检查指示的执行情况，而且要通过实践的检验来检查指示本身正确与否，这是领导工作的重要环节。通过检查总结，有利于发扬成绩、找出差距、纠正错误、提高工作效率，有利于认识规律、发现问题症结所在，有利于发现人才、考核干部、提高领导干部的各项素质。

例如，项目总工针对工程上的某个质量问题提出处理意见，交给主管技术员具体处理，处理完成之后，项目总工再对结果进行检查、评价。在此过程中，项目总工可以检验自己提出的处理意见的合理程度和实际效果，了解到主管技术员解决具体技术问题的能力。

检查总结必须遵循理论和实际相统一的原则，反对主观主义，实事求是地评价各项工作的开展情况。要深入实际、深入施工现场、深入群众，全面细致地掌握客观事实，真正发现先进和落后的部位与环节，充分搜集决策本身及决策执行情况的准确信息进行总结、分析和归纳，从而进一步完善各项工作。

在推行 PDCA 工作方法时，总结检查是其中的一个。PDCA 循环，是指按计划、执行、检查、处理四个阶段的顺序来进行管理工作，并且循环进行下去，检查总结是这一工作程序的第三个环节。

进行检查总结有跟踪检查、阶段检查、自上而下与自下而上的检查、组织专门的班子检查等多种方式。

检查总结的目的在于指导工作，确保领导工作的有效进行和决策目标的顺利实施。这项工作要按计划定期进行，以便随时掌握工作的进程，交流经验，纠正错误，动态调整和优化工作。

项目开工之前总工工作重难点

任何事情，准备工作是关键，施工准备阶段工作十分重要，需要高度重视准备工作，需要动员项目的一切力量，在最短的时间内优质完成准备工作，为及早开工打好基础。

2.1 参与投标工作，编制技术标

技术标，这里统一指建设项目，包括全部施工组织设计内容，用以评价投标人的技术实力和建设经验。技术复杂的项目对技术文件的编写内容及格式均有详细要求，应当认真按照规定填写标书文件中的技术部分，包括技术方案、产品技术资料、实施计划等。

通常情况下公司会有专门的投标中心（小组），里面又细分技术标小组、商务标小组。技术标小组长带领技术标小组人员进行编制（实际上有好多公司，技术标是由项目总工来编制的）。

2.1.1 技术标主要内容

（1）施工部署；

（2）施工现场平面布置图及配套的 BIM 图；

（3）施工方案；

（4）施工技术措施及工程的重难点与解决措施；

（5）施工组织及施工进度计划（包括施工段的划分、主要工序及劳动力安排以及施工管理机构或项目经理部的组成）；

（6）施工机械设备配备情况；

（7）质量保证措施；

（8）工期保证措施；

（9）安全施工措施；

（10）文明施工措施。

技术标除了上述常见的内容，还要根据招标文件和招标答疑文件的要求进行编制。

2.1.2 技术标编制步骤

技术标编制的具体步骤如图 2-1 所示。

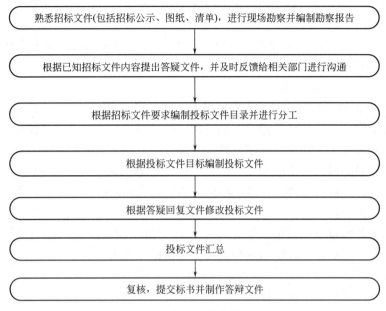

图 2-1 技术标的编制步骤

1. 熟悉招标文件（包括招标公示、图纸、清单），进行现场勘察并编制勘察报告

需要了解以下信息：

（1）投标文件格式编制要求：包括文档排版格式要求、使用软件要求等。

（2）工程范围、工程内容及工程特点等。

（3）工期（包括开工日期、节点工期、竣工日期等）、质量、安全等要求。

（4）资源需求：劳动力、机械设备等。

（5）其他特殊要求。招标文件中对投标文件编制有要求的文字要重点划出，以便在编制投标文件的过程中核对。

（6）评标办法中的得分点。掌握得分点是编制投标文件的基础，只有把得分点都写到投标文件中，才能避免被扣分。

（7）招标文件中要求的目录：这是编制投标文件的根本，我们必须按照招标文件要求的目录编制投标文件。

（8）技术资料：招标人提供的相关专业的技术资料是我们编制施工组织的基础，只有掌握本工程中各专业的情况才能编制施工方案、施工进度计划，安排劳动力等。这就需要我们有一定的现场经验和专业知识。

2. 根据已知招标文件内容提出答疑文件，并及时反馈给相关部门进行沟通

（1）在我们详细阅读了招标文件和资料后，就需要对招标文件中表述不清、错误、前后矛盾及资料不全等问题提出疑问，请招标单位澄清。

（2）我们提问题要有专业性，不能是自己不懂的就提，有可能是你不懂，其实招标文件是说清楚了，我们需要避免这种情况出现，不能让招标人认为我们单位水平不高。

（3）对有些招标文件没有明确的地方，有些我们即使看出来了也不需要提出疑问，我们可以根据自己的理解编标，只要符合招标文件的要求就行，因为一旦提出疑问，招标人明确了采用我们不会的方式，可能给我们编标增加困难。这需要经验来把握，难度比较大。

（4）提问时要根据需要采取不同的方式，如果认为某种回答结果对我们有利，我们可以采取引导的方式提问，在提问的同时给出我方期待的答案，这也需要丰富的编标经验。

3. 根据招标文件要求编制投标文件目录并进行分工

（1）投标文件的目录不是我们凭空想象的，而是根据招标文件的要求编制的。一般招标文件规定的只有一级大目录，其他二级、三级、四级等就需要我们根据投标文件的基本结构及招标文件中的得分点要求编制。什么是基本结构？基本结构就是在一个规定好的一级目录下，下面的二级、三级等目录基本可以确定，这是经过长期编标总结的经验，也是投标文件内容编制的需要。

（2）投标文件的目录我们可以根据与所投标段类似工程的投标文件编制，再根据本招标文件的具体要求进行修改，比如得分点以及其他特殊要求的内容，使它符合本招标文件的要求。

（3）投标文件的目录一定要根据招标文件的要求和得分点编制，所有得分点一定要编制到投标文件的目录中并尽量在级别较高的目录中。为什么要把得分点放在较高级别的目录中呢？这主要是因为我们的投标文件技术标目录一般就列到三级，如果我们的得分点不在前三级目录中，就不利于评标过程中专家们找得分点。

（4）目录编制完成，一定要经过审核后才能使用，如果需要，后期可以根据招标单位的澄清进行必要的修改。

（5）负责编制目录的同时要确定好投标文件的文档编排格式，以便在编标的过程中其他人按照要求的文档格式编制，减少汇总人员的工作量。文档格式的规定要明确、详细。

4. 根据投标文件目标编制投标文件

投标文件的编制主要依据目录这个骨架补充血肉，让投标文件成为一个完整的机体。在编制技术标以前，我们应该在大脑里形成标书的基本雏形，思路要清晰，先写什么内容，后写什么内容，还有什么内容不清楚等。

1）技术标的编制程序（图 2-2）

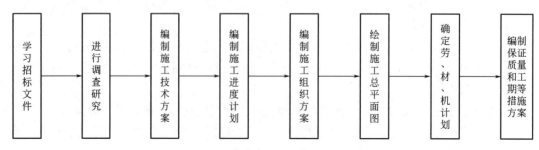

图 2-2 技术标的编制程序

2）编制技术标应注意和掌握的内容

（1）确定主要章节之间的相互关系

在整个投标文件的编制当中，"施工进度安排""施工方案""劳动力组织计划"是很重要的内容，它们是相互关联的，我们要根据招标文件的要求及调查情况编制施工技术方案，根据施工技术方案及招标文件要求安排各工程的施工进度，然后根据施工进度安排编制施工组织方案，最后再根据施工组织方案、施工进度计划绘制施工平面图、编制劳动力组织计划，这几部分之间是互相关联和制约的。

（2）施工方案要与本次投标的工程特点紧密相关

我看到现在很多技术标，里面的方案是万能的，放到哪儿都适合，其实这正体现了我们编标人员现场经验不足，掌握的专业技术水平有限，不敢下手写真正的方案。我们的标书要有特色，就必须对标段范围及工程特点充分了解，然后根据自己的施工经验和专业知识编制符合本工程特点的施工方案。我们要让评委通过我们的施工方案感觉我们是很有施工经验的施工队伍。现在我们编标人员编标是把以前类似的标书拿过来修改一下就完事，完全写不出自己的东西。

（3）施工进度安排合理，符合专业特点，满足招标文件要求

① 施工进度安排应符合招标文件工期要求，如果没有按招标文件要求的工期编制，就可能造成废标。

② 施工进度安排要符合工程特点和专业特点，不能把基本的施工顺序搞错。同时，编制的施工进度计划应符合我们的施工方案，做到前后统一。

③ 施工进度安排要做到关键线路清晰，以便于施工进度网络计划图的编制。我认为我们投标文件里面的施工进度计划是一个来自实际但是高于实际的进度计划。我们的施工进度计划不能违反实际施工原则，但是也不能完全按照我们实际的施工情况来编制，我们要理想化一点，这样才能有利于网络计划图的编制，降低编制难度。毕竟我们这是在投标阶段。

（4）主要工程的施工工艺和方法要与本工程有关

我们在编制主要工程的施工工艺和方法时，一定要事先弄明白我们负责施工的内容，不要把本标段没有的工程的施工工艺和方法也写进去，更不能写错。

（5）工程的重难点要分析到位，切中要害

这就要求我们的编标人员有很丰富的工作经验，同时对本工程的工程特点进行仔细的研究。我们要确定某项工程是否为重难点，理由一定要充分。

在编写这部分内容时应结合投标文件中的具体要求对工程项目的特点、重点及难点作详细的分析，并提出相应的解决办法。

① 工程特点

工程特点是指当前工程区别于同类工程的特征，例如：工期要求短，执行标准高，施工难度大，技术含量高，交通方便等。由于这些情况的存在，致使工程施工的一般方法中，哪些需要改变、加强或忽略，在编写时要提出看法及对策。同时，对招标文件中提出的特殊要求亦要作出相应答复。

② 工程重点

工程重点一般是指工程量大、工期占用时间长，对整个工程的完成起主导作用的工程

部位的施工或业主招标文件中指定的重点工程。对重点工程要编制单独的施工方案，详细陈述保证其工期和施工质量的方法。一般可从技术、人工、材料、机械、运输、管理等几个方面去陈述。

③ 工程难点

工程难点是指技术要求高、施工难度大的部分工程。例如：我们既有线改造项目的施工。要科学合理地提出施工方案和管理办法，这最能反映出一个施工企业的整体施工实力，这部分内容要详写，图文并茂，语言简练。在做技术分册时可把这部分内容先写出来，经有关专家评审后，再编写其他内容。

（6）施工方案的编制

施工方案是投标文件技术标的核心，技术标的其他内容必须依据施工方案来编制。在投标文件技术分册中，工程项目内的重点工程必须编制单独的施工方案。

施工方案分为施工技术方案和施工组织方案。

① 施工技术方案的编制

在编写施工技术方案时要注意以下几点：一是要根据工程特点选择适当的施工方法；二是重点工程要单独编写；三是工程难点要详细说明，其他一般施工方法则可简单说明，甚至可以不写。

② 施工组织方案的编制

施工组织方案就是铁路工程投标文件技术标中的施工组织总体方案。施工组织方案包括施工任务分解、施工队伍分工、施工组织安排等内容。

简单地说，就是按照工程特点和要求进行任务划分，安排几个施工队伍，怎么组织起来按质、按期、安全地完成施工任务。

注意要点：

a. 施工任务划分时要注意使各施工队的工程任务尽量均衡；

b. 各施工队的工作分工和职责要明确；

c. 施工组织安排要合理。

③ 过渡方案（如果有）要专业

在整个标书中，最能体现编标人员专业水平的是过渡方案的编制。这最能体现编制人员的专业水平和既有线施工经验，我们要通过招标文件提供的有限的资料判断需要过渡的内容，再根据过渡内容写出比较切合实际的方案。

过渡方案的编写：

第一步：分析现有图纸和资料，结合调查的情况，根据经验确定有哪些过渡内容。

第二步：根据确定的过渡内容制定过渡方案。

过渡方案要有针对性，不能泛泛而谈，要有专业水准，保障措施切实可行。

（7）不会写的内容宁缺毋滥

我们在编标过程中，对于有些以前没有接触过的内容，不能乱写来充数，而是在找不到相关资料的情况下，又不是重要部分，可以写几句笼统的话带过，做到不缺项，但绝对不能写错。

我们在写标书的时候，如果有不会写的内容，可以请教项目上会的技术人员，让他们帮忙编写，自己同时也能学到知识。

5. 根据答疑回复文件修改投标文件

招标人的澄清是招标文件的一部分，与招标文件同等重要，我们要高度重视，收到招标人的答疑后要及时仔细阅读，并根据答疑的相关内容及时修改投标文件，并反复核对。

我们经常犯的错误是，我们按照招标文件的要求编写了投标文件，但是答疑中对招标文件上的相关要求和知识进行了修改，而我们没有注意到，致使我们的投标文件内容与答疑不符。所以，应仔细阅读招标文件的内容，特别注意答疑。

6. 投标文件汇总

投标文件的汇总不是简单地做加法，而是一个综合性很强的工作，汇总人员的能力直接关系到投标文件质量的好坏。

汇总人的职责：

(1) 确定投标文件的主脉；

(2) 确定各专业人员需要编制的章节；

(3) 编制公共部分内容；

(4) 确定总体施工方案；

(5) 协调解决各专业的接口；

(6) 确定各专业编写进度；

(7) 检查各专业编制的内容；

(8) 汇总各专业编制的内容；

(9) 负责统一修改审核出的问题。

7. 复核，提交标书并制作答辩文件

技术分册的内容较多，一般由多人编制，容易出现前后不一致的地方，编制时必须加强审核，确保前后内容保持一致。审核是编制投标文件的关键一步，审核包括自检和互检。

自检：是自己在编制完成后要对自己编制的内容进行一次通读，检查我们是否对从其他标书拷贝过来的内容中的地名、单位名称等进行了修改。同时，再次结合招标文件的工期、质量、安全等内容检查我们编制的内容是否与之相符，逐一核对评标办法中的每一个得分点，检查是否在投标文件里面都一一体现。仔细与答疑进行核对，核查是否有与答疑相违背的内容。

互检：互检是最能发现问题的一步。由于我们每个人的思维有一定的惯性，即使我们经过数次自检也不一定能够发现自己编制内容的问题，但是到别人那里可能就很容易发现。所以，我们每个人编制的内容一定要换手检查，即使是不同专业的人员之间也要互相检查，别的专业的人员可以从其专业的角度发现我们的问题。所以，编标一定要换手检查，这是不可缺少的一步。这对非常有经验的编标人员来说也是同样要坚持的。

作为汇总标书的人员，不是简单地按照章节进行汇总，而是要在汇总过程中同时检查其他人负责编写的内容，因为有些内容可能在汇总时才能发现，比如各专业之间衔接是否合理等。

需要强调的一点是，标书的审核最终版一定要打印出来仔细地审核，有些问题只有打印出来后才能发现，这些参加过编标的人员应该有体会。

2.1.3　总结

（1）技术标的编制不是简单地在电脑上进行"复制—粘贴—修改"的过程，而是一项十分复杂的技术活动，它需要每一位参与编制的人员以饱满的工作热情、高度的工作责任心，各专业技术人员的全力合作，在吃透招标文件、熟悉施工图纸、认真踏勘现场（如果有）的基础上，运用自身的聪明才智，编制出技术先进、经济合理、针对性强的技术标，才能够充分体现企业的整体实力。

（2）技术标的编制是若干人分工协作、共同完成的成果，因此在编制前应由负责人组织相关编制人员开会讨论，集思广益，优化确定主要方案思路，避免出现各执一词、前后矛盾的情况，各部分完工后要由专人组卷成稿，由负责人进行审核把关。

（3）平时编标过程中注重新技术、新工艺、新措施的积累，以及方案库的建立和分类整理，需要用时可以方便地提出来进行有针对性的修改，提高编制质量和速度。

（4）加强计算机软件学习，如 AutoCAD、三维场部软件〔BIMMAKE、Sketch Up（草图大师）、Revit 等〕、斑马进度计划或 Project 计划编制软件。

（5）技术标编制不是闭门造车，为了使技术标在施工组织部署、资源配置等方面更加接近于实施性施工组织设计，因此方案编制人员要经常与在施项目联系，了解真实生产力水平和借鉴现场的技术方案，收集施工现场的实际施工部署、资源消耗等资料，应用到以后的投标工作中去。

2.2　研究合同文件

项目开工之前要认真研究合同，看看合同内容和原来的招标文件、投标文件是否一致，若不一致，看对我们的施工工艺、工期、利润是否有利，若对我们的施工工艺、工期、利润不利应及时提出来，以免造成损失。主要研究的合同内容如表 2-1 所示。

主要研究的合同内容　　　　　　　　　　　　　　　　表 2-1

序号	内容	详情
1	工程概况	工程名称、地址、规模、内容等
2	承包范围及内容	具体工作内容，工作界面划分，甲供材料范围，协调工作的界面划分（需移交项目）。详细内容，详细界面（如开孔、补洞、预理、电源谁来做），电线电缆放到设备边，测相及接线由设备安装单位做（节省检测接线费用），做到工程界限明确，不出现扯皮现象
3	合同价款	合同类型，合同价组成，必须附价格组成清单，清单一定要带品牌、规格、型号、参数（必要时将材料彩页后附），且与招标时的技术标相符
4	水电费结算	怎么支付，怎么接口，单价/总价，怎么防止双方谈不拢拒付
5	垃圾清运费	—

序号	内容	详情
6	付款方式	明确工程付款节点,明确前期垫资情况,明确抵房款所占的比例
7	发票要求	—
8	合同工期	双方签字盖章生效之日即为开工之日,乙方进场/到货日期,施工/安装周期(日历天),竣工自验合格并通过甲方及政府相关单位验收取得合格证书日期
9	结算	结算方式、结算依据、费率等
10	超额审计费	—
11	抵房款协议	有/无
12	结算流程	时间、资料、流程等见合同附件
13	签证索赔流程	流程、期限等,见合同附件
14	甲供材料制度	甲供材料供货申请、接受程序
15	成品保护责任	—
16	质量要求	达到合格、市标、省标、××杯等
17	优质工程奖励	—
18	交付条件	通过监理/设计院/甲方验收,通过政府相关部门验收并取得合格证,同时完成物业移交接收手续(物业签字盖章)
19	工程验收	明确隐蔽工程和中间验收的条件和程序
20	现场代表	明确发包人、承包人、监理单位三者的派驻工程师人员名单、联系方式、授权范围及其权限,以及考核制度
21	双方职责	—
22	工程监理	监理的权利
23	工程发包	关于工程违法转分包、挂靠的约定
24	安全文明施工	—
25	违约责任及违约金	延期交货违约金每日1%,延期竣工违约金每日2%,延期取得相关验收合格证(尤其是换规划证正本所需证件)每日5%,乙方进场/到货/进度不能满足要求时,甲方有权随时更换施工单位
26	不可抗力	—
27	工程保修	保修期限及费用,权利义务,保修责任
28	备品备件	备品备件价格,见附件

序号	内容	详情
29	农民工工资支付的承诺	—
30	争议解决	—
31	合同附件及其他补充条款	结算流程、签证流程、预算书、备品备件价格等

2.3 梳理公司制度、标准、流程

2.3.1 公司制度

作为项目总工程师,应当收集并熟悉公司的制度文件,特别是总工办的技术质量管理制度文件(《技术管理制度》《质量管理制度》《科技管理制度》),还应知晓其他部门的相关制度,比如:《项目管理制度》《安全管理制度》《商务管理制度》。

通过梳理和汇总技术质量管理制度,项目总工应当建立公司制度文件清单并对项目管理人员进行宣贯,让每个岗位相关人员知道自己该做什么,应该配合别人做什么。

2.3.2 技术标准

项目总工应贯彻执行国家和企业颁发的各项技术标准,掌握技术标准的相关信息,对项目施工所依据的技术标准进行控制,并在施工中严格督促实施。

技术标准范围包括:国家标准、行业标准、地方标准、企业标准以及标准图集等。项目技术负责人不仅应对技术、质量标准进行控制管理,还应对项目所涉及的安全、环境等标准进行管控。

项目技术负责人应根据工程施工内容和特点,制定工程施工所依据的国家标准、行业标准、地方标准、企业标准及标准图集清单,并制订配备计划。

项目技术负责人应随时关注国家标准、行业标准、企业标准以及标准图集的动态,及时在项目上发布标准信息,并做好新标准的采购、作废标准的回收等工作。

项目技术负责人应组织项目管理人员进行标准的培训学习,使项目管理人员均能熟悉本业务范围内所涉及的技术标准。

2.3.3 管理流程

1. 技术标准管理流程

技术标准管理流程:收集施工需求→制订项目标准清单→确定项目标准配备计划→组织进行标准学习→关注标准信息变化→发布标准变更信息。

2. 设计文件管理

(1)图纸会审的一般程序:建设方或监理方主持人发言→设计方图纸交底→施工方、监理方代表提问题→逐条研究＋形成会审记录文件→签字、盖章后生效。

（2）设计变更单管理流程：设计单位填写设计变更单→建设（监理）单位审核→设计变更单签收→设计变更单发放→设计变更单登记台账→设计变更单资料存档。

（3）技术核定单管理流程：施工单位填写技术核定单→监理单位审核审批→设计单位审核审批→建设单位审核→技术核定单发放→技术核定单登记台账→技术核定单资料存档。

（4）深化设计管理流程：深化设计策划→策划审批→设计输入→设计输出和评审→设计验证→设计确认（审批）→现场施工。

3. 施工组织设计（施工方案）管理

1）施工组织设计审批流程（图2-3）

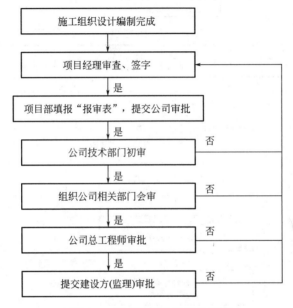

图2-3 施工组织设计审批流程

2）危险性较大的分部分项工程（危大工程）专项施工方案审批流程（图2-4、图2-5）

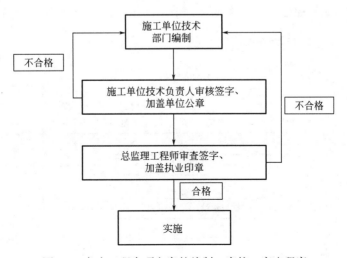

图2-4 危大工程专项方案的编制、审核、审查程序

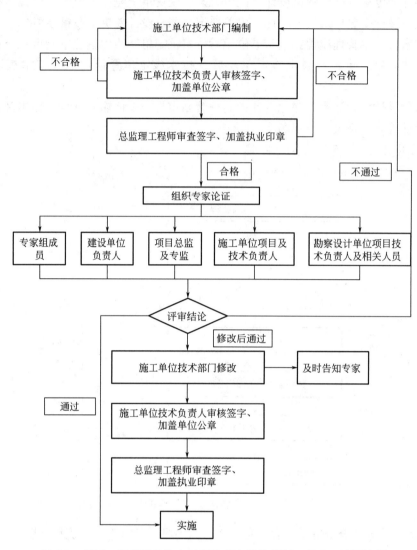

图 2-5　超过一定规模的危大工程专项方案的编制、审查、论证流程

3）一般性施工方案审批流程（图 2-6）

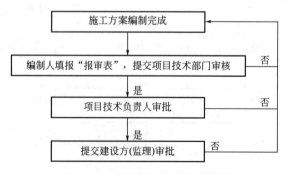

图 2-6　一般性施工方案审批流程

4）施工组织设计（施工方案）实施管理流程（图 2-7）

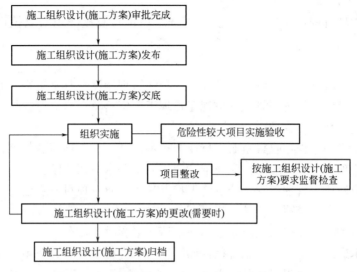

图 2-7　施工组织设计（施工方案）实施管理流程

5）技术交底管理

技术交底管理流程：制订交底计划→编制技术交底，编制人签字→技术交底审核，审核人签字→进行交底→接受人签字→实施→交底记录存档。

6）施工测量管理

（1）施工测量包括施工控制网的建立、建筑物的放样、竣工测量和施工期间的变形观测等。

（2）企业总工程师是施工测量工作的领导者，企业技术主管部门负责施工测量的管理工作，项目技术负责人分管项目工程测量工作。项目技术负责人具体负责的测量管理工作包括：

① 编制工程测量施工方案（包括变形观测方案）；

② 进行测量施工技术交底；

③ 组织对测量项目的技术复核工作；

④ 进行测量资料归档管理。

项目技术负责人应协助做好测量的前期准备工作，对项目施工测量、沉降观测及变形观测等进行策划，进行技术交底，组织编制工程施工测量方案，审核测量方案，并具体负责方案的报批工作。

7）施工试验管理

施工试验管理流程：制定试验制度，编制试验计划→建立试验台账→建立现场试验室（养护室）→确定送检样位→现场取样送检→试验样领取→试验结果统计分析→试验资料存档。

8）计量设备管理

计量设备管理流程：编制计量设备配备计划→确定计量设备采购计划→审核审批采购计划→采购计量设备→计量设备登记台账，制订周检计划→计量设备标识→计量设备发放→计量设备用检。

9）技术复核管理

技术复核管理流程：编制技术复核计划→组织进行复核→填写复核记录→复核人签字→复核记录存档。

10）工程资料管理

工程资料管理流程：制订资料管理计划、资料管理制度→日常资料收集→随时审查资料的有效性→提交资料员统一管理→按规定整理工程资料→资料交付验收→资料归档。

11）技术创新和推广管理

（1）新技术应用流程：收集企业、行业新技术信息→编制项目新技术推广应用计划→编制新技术应用项目方案→应用交底→推广应用→新技术应用总结。

（2）科技研发项目管理流程：分析施工难点，确定研发项目→组建研发小组→编制研发任务书、施工方案→填写《科技开发项目申请表》，向上级部门申请立项→开展研发活动→对关键技术进行查新→研发成果总结→申请成果验收。

（3）新技术应用示范工程实施流程：编制新技术应用实施方案→填报《新技术应用示范工程申报书》→立项申报→组织实施→应用总结→填报《新技术应用示范工程验收证书》申请验收。

（4）知识产权管理流程：专利发掘→专利点的确认→填写专利申请资料→提交上级主管部门进行办理（或自行前往受理机构办理）。

（5）工法管理流程：总结项目先进的施工工艺→向上级主管部门提出申报申请→企业认定可为企业级工法→企业可推荐申报省（部）级及以上工法。

3

项目开工准备阶段 总工工作重难点

3.1　组织学习招标文件及合同文件

认真学习招标文件及合同文件，梳理出履约要求、预付款条款、变更条款、临建标准要求等，提供给相关负责人员办理相关资料，确保相关工作有针对性地开展。相关内容参见表2-1。

3.2　组织学习公司制度、标准、流程

俗话说得好，"没有规矩不成方圆"，公司给我们订立的各项制度、标准、流程，就是我们日常工作、生活的行为规范，在公司的每个人都要遵循公司的各项规章制度、标准、流程，没有制度就没有责任。只有怀着强烈的事业心、责任感，求真务实地工作，才能完成既定目标，人的价值才能得以实现。如果在工作中我们不了解制度，不按制度执行，那就会导致既定的工作停歇，也会阻碍公司的正常经营，同时影响公司的长远发展。只有公司员工都自觉地遵守了公司的规章制度，公司的营运工作才能做到合理化、规范化、制度化，公司才能够做大做强。

一家企业的发展壮大，离不开一个健全、合理的规章制度。制度不是为某个员工、某个职级或某件事情而制定的，健全、完善的管理制度及管理者对制度的执行力度直接影响到企业的发展。我们作为公司的一员，更应该严于律己，以身作则，事事起到模范带头作用，这样才能更有力保障团队的建设。

公司的技术管理制度应及时组织学习并督促执行。如：技术文件管理制度，图纸会审制度，施工组织设计及施工方案管理制度，技术交底管理制度，施工测量管理制度，试验检验管理制度，现场计量管理制度，设计协调管理制度等。

规章制度格式统一、必要程序齐全、执行标准及文件得到受控管理、使用文件均为现行有效版本，员工有了"凡事走流程""凡走过必留下痕迹"的意识，对流程管理有了基

本认知。

部门、岗位职责得到明确，流程及标准一致，有规章可依、按流程办事，在职责和权限范围内的事情——自己决断、自己负责，执行力得到较大提升；跨部门协作得到加强，跨部门业务流程有协调部门及主导人，流程接口理清，办事效率明显提升。

3.2.1 工程管理现状、管理人员生存现状及技术管理现状

1. 工程项目管理的基本原理

工程项目管理是按客观经济规律对工程项目建设全过程进行有效的计划、组织、控制、协调的系统管理活动。从内容上看，它是工程项目建设全过程的管理，即从项目建议书、可行性研究设计、工程设计、工程施工到竣工投产全过程的管理。从性质上看，项目管理是固定资产投资管理的微观基础，其性质属于投资管理范畴。工程项目建设是运用投资完毕、具有一定生产能力或使用功能的建筑产品的过程，是国民经济发展计划的具体化，是固定资产再生产的一种具体形式。它通过项目的建成投产使垫付出去的资金回收并获得增值。

2. 工程管理现状

1）理论与实践新进展

作为传统的实行项目管理的工程建设领域，近几年来在工程项目管理理论和实践上也取得了较大的发展：建立了项目管理知识体系；实行了项目管理资格认证制度；项目管理组织模式得到创新：Partnering 模式、动态联盟模式、伙伴关系模式。

项目管理技术的发展：项目风险管理技术、项目集成化和结构化管理技术、项目管理可视化技术、项目过程测评技术、项目回顾和项目管理成熟度评价思想与方法、大型项目管理和多项目管理方法。

2）现阶段工程管理中存在的问题

应当说，十数年来我国的项目管理取得的成绩是显著的，但目前质量事故、工期迟延、费用超支等问题仍然不少，特别是近年来出现的多起重大工程质量事故，不仅给国家和人民的生命财产造成了巨大的损失，同时也导致了不良的社会影响。这些事故无一例外都与项目管理有关，都是由于项目管理不善、管理不规范所导致的。这表明，在项目管理这个领域我国与西方发达国家相比尚有相当大的差距，其具体表现在以下几方面：

（1）工程项目管理的观念淡薄，法制不健全。

（2）在项目的获取上还缺少营销的概念。

（3）工程项目管理的工作范围有待扩展。

（4）竞争中过度重视价格的作用。

（5）项目管理人员素质普遍较低。

（6）工程项目管理工作中信息化技术应用还不够。

（7）不重视项目的可行性研究。

（8）管理中的一些具体问题：①组织关系复杂，协调工作量大；②投入资金的管理问题；③各自责任不明，分工不确切；④重进度，轻质量；⑤计划工作不贯彻；⑥材料供应、设备管理问题；⑦协议问题。

3. 建筑工程管理人员生存现状

就现阶段而言，我国相关工程管理人员的普遍情况是：有较强的技术素质，但以人文素质和管理素质为代表的综合素质一般较弱。这就导致这类人员的现场经验储备丰富，但其多是欠缺有效的管理素质，因为其没有学习过系统的管理知识，在管理过程中遇到问题往往是通过经验处理，因其不善授权和合理分工，这就会使过程管理人员在管理中出现各类问题，尤其是会出现信服度较差、员工凝聚力较差等问题。为了提升管理人员的整体素质，现执业资格考试已为众建筑工程管理人员所接纳，但应付考试的问题还很严重，导致出现了一种"挂靠"现象，也就是说往往执业者与岗位管理者是不同的人，这并未从根本上改善管理者整体素质较差的情况，也制约了素质的进一步提高。在很大程度上，我国建筑工程的质量、安全等问题受到建筑工程管理人员素质的影响。

4. 建筑工程技术管理的现状

1) 缺乏技术管理规章制度标准

目前，我国在技术管理工作中相应的规章制度不够健全，工程建设管理和操作人员的行为和职责没有参照标准，既有的相关制度也没有严格落实到施工工作中。建筑企业需要提前做好技术规章制度方案，根据工程建设的实际情况来合理规范技术的选择和使用。管理制度陈旧，只有与时俱进，才能使得整个建筑工程的质量和效率得到保证。

2) 技术管理工作有待加强

技术管理工作在实施的过程中还是存在一定的难度，这是目前我国的建筑工程技术管理中普遍存在的问题。很多建筑工程施工单位过度地关注经济效益，没有建立完善的技术监督管理体系，很多工艺、材料都无法达到国家标准要求。还有部分建筑工程单位在项目建设环节，存在严重的技术缺陷，对于建筑工程材料的分配与管理存在一系列的问题，造成施工材料不能发挥出应有的作用，工程项目成本增大，影响企业的经济效益。比如，有些建筑工程钢结构质量要求非常高，而很多施工单位却采用的是普通钢筋作为主要施工材料，会给工程质量造成不利的影响，也会造成比较严重的安全隐患，甚至出现重大的安全事故。

3) 建筑工程技术管理人员水平有待提升

当前我国的建筑工程领域发展速度比较快，但是技术管理人员的总体水平提升幅度较小，难以满足现代社会的发展需要。这种情况是比较普遍的，造成企业的管理水平比较低，影响企业各项工作的顺利进行，对于建筑领域的长远发展也会产生不利的影响，这是整个行业普遍存在的问题，需要引起足够的重视。

3.2.2 公司关注点有哪些？如何做到公司满意？

1. 公司关注点

(1) 落实公司各项管理制度；
(2) 配合部门完成其他事宜；
(3) 为企业树立品牌；
(4) 配合公司做好人才培养；
(5) 协助调配项目技术资源；
(6) 做好本职工作；

(7) 成本、进度。

2. 如何做到公司满意

项目总工一定要使用各种管理方式，创建优秀的学习型技术团队，营造有激情、积极向上的良好氛围，使所有技术人员团结一心、努力工作。充分展示你的人格魅力及管理艺术，使所有技术人员跟着你得到快速提高，使所有技术人员都以跟你干为荣，使所有技术人员在以后的工作、生活中都能称你为师。要争取让项目多出人才、多出技术成果，为企业争取更大利润，使公司技术管理水平得到持续提高，使公司技术队伍不断壮大，才能让公司满意。

1）转变工作心态

要会当领导，团结同事，支持项目经理的工作，并能带领全体施工技术人员做好质量技术工作。

项目总工是项目经理部的领导之一，不是一个单纯的技术人员，总工的职责要更多地放在管理上，而不是非常具体的业务上，总工既要自身过硬，以身作则努力地工作，更要能带动大家共同负责。

总工需要站得更高一些，看得更远一些，才能搞好项目的质量技术管理工作。

2）加强沟通协调

沟通分为内部和外部。

（1）内部沟通（项目团队）

项目经理：作为项目总工需要知道项目重难点、质量、安全、进度等项目目标要求，只有这样才能明确整个项目的技术质量管理计划、科技管理计划、方案管理计划和整体部署思路。项目总工在项目经理与管理人员之间起到承上启下的作用，要知道项目经理需要做的有哪些工作，并支持项目经理开展工作，提前谋划、提醒项目经理各个阶段的工作要点，同时也要适应项目经理的管理模式和风格，积极提供合理化建议，为项目二次经营提供支撑。

例如：上海某商业综合体，地下 2 层车库，地上 16 层酒店和 8 万 m² 裙楼商业，因整体经营策略调整，项目停工约 6 年，现在项目重新启动，根据最新经营策略要求，8 万 m² 裙楼商业部分需拆除重新施工。需要在原塔式起重机基础上安装塔式起重机重新进行主体施工，因增加装配式塔式起重机型号需要调整，根据最新规范要求进行安全计算，发现原塔式起重机基础无法满足荷载要求。与项目经理沟通后，决定暂缓塔式起重机安装事宜，考虑破除原塔式起重机基础重新进行施工，同时发函告知甲方，为后面工期和费用作准备。

生产经理：做好现场生产的技术配合（及时性），多交流项目部署和资源组织方案，善于听取意见。

例如：河南洛阳市某小区，根据公司要求，369 号楼需要创省安全文明标准化工地和省优"中州杯"，在六层开始使用爬架。在四层的时候和生产经理沟通，并提醒落地脚手架需要在五层顶部收头，避免了因外架工和爬架工在接槎处的矛盾而影响工期。

商务经理（或合约部）：前期配合做好项目成本测算，现场经费测算（管理人员数量、临建面积标准、工人数量及临建面积标准），土方开挖（放坡、工作面、外运距离）、大体积底板钢筋支撑、模板、龙骨、内架、塔式起重机（基础、型号、数量、使用时间等）、施工电梯（基础、型号、数量、使用时间）、外架、泵送设备工艺、总平面布置涉及的材料二次倒运、临时道路及顶板加固等技术措施费，因为施工方案是技术措施费计算的依据。做好项目二次经营策划；施工过程中配合做好工程量验收、技术核定单办理（及时性）、配合对内对外工程量结算办理、签证索赔的技术支撑；收尾阶段配合做好结算的技术支撑。

例如：河南新郑某住宅小区约 20 万 m^2，现场场地设计为四级阶梯形式，每阶高差 1.5m。在方案编制时，根据设计图纸要求，明确马凳筋和高低跨措施筋的规格、间距、尺寸。在现场施工时，技术人员收集现场施工照片，为商务结算提供依据（图 3-1～图 3-3）。

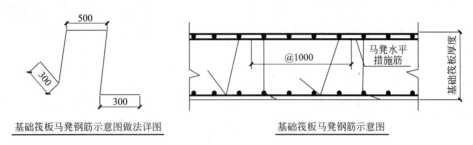

图 3-1 地库马凳筋大样图

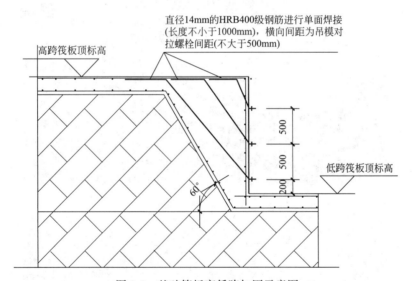

图 3-2 基础筏板高低跨加固示意图

机电经理：协同作战，做好临时水电方案，专业配合，对外关系（质监、设计院、消防、幕墙等）的技术配合。

例如：在布置现场临时水电的时候，要为机电经理提供现场平面布置和施工进度计划，避免出现临时水电影响现场施工的情况，同时做到距离最短、覆盖最全面的现场临时水电布置。

安全部：配合做好报建程序办理、现场标准化实施方案、项目亮点打造等，并及时提供技术支撑。

例如：在施工部署阶段，建立施工总平面 BIM 图，为后期现场安全文明施工提供可视化的指导（图 3-4、图 3-5）。

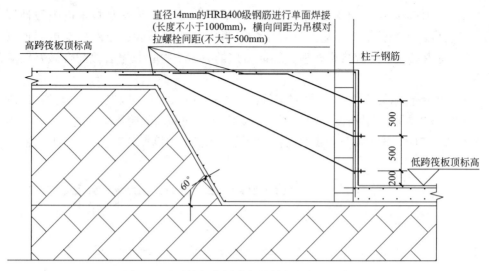

图 3-3 基础筏板高低跨与柱墩相交加固示意图

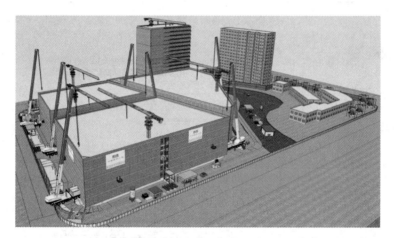

图 3-4 现场总平面布置 BIM 图

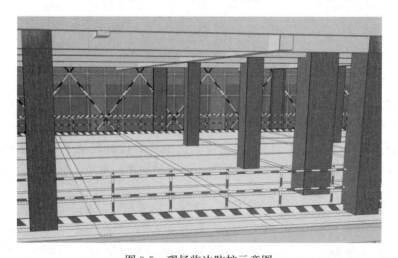

图 3-5 现场临边防护示意图

工程部：做好技术交底，现场技术指导；加强培训（内容针对性、深度），人才培养。

例如：交底的时候不用限于文字，可以采用图片、动画、BIM 三维节点等进行（图 3-6、图 3-7）。

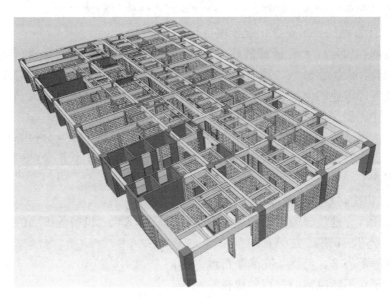

图 3-6　砌体排板三维图

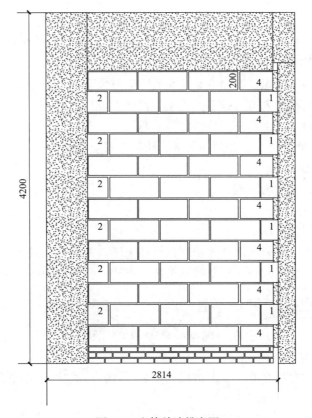

图 3-7　砌体单墙排布图

材料部：做好材料总计划（准确、及时），配合材料验收（标准、工程量）。

例如：在地下室阶段，人防墙需要的人防止水螺杆（例如，河南新郑市要求50mm×70mm×10mm，不同的地区要求不一样，要符合当地要求），若不给材料部提供技术标准，就非常容易和普通的止水螺杆混淆，导致材料进错，影响施工。

综合办：CI管理的技术支撑，配合项目行政管理。

技术质量部：加强技术质量部的培训，如法律、法规、规范、管理制度、图纸、方案、案例、经验、人生感悟等，并根据每个人的岗位进行责任分工。项目总工要带头坚持原则，为懂业务、敬业的质检、安全等技术人员撑腰，让现场技术管理人员大胆工作，为现场施工规范化、程序化、标准化打好基础。

（2）外部沟通（业主、监理、设计、地勘、政府职能部门、专业分包等）

对外联系首先要讲诚信，其次要讲立场、讲原则，为自己树立形象的同时，也为企业争信誉、赢利润。

3）丰富知识面，培养决策能力

（1）具备设计、地质、施工、预算、安全、质量、试验、设备等方面的知识；

（2）善于学习、积累、总结；

（3）能够静下心来，负责、充满激情地工作；

（4）要善于在不断决策的过程中成长。

4）认真组织项目部各专业负责人搞好施工生产策划，包括重难点项目分析及策划，二次经营重点及对策

（1）召集技术、材料、质量、安全、商务、生产等部门负责人共同策划；

（2）广泛听取各种意见（头脑风暴法），特别是事先没有考虑到的。

5）认真组织编制施工方案，并组织对方案的学习及讲解

（1）主持编制施工组织、专项方案、交底、应急预案等，并评审；

（2）过程中召集相关人员（技术、安全、操作人员）讨论；

（3）在编制、讨论、讲解、实施的过程中总结。

6）及时果断地处理施工中遇到的技术、质量、安全问题

（1）敢于负责的原则；

（2）坚持标准、规范的原则；

（3）灵活变通的原则；

（4）保护企业利益的原则。

总工坚持首件工序或关键部位旁站制：首件工序、关键部位或工序转换时易遇到预想不到的困难或问题，总工旁站便于及时提供技术支持，使遇到的困难快速、有效地现场解决，确保为后步施工打好基础。

7）认真做好培训工作

（1）内部培训：法律、法规、规范、管理制度、图纸、方案、案例、经验、人生感悟等；

（2）外部培训：参观交流、专家讲课（安全、资料、试验）、资格证培训。

8）把好工程量收方计量关

（1）以合同为依据，以实物工程量为参考，对提交的收方计量再次把关（要有底气质

疑任何一项数据）；

（2）坚持原则，敢于得罪任何人（不是故意刁难），维护企业利益。

9）要善于创造性地开展工作

（1）对工作要有超前想法和对策；

（2）要积极主动与项目班子成员沟通交流，相互达成共识；

（3）积极主动工作，达成目标。

10）要善于为项目经理冲锋陷阵

（1）做好工作、生活中的表率（工作态度、工作效率、生活作风、为人处世、遇到困难的态度等）；

（2）敢于负责，勇于承担责任（一旦遇到责任问题，要勇于客观分析，要勇于承担或分担他人的责任）；

（3）在安全、质量、进度、验工计价等方面，勇于坚持原则，为正职预留协调处理的空间；

（4）带好项目技术队伍，促使项目部技术人员健康成长。

11）重视计划工作，维护计划的严肃性

工作无计划，盲人骑瞎马。在任何事情中，都必须有时间概念。计划要有合理性、可实施性、严肃性、动态性。动态地将实际进度与计划进度进行对比，至少每月让主要管理人员明白进度滞后或超前的具体数据。经过对比，及时对剩余工程计划进行修正。

各种计划必须经项目总工审定后报出或下达，必要时总工组织主要管理人员讨论确定。

12）处理好方案与安全、效益的关系

方案优先级：技术方案的可靠性、安全性→施工工艺的熟悉程度→技术方案的经济性→可追溯性与可接受性→技术先进性与创新性。

方案的统一性：设计方案、施工方案、技术交底、现场执行要统一，如果有更优的，需要变更后实施。

安全：方案安全、管理安全、质量安全、行为安全。

13）打造学习型技术团队

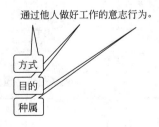

14）寻找项目亮点，为项目加分

一个项目，不仅需要做得好，还需要宣传得好（亮点）。亮点打造包括以下几个方面：

（1）质量示范。施工过程中要善于总结质量亮点，并汇总上报公司，如表3-1所示。

施工做法详解:

(1)根据图纸说明和相关规范对构造柱布置进行优化,并找甲方确认。

(2)根据结构图纸和优化后的构造柱图绘制模型(可以是 BIMMAKE,也可以用 Revit、红瓦等软件)。

(3)BIMMAKE 模型建好后,在二次结构中进行设置,然后进行单墙排布或整体排布,排布后可根据需要进行细部微调。

(4)调整完成后可导出砌体工程量和 CAD 版砌体排板图;同时,可在导入导出中上传模型至 BIMFACE 云端生成二维码和网址。

(5)根据墙体对应的排板图编号,在相应的位置张贴排板图和二维码,以便施工人员按照排板图进行卸料和施工。

控制要点:

(1)绘制模型前需要先对构造柱布置进行优化并进行确认。

(2)模型必须绘制准确(结构和建筑)。

(3)砌块电脑自动排布后必须对砌块的尺寸进行细部调整,以满足最优的布置。

(4)导出的排板图必须核对无误后再进行加工和施工。

质量要求:

(1)模型中构造柱、反坎、腰梁、灰缝及砌块大小的设置必须符合规范和当地要求。

(2)排板图要做到最优排布,减少材料的二次搬运和浪费。

图示说明	成型效果
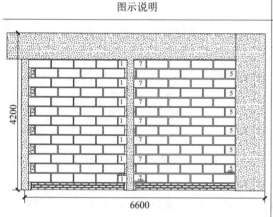	
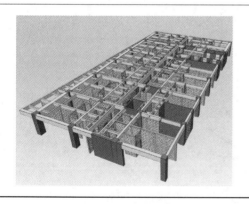	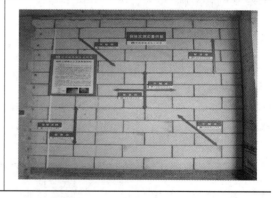

（2）安全文明施工（标准化）。

以公司《观摩施工现场安全标准化指引》为抓手，严格执行《建筑工程质量标准化示范工地管理办法》《房屋市政工程安全生产标准化指导图册》要求，将双重预防体系风险告知等元素覆盖到施工现场，如图 3-8～图 3-39 所示。

图 3-8　施工现场大门和七牌一图

图 3-9　企业文化墙

图 3-10　项目办公区

图 3-11　全自动封闭洗车设备

图 3-12　消防柜

图 3-13　塔式起重机基础防护

图 3-14 风险点管控牌

图 3-15 楼层消防（永临结合）

图 3-16 安全通道

图 3-17　配电箱防护棚

图 3-18　基坑临边标准化防护

图 3-19　楼梯标准化防护

图 3-20　预留洞口标准化防护

图 3-21　电梯井标准化防护

图 3-22　施工电梯防护棚

图 3-23　实名制员工通道

图 3-24　安全讲评台

图 3-25　外架悬挑防护棚

图 3-26　钢筋加工车间

图 3-27　吸烟室、茶水室

图 3-28　"低位喷淋、高位喷雾"双降尘系统

图 3-29 安全体验区体验教育

（3）技术亮点："四新"技术应用、提炼成果（工法、QC、专利等）。

（4）创优：优质结构、芙蓉杯、天府杯、国家优质工程、鲁班奖等。

15）学会总结，提升管理水平

项目总工要加强项目科技创新工作管理（科研、工法、专利），注重 QC 活动，重视技术总结。

施工中总结：各工序在不同工况下的进度指标，各工序在不同进度指标、不同施工条件下的基本资源配置，主要机械设备的功率、消耗、生产效率，各种工序在不同工艺条件下对应的材料消耗量，各工序可能存在的质量通病及预防措施等。

3.3 编制施工组织及施工方案目录与审批计划

3.3.1 编制施工组织设计的参考目录

施工组织设计是根据业主对工程项目的各项要求、设计图纸和施工组织设计的编制原则，在充分研究工程合同文件、现场环境的客观情况和施工特点的基础上，从协调施工全过程中的人力、物力和空间三方面着手而制订的指导施工的文件。施工组织设计规划和部署了工程全部的施工生产活动，是对施工全过程实行科学管理的重要手段。编制施工组织设计的目录参考如下：

（一）编制说明（或前言）

（二）编制依据

（三）工程概况

3.1　工程项目的主要情况

3.2　施工条件

3.3　工程施工的特点分析

3.4　工程项目划分（单位工程、分部工程、分项工程）

（四）施工准备工作计划

4.1　技术准备

4.2　劳动组织准备

4.3　物资准备

4.4　施工现场准备

4.5　施工准备工作计划表

（五）工程施工的总体部署

5.1　施工管理机构

5.2　施工任务划分

5.3　施工顺序

（六）大型临时设施

6.1　说明

6.2　大型临时设施工程表

（七）主要工程项目的施工方案（包括施工工艺）

（八）施工进度计划

8.1　说明

8.2　施工进度计划表

（九）施工总平面图

9.1　说明

9.2　施工总平面图

（十）各项资源需要量及进场计划

10.1　劳动力需要量及进退场计划

10.2　主要材料需要量及进场计划

10.3　主要施工机具、设备需要量及进退场计划

（十一）资金需要量计划

11.1　说明

11.2　资金需要量计划表

（十二）季节性施工的技术组织保证措施

12.1　冬期施工的技术组织保证措施

12.2　雨期施工的技术组织保证措施

12.3　特殊地区施工的技术组织保证措施

（十三）施工进度保证措施

13.1　技术、质量保证措施

13.2　资源配置保证措施

13.3　资金保证措施

13.4　组织保证措施

13.5　进度目标的动态管理

（十四）降低成本措施

（十五）质量管理与质量控制的组织保证措施

15.1　质量目标

15.2　工程创优计划

15.3　质量体系的建立与运行

15.4　质量保证体系

15.5　质量控制的程序与具体措施

（十六）安全施工的组织保证措施

16.1　安全施工管理的原则

16.2　安全施工保证体系

16.3　安全管理的具体措施

16.3.1　落实安全责任，实施责任管理

16.3.2　安全教育与培训

16.3.3　安全检查

16.3.4　安全技术交底

16.3.5　建立健全规章制度

（十七）文明施工和环境保护的措施

17.1　文明施工措施

17.1.1　组织管理措施

17.1.2　现场管理措施

17.2　环境保护措施

17.2.1　组织管理措施

17.2.2　现场管理措施

（十八）主要技术经济指标评价

（十九）本工程需研究的关键技术课题及需进行总结的技术专题

（二十）其他应说明的事项

3.3.2　编制施工方案的参考目录

　　施工技术方案应符合技术规范与合同条款的要求，体现设计意图，要求做到切实可行，技术和工艺先进，经济合理，能降低工程成本，提高工效，保证质量、安全和工期。施工技术方案是组织施工和编制工程标后确定预算的依据，必须结合项目资源情况和工程实际在施工前制订。

　　施工技术方案中须包括安全与环保技术措施。方案编制前应对工程进行调查，了解工程概况，结构类型，工期、质量要求，机具设备，施工技术条件和自然环境等资料，根据

以往同类型工程施工的经验、教训，结合工程特点、薄弱环节及关键控制部位进行预测预控分析，制订出符合现场实际情况的安全与环保技术措施。

专项施工方案的主要内容应当包括：

（1）工程概况：危大工程概况和特点、施工平面布置、施工要求和技术保证条件。

（2）编制依据：相关法律、法规、规范性文件、标准、规范及施工图设计文件、施工组织设计等。

（3）施工计划：包括施工进度计划、材料与设备计划。

（4）施工工艺技术：技术参数、工艺流程、施工方法、操作要求、检查要求等。

（5）施工安全保证措施：组织保障措施、技术措施、监测监控措施等。

（6）施工管理及作业人员配备和分工：施工管理人员、专职安全生产管理人员、特种作业人员、其他作业人员等。

（7）验收要求：验收标准、验收程序、验收内容、验收人员等。

（8）应急处置措施。

（9）计算书及相关施工图纸。

3.3.3 施工组织及施工方案审批计划

1. 施工组织及方案编制计划要求

工程开工前，项目总工程师须组织项目部有关工程技术人员，讨论确定所需编制的专项技术施工方案、专项安全施工方案的范围，制订施工方案编制计划，编制计划中必须注明方案名称、编制人、审批人以及方案完成时间，并注明哪些方案需要进行专家论证。

项目总工程师应根据《危险性较大的分部分项工程安全管理规定》（住房城乡建设部第 37 号令）、《住房城乡建设部办公厅关于实施〈危险性较大的分部分项工程安全管理规定〉有关问题的通知》（建办质〔2018〕31 号）文件要求，结合项目招标文件、工程设计文件，正确识别项目危大工程内容，编制危大工程清单，经分公司总工程师及公司总工程师审批通过后，编制超危大工程及危大工程专项施工方案编制计划表。

方案按照重要程度，分为 A、B、C、D 四类。

专业分包施工方案由专业分包单位编制。

施工组织设计、施工方案实行动态管理，项目在施工过程中，发生以下情况之一时，施工组织设计、施工方案应及时修改或补充：

（1）有关法律、法规、规范和标准实施、修订和废止；

（2）工程设计有重大修改；

（3）主要施工方法有重大调整；

（4）主要施工资源配置有重大调整；

（5）施工环境有重大改变。

超过一定规模的危险性较大的分部分项工程专项施工方案编制计划如表 3-2 所示。

危险性较大的分部分项工程专项施工方案编制计划如表 3-3 所示。

超过一定规模的危险性较大的分部分项工程专项施工方案编制计划表　　　表 3-2

项目名称	方案种类	专项施工方案名称	编制人	编制日期	审批人	审批日期	专家论证日期	备注
××××工程	例如:深基坑工程							
	例如:模板工程及支撑体系							
	……							

审批人：(公司总工)　　　　审核人：(分公司总工)　　　　编制人：(项目总工)　　　　编制时间：　年　月　日

注：1. 方案种类按照《超过一定规模的危险性较大的分部分项工程范围》分类，建立统一的专项施工方案编制计划台账，并定期根据实际情况动态调整。
　　2. 公司科技部门有责任对其项目的方案编制计划进行检查并跟踪方案编制进度情况。
　　3. 公司科技部门根据局实施管理办法，规定项目部在施工组织设计完成时编制方案编制计划表，并及时上报局科技部。

危险性较大的分部分项工程专项施工方案编制计划表　　　表 3-3

项目名称	方案种类	专项施工方案名称	编制人	编制日期	审批人	审批日期	专家论证日期	备注
××××工程	例如:深基坑工程							
	例如:模板工程及支撑体系							
	……							

审批人：(分公司总工)　　　　审核人：(项目经理)　　　　编制人：(项目总工)　　　　编制时间：　年　月　日

注：1. 方案种类按照《超过一定规模的危险性较大的分部分项工程范围》分类，建立统一的专项施工方案编制计划台账，并定期根据实际情况动态调整。
　　2. 公司科技部门有责任对其项目的方案编制计划进行检查并跟踪方案编制进度情况。
　　3. 公司科技部门根据局实施管理办法，规定项目部在施工组织设计完成时编制方案编制计划表，并及时上报局科技部。

2. 施工组织及方案审批计划要求

施工组织设计编制前，项目经理组织总工程师、生产经理、商务经理、安全总监、质量总监等项目班子成员进行讨论，形成编制意见；项目总工程师根据意见，组织项目技术部门会同工程、质量、安全、商务、物资、设备等相关部门共同完成编制。

施工组织设计编制完成后项目经理组织总工程师、生产经理、商务经理、安全总监、质量总监等项目班子成员对施工组织设计进行评审，提出评审意见，形成项目评审会议纪要。

施工组织设计经过项目部评审修改后，报分公司总工程师及公司科技部门、工程（机械）部门、质量部门、安全部门、合约部门及机电部门审核完成后，由公司总工程师审批。

A、B 类方案编制前，项目经理需组织项目班子成员进行讨论，形成讨论意见，项目技术负责人根据讨论意见编制施工方案；方案编制完成后项目经理组织项目班子成员对专项方案进行评审，形成项目评审会议纪要。施工方案经过项目部评审修改后，报分公司总工程师及公司科技部门、工程（机械）部门、质量部门、安全部门、合约部门及机电部门审核完成后，A类施工方案由公司总工程师审批，B类施工方案由公司总工程师或指定代理人审批。

C类施工方案项目由总工程师主持编制后，报分公司总工程师及公司科技部门、工程（机械）部门、质量部门、安全部门、合约部门及机电部门审核完成后，由公司总工程师或指定代理人审批。

D类施工方案项目由专业方案工程师编制，经项目总工程师会同项目各部门审核合格后，由项目经理审批。

专业分包施工方案编制完成后，专业分包单位技术负责人审批签字盖章后报项目部进行审核，项目部审核通过后，按照局文件要求进行分公司级与公司级审批。

施工组织设计、施工方案实行动态管理过程中，施工组织设计、施工方案出现重大修正和补充或者实施人员对施工方案有修改意见而导致需要对施工方案进行修改补充时，应由项目总工程师主持讨论，并进行修改、补充。修改、补充后的施工方案应重新按照程序审批后方可实施。

3. 施工组织设计（方案）的审批程序

1) 施工组织设计审批流程

施工组织设计审批流程如图 3-30 所示。

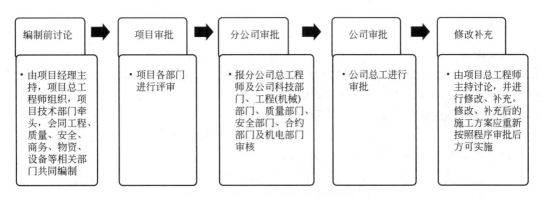

图 3-30　施工组织设计审批流程图

施工组织设计编制前，项目经理组织总工程师、生产经理、商务经理、安全总监、质量总监等项目班子成员进行讨论，形成编制意见；项目总工程师根据意见，组织项目技术部门，会同工程、质量、安全、商务、物资、设备等相关部门共同编制完成。

施工组织设计编制完成后，项目经理组织总工程师、生产经理、商务经理、安全总监、质量总监等项目班子成员对施工组织设计进行评审，提出评审意见，形成项目评审会议纪要。

施工组织设计经过项目部评审修改后，报分公司总工程师及公司科技部门、工程（机械）部门、质量部门、安全部门、合约部门及机电部门审核完成后，由公司总工程师审批。施工组织设计未经审批不得施工。

2) A、B类施工方案审批程序

施工方案经过项目部评审修改后，报分公司总工程师及公司科技部门、工程（机械）

部门、质量部门、安全部门、合约部门及机电部门审核完成后，A 类施工方案由公司总工程师审批，B 类施工方案由公司总工程师或指定代理人审批。

A 类施工方案经公司总工程师审批完成后，由公司科技部门组织对超过一定规模的危大工程专项施工方案进行专家论证，并形成论证报告。论证报告应作为专项施工方案的附件，在方案实施过程中，各方不得擅自修改经过专家论证审查通过的专项施工方案。

3）C 类施工方案审批程序

项目总工程师主持编制后，报分公司总工程师及公司科技部门、工程（机械）部门、质量部门、安全部门、合约部门及机电部门审核完成后，由公司总工程师或指定代理人审批。

4）专业分包施工方案审批程序

由专业分包单位编制，专业分包单位技术负责人审批签字盖章后报项目部进行审核。

项目总工程师会同项目各部门审核合格后，根据方案类别分别按 A、B、C 类方案审批要求执行相关审批程序。

3.4 组织图纸会审，设计优化策划工作

3.4.1 总工如何组织好图纸会审工作

施工图纸会审，是设计单位向工程参建各单位作设计意图交底，对施工单位、监理单位、建设单位在审查施工图纸过程中查处的问题予以解决的一次综合的会审，是一项极其严肃和重要的施工管理工作。施工图纸会审记录是图纸会审会议所作决定和变更设计的纪要，它是施工图纸的补充文件，是工程施工的依据之一。认真做好施工图纸会审，对于事前预控工程质量、减少施工单位施工中的差错、提高工程质量、确保工程安全、创优质工程、保证施工顺利进行，有十分重要的作用。

1）认真组织各单位有关人员，熟悉工程设计、施工图纸，进行各专业自审。

（1）图面有没有错误，如轴线、尺寸、构件、钢筋直径、数量、混凝土强度等级等。

（2）图面上表示是否清楚，或有没有漏掉尺寸等现象。特别是轴线表示是否清楚，剖面图够不够，详图缺不缺。

（3）图中选用的新材料、新技术、新工艺表示是否清楚。如新材料的技术标准、工艺参数、施工要求、质量标准等是否表示清楚，能否施工。

（4）设计施工图纸是否符合实际情况，施工时有无困难，能否保证质量。例如，设计选用了预制大型混凝土管道支架，每根 40～60t，而当地和附近又找不到这么大起重量的起重机，施工就很困难。

（5）设计施工图纸中采用的材料、构（配）件能否采购到。如图中选用的 $\phi30mm$ HRB400 级钢筋，实际市场上根本采购不到。

（6）图中选用的设备是否是淘汰产品。

（7）图中采用的规定、规程和标准图集是否适用于本地。如设计选用的预制混凝土空心板图集，不是本地生产的标准图集。

2）在各专业自审的基础上进行各专业互审。

（1）管道等其他专业需要在土建楼板、墙壁上预留的孔洞，在土建上表示了没有，尺寸、标高对不对。

（2）各专业之间，尤其是设备专业和土建专业图纸上的轴线、标高、尺寸是否统一，有无矛盾之处。

（3）其他专业需要在土建图纸中预埋的铁件、螺栓，在土建图纸里表示了没有，尺寸是否准确无误。

（4）电气埋管布置和走向与土建图纸是否合理、恰当。如电气穿线钢管在现浇楼板内暗敷，钢管直径为50mm，楼板厚度是60mm，这样楼板钢筋就不能到位。

（5）设备是否要求土建专业留置安装孔，设备能否从门洞进去安装。如锅炉房工程，土建专业留置安装孔、门洞小，锅炉设备无法到位安装。

3）有些建设单位在委托设计时，设计任务书考虑不周，待设计施工图纸出来时，才对设计提出要求。

例如，教学大楼的阶梯、教室面积小了。会审图纸时才提出需增大建筑面积。又如室内地面设计为水磨石地面，建设单位要改成硬木拼花地面。

上面提到的问题本应在设计阶段得到解决，只因设计工作开展不够，转到施工阶段图纸会审时来解决，给施工单位增加了工作内容。

4）设计图纸自审、互审由各单位自己组织，并且都应做好记录，语言简练，条理清楚。在图纸会审前三天由施工单位整理、汇总、送交建设单位，最后由建设单位送交给设计单位，目的是请设计人员提早熟悉所报的问题，做好充分准备，以便安排图纸会审工作顺序，节省时间，提高会审的质量。

5）图纸会审一般由建设单位组织、主持，程序是：

（1）设计单位先进行设计技术交底，说明设计意图、施工时应注意的工程部位、对施工单位的要求等。

（2）分专业进行会审。

（3）各专业在一起会审。

（4）会审时应做好记录，由总包单位整理后送参加会审单位核对，无异议后签单。图纸会审记录内容有图纸会审的项目名称、图纸编号、图纸会审时间、地点、主持单位和主持人，参加单位和参加人；设计技术交底内容，图纸会审问题及设计答复内容；参加单位盖章、记录人、整理人、签字、整理记录时间等。

（5）记录打印成文，参加单位签字盖章后发给建设单位、设计单位、施工单位、监理单位。图纸会审记录要求随图纸发送，一份施工图纸应附一份图纸会审记录。

（6）图纸会审记录是施工图纸的补充，集中的工程洽商和变更设计，应作为施工依据，也要作为竣工资料存档。

6）图纸会审目的：

（1）通过图纸会审，使设计图纸完全符合有关规范要求。

（2）通过图纸会审，使建筑规划、结构、水电煤配套等设计做到经济合理、安全可靠。

（3）通过图纸会审，做到图纸表达清楚、正确无误，确保工程施工按期按质完成。

7）范围：公司新建项目所有土建及配套图纸。

8）职责：

（1）工程部负责组织设计、施工、监理、设计等有关单位参加图纸会审。

（2）工程部负责对工程中的技术难点问题组织有关专家咨询评审。

（3）设计部负责与设计单位联系，提出甲方要求，并配合施工单位进行图面解释工作。

9）程序：

（1）设计部收到设计单位图纸并审阅后在移交单上签署审阅意见，移交工程部文件管理员（包括图纸清单）。

（2）工程部文件管理员将图纸分发给施工、监理单位及工程部有关专业工程师。

（3）工程部专业工程师负责监督施工单位对设计图纸进行阅读。

（4）工程部项目主办工程师及各专业工程师也须对设计图纸进行审阅并记录于工作日记。

（5）在甲方、施工、监理等单位均熟悉图纸之后，工程部组织设计单位、施工单位、监理单位及设计部等进行图纸会审。

（6）图纸会审及工程施工过程中，如遇技术难点问题，工程部应邀请有关专家作专题咨询。

（7）工程部主办工程师负责将专题咨询结果汇总形成《专家咨询会议报告》，并分发给施工、监理等有关单位执行。

（8）图纸会审记录由设计单位负责，并发放工程部、设计部、监理单位、施工单位。

10）图纸会审关键问题。

（1）土建部分：

① 基坑开挖及基坑围护。

② 基础形式的选择。

③ 主体结构中的结构布置、选型、钢筋含量、节点处理等问题。

④ 四大渗漏：屋面防水、外墙防渗水、卫生间防水、门窗防水。

⑤ 内墙粉刷。

⑥ 楼地面做法。

⑦ 土建与各专业的矛盾问题。

⑧ 工程施工中的可行性问题。

（2）配套部分：

① 给水管供水量及管道走向、管径要满足最不利点供水压力要求，且满足美观需要。

② 排水管的走向及布置是否合理。

③ 管材及器具选择是否符合规范及甲方要求。

④ 消防工程设计是否满足美观及消防局要求。

⑤ 水、电、气、消防等设备、管线安装位置设计合理、美观且与土建图纸不相矛盾。

⑥ 燃气工程满足燃气公司的审图要求。

⑦ 总体图纸布局、管位布置合理，管材选用合理。

⑧ 用电设计容量和供电方式符合供电局规定、要求。

⑨ 强、弱电室内外接口满足电话局、供电局及设计要求。

⑩ 室内电器布置合理、规范。

3.4.2　总工如何组织好设计优化工作

"设计优化"是指在业主或设计单位提供的施工图的基础上，根据总包合同和要求，结合施工现场实际情况（现场条件、施工工艺、施工顺序、市场供应情况等），对图纸进行细化、补充和完善，并以此作为后续施工生产和竣工验收的相关依据。为增强项目总承包管理能力，打造深化设计团队，提升对项目的深化设计及管理能力，方便施工、提高质量、降本增效、节约能耗、服务生产，在建筑的建设过程中，会经历很多次不同种类、不同目的的优化过程。其中，较为重要的两个优化过程便是设计优化与施工优化。正所谓"规定千万条，安全第一条，优化不到位，盖楼必受累"。

在施工图深化设计之前，首先要熟悉大量的施工图纸、规格书，必须全面理解吃透，有些重要部位还要对照原设计图纸，根据自身的工程实践经验和设计经验进行深化，如结构的新技术和空间构造的复杂性、清水混凝土新技术理念的渗透、消防系统的先进性，还有建筑给水排水及供暖工程、电气工程、智能建筑工程、动力工程等错综复杂情况。预制构件的尺寸、预留孔洞是否准确，楼梯的高度是否满足消防规范，结构承载是否满足设计要求，以及各专业之间的碰撞等问题，这些必须在深化设计中加以改善、补充和纠正。

3.4.3　总工做好深化及优化工作的点有哪些

（1）上部结构体系的专项论证及优化；

（2）墙柱布置的专项论证及优化；

（3）梁板布置的专项论证及优化；

（4）计算模型的分析及优化；

（5）基础形式的专项论证及优化；

（6）桩基础的专项论证及优化；

（7）地下室抗浮设计的专项论证及优化；

（8）地下室柱网布置的专项论证及优化；

（9）地下室顶板设计的专项论证及优化；

（10）地下室底板设计的专项论证及优化；

（11）地下室中间楼盖设计的专项论证及优化；

（12）地下室车道设计的专项论证及优化；

（13）结构施工图的分析与优化（梁板配筋、墙柱配筋、基础配筋）；

（14）基坑围护设计；

（15）清水混凝土模板设计；

（16）预制构件与埋件设计；

（17）钢结构深化设计；

（18）预应力吊柱工程深化设计；

（19）机电安装工程预留预埋深化设计；

（20）其他建筑、结构深化设计；

（21）机电专业（建筑给水排水及供暖工程、电气工程、通风与空调工程、智能建筑工程、动力工程、消防工程）深化设计；

（22）机电专业管线综合布线图设计；

（23）装饰装修深化设计；

（24）幕墙深化设计。

3.5 梳理边界条件，参与合约规划

项目边界条件是项目合同的核心内容，主要包括权利义务、交易条件、履约保障和调整衔接等边界。权利义务边界主要明确项目资产权属、社会资本承担的公共责任、政府支付方式和风险分配结果等。

合约规划是指项目目标成本确定后，对目标成本按照自上而下、逐级分解的方式，以合同为口径进行分解编制的成本体系，对项目全生命周期内发生的所有合同进行界面划分并对所对应的金额进行预估。如表3-4所示。

项目合约规划样板

表3-4

合约规划							
代号	合同包名称	工作范围简述	标段划分	发包方式	招标组织方	合同形式	合同关系
A类	总承包工程						
A1	土建总包	基础/结构/建筑外装/室内简装	单标段不大于10万m²	邀请招标	采购中心	固定总价合同	独立合同
A2	机电总包	给水排水/电气/暖通/防排烟	不拆分	邀请招标	—	固定总价合同	与土建总承包商签订分包合同
B类	招标人直接发包项目						
B1	临时用电或用水	供应/安装	不拆分	邀请招标	—	固定单价合同	独立合同
B2	室外给水工程	组团总表	不拆分	邀请招标	—	固定总价合同	独立合同
B3	燃气工程	组团接入管/设施/分户到点管表	不拆分	邀请招标	—	固定总价合同	独立合同
B4	电信工程	电话机宽带组团接入管	不拆分	邀请招标	—	固定总价合同	独立合同
B5	有线电视及卫星天线	组团接入管/设施/分户到点	不拆分	邀请招标	—	固定总价合同	独立合同
B6	指示牌及标示工程	组团/单体建筑/地下室	不拆分	邀请招标	—	固定总价合同	独立合同
B7	儿童游艺/体育设施	供应/安装	不拆分	邀请招标	—	固定单价合同	独立合同

	合约规划						
代号	合同包名称	工作范围简述	标段划分	发包方式	招标组织方	合同形式	合同关系
B8	勘察	初勘/详勘	不拆分	邀请招标	—	固定总价合同	独立合同
B9	监理	工程监理	不拆分	邀请招标	—	固定总价合同	独立合同
B10	土石方（若需提前开挖）	基坑开挖/支护/降水	不拆分	邀请招标	—	固定总价合同	独立合同
C类	招标人指定分包项目						
C1	钢质入户门供应及安装工程	供应、安装及维修	不拆分	邀请招标	—	固定总价合同	与精装修施工单位签订分包合同
C2	电梯	电梯/扶梯/升降机	不拆分	邀请招标	—	固定总价合同	与土建总承包商签订分包合同
C3	弱电	各类弱电系统	不拆分	邀请招标	—	固定总价合同	与土建总承包商签订分包合同
C4	消防	火灾报警/自动灭火/消火栓系统	不拆分	邀请招标	—	固定总价合同	与土建总承包商签订分包合同
C5	园林	室外软景/硬景	不拆分	邀请招标	—	固定总价合同	与土建总承包商签订分包合同
C6	门窗/栏杆/遮蔽	门窗/栏杆/遮蔽/钢构/幕墙	不拆分	邀请招标	—	固定总价合同	与土建总承包商签订分包合同
C7	高低压配电	电源接入/开闭所/高低压变配/户表工程	不拆分	邀请招标	—	固定总价合同	与土建总承包商签订分包合同
C8	防水	地下室/厨卫间/阳台/露台	不拆分	邀请招标	—	固定总价合同	与土建总承包商签订分包合同
C9	保温	外墙保温系统	不拆分	邀请招标	—	固定总价合同	与土建总承包商签订分包合同
C10	精装修工程	公共区域	不拆分	邀请招标	—	固定总价合同	与土建总承包商签订分包合同

续表

				合约规划			
代号	合同包名称	工作范围简述	标段划分	发包方式	招标组织方	合同形式	合同关系
C11	开关插座/灯具/橱柜/洁具/木地板	—	不拆分	邀请招标	—	固定总价合同	与精装修承包商签订分包合同
D类	招标人指定供应项目						
D1	外墙面砖	供应	不拆分	邀请招标	—	固定单价合同	与土建总承包商签订分包合同
D2	室内配电三箱	供应	不拆分	邀请招标	—	固定单价合同	与机电总承包商签订分包合同
D3	供水设备及水泵	供应	不拆分	邀请招标	—	固定单价合同	与机电总承包商签订分包合同
D4	大型乔木	供应/种植/维护	不拆分	邀请招标	—	固定单价合同	与园林承包商签订分包合同

3.6 确定临建方案和平面布置图

施工总平面布置图是拟建项目施工场地的总布置图。它按照施工方案和施工进度的要求，对施工现场的道路交通、材料仓库、加工场地、主要机械设备、临时房屋、临时水电管线等作出合理的规划布置，从而正确处理全工地施工期间所需各项设施和永久建筑、拟建工程之间的空间关系。

施工总平面布置图是工程施工组织设计（及部分专项施工方案）的重要组成部分，在工程投标中，也是技术标的重要组成部分。现在 CAD 应用普及，施工总平面布置图基本上采用 CAD 进行绘制。

按照施工方案和施工进度要求，对施工现场所需工艺流程、施工设备、原材料堆放、动力供应、场内运输、半成品生产、仓库料场、生活设施等，进行空间的，特别是平面的规划与设计，并以施工平面布置图的形式表达出来，这就是施工现场平面布置的作用。

3.6.1 施工总平面图包含的主要内容

（1）项目施工用地范围内的地形状况，如现有和拟建的建筑物、构筑物、安装管线。

（2）全部拟建的建（构）筑物和其他基础设施的位置，如现场临时供水、供电接入口位置。

（3）项目施工用地范围内的加工设施、运输设施、存贮设施、供电设施、供水供热设施、排水排污设施、临时施工道路和办公、生活用房等。

（4）施工现场必备的安全、消防、保卫和环境保护等设施，如消防道路和消火栓的位置，大门、围墙和门卫，现场视频监控系统等。

（5）相邻的地上、地下既有建（构）筑物及相关环境，如用地与建筑红线，场内外通道，场地出入口。

（6）平面布置图绘制应有比例关系，各种临设应标注外围尺寸，并应有文字说明、必要的方向标记。

（7）拟布置的办公、生活临建情况。

（8）办公区人数、施工区高峰期人数等。

3.6.2　编制依据

施工总平面布置图编制依据如表 3-5 所示。

施工总平面布置图编制依据　表 3-5

序号	类别	名称	编号
1	国家标准	室外给水设计标准	GB 50013—××××
2		给水排水管道工程施工及验收规范	GB 50268—××××
3		建设工程施工现场供用电安全规范	GB 50194—××××
4		建筑电气工程施工质量验收规范	GB 50303—××××
5		供配电系统设计规范	GB 50052—××××
6	行业标准	施工现场临时建筑物技术规范	JGJ/T 188—××××
7		建筑施工安全检查标准	JGJ 59—××××
8		施工现场临时用电安全技术规范	JGJ 46—××××
9		给水排水构筑物设计选用图（水池、水塔、化粪池、小型排水构筑物）	07S906
10	其他	××××项目施工组织设计	
11		××××项目投标文件	

注：编制依据应不限于以上内容，请查阅资料尽可能收集齐全。

3.6.3　临建布置设计

1. 项目临建地理位置关系

如图 3-31 所示。

2. 施工区临建设施

附各阶段施工总平面布置图，图中应包含围墙、大门、大型机械布置、施工道路、冲

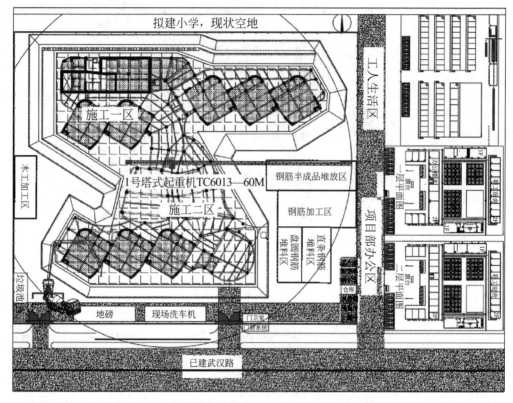

图 3-31   项目临建地理位置关系

洗设备、门卫室、库房、材料堆场、加工棚、预制构件堆放场、标养室、配电房等。然后介绍各项临建设施的做法图纸（不需要写具体的工艺过程）。如图 3-32 所示。

3. 办公区临建设施

附办公区总平面图、分楼层附图，把各种生活设施（管理人员宿舍、工人生活区、食堂、浴室、厕所）的位置都在图上体现，并对各种临时设施的材质、做法进行简要说明，不需要写工艺过程。如图 3-33 所示。

4. 生活区临建设施

附生活区总平面布置图，把各种生活设施的位置都在图上体现，并对各种临时设施的材质、做法进行简要说明，不需要写工艺过程。如图 3-34 所示。

5. 临时用电设计

简要介绍各区域临时用电设计，如图 3-35 所示。

6. 临时用水设计

简要介绍各区域临时用水设计，如图 3-36 所示。

3.6.4   施工准备计划

1. 人员准备计划

根据工程总体施工部署及工程进度计划安排，在施工高峰期时，施工作业劳动力达到最高峰。劳动力数量及进场计划具体需求计划表，如表 3-6 所示。

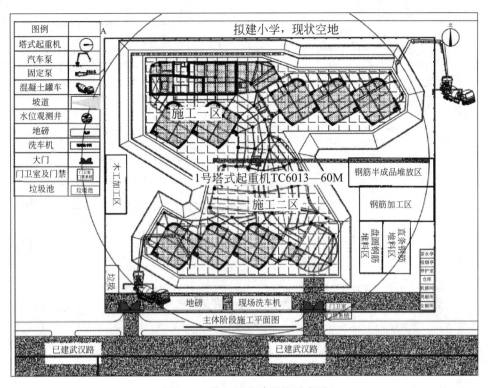

图 3-32　施工区临建设施示意图

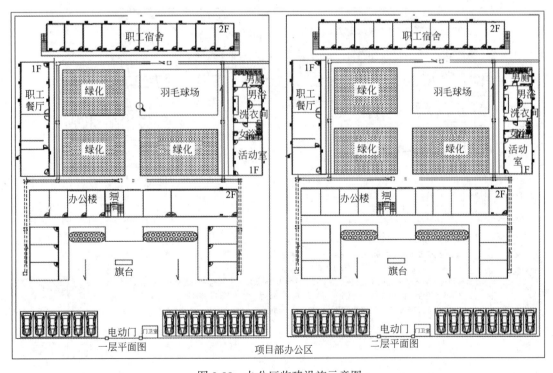

图 3-33　办公区临建设施示意图

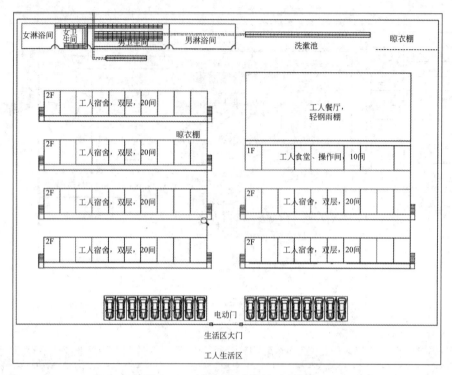

图 3-34　生活区临建设施示意图

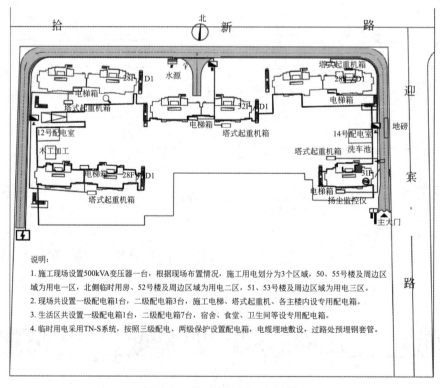

说明：

1. 施工现场设置500kVA变压器一台，根据现场布置情况，施工用电划分为3个区域，50、55号楼及周边区域为用电一区，北侧临时用房、52号楼及周边区域为用电二区，51、53号楼及周边区域为用电三区。

2. 现场共设置一级配电箱1台，二级配电箱3台，施工电梯、塔式起重机、各主楼内设专用配电箱。

3. 生活区共设置一级配电箱1台，二级配电箱7台，宿舍、食堂、卫生间等设专用配电箱。

4. 临时用电采用TN-S系统，按照三级配电、两级保护设置配电箱，电缆埋地敷设，过路处预埋钢套管。

图 3-35　临时用电平面布置图

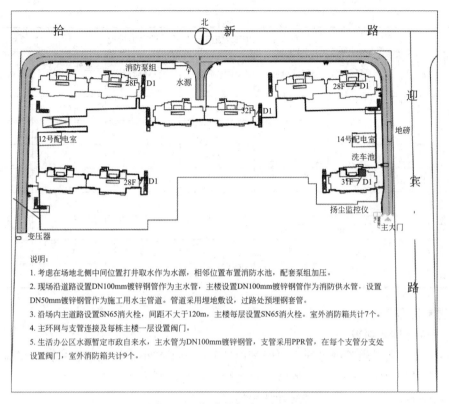

说明：
1. 考虑在场地北侧中间位置打井取水作为水源，相邻位置布置消防水池，配套泵组加压。
2. 现场沿道路设置DN100mm镀锌钢管作为主水管，主楼设置DN100mm镀锌钢管作为消防供水管，设置DN50mm镀锌钢管作为施工用水主管道。管道采用埋地敷设，过路处预埋钢套管。
3. 沿场内主道路设置SN65消火栓，间距不大于120m，主楼每层设置SN65消火栓。室外消防箱共计7个。
4. 主环网与支管连接及每栋主楼一层设置阀门。
5. 生活办公区水源暂定市政自来水，主水管为DN100mm镀锌钢管，支管采用PPR管，在每个支管分支处设置阀门，室外消防箱共计9个。

图 3-36 临时用水平面布置图

劳动力投入计划表   表 3-6

工种	按工程施工阶段投入劳动力情况					
	土方及支护阶段	基础阶段	主体阶段	装修阶段	室外及配套阶段	竣工阶段
支护工	30	0	0	0	0	0
挖机司机	6	5	0	0	4	0
渣土车司机	18	9	0	0	10	0
钢筋工	40	160	140	0	10	10
混凝土工	30	48	30	30	15	10
木工	0	120	300	80	10	0
瓦工	20	30	20	60	30	20
抹灰工	0	20	0	80	30	0
防水工	0	20	0	20	0	0
保温工	0	0	0	40	20	10
架子工	0	30	30	0	0	0
普工	10	20	20	20	10	5

续表

工种	按工程施工阶段投入劳动力情况					
	土方及支护阶段	基础阶段	主体阶段	装修阶段	室外及配套阶段	竣工阶段
塔式起重机司机	0	1	1	0	0	0
焊工	0	15	15	0	0	0
水电工	0	20	20	60	30	20
施工电梯司机	0	0	3	3	3	0
精装修工	0	0	0	80	80	50
外装修工	0	0	0	80	40	20
景观、绿化	0	0	0	0	100	60
合计	154	498	579	553	392	215

2. 材料准备

1）周转材料计划表

材料周转在项目施工中是很重要的管理环节，为了减小在施工过程中产生的损耗，降低租金，达到节约成本的目的，周转材料运行新的管理制度要求操作班组参与到管理过程中，做到共同管理。主要周转材料计划表如表 3-7 所示。

周转材料计划表 表 3-7

序号	名称	规格、型号	单位	数量	备注
1	木模板	18mm 厚	m²	约 29898	
2	木方	50mm×100mm	m³	437.9	
3	承插型盘扣式钢管（立杆）	φ48.3mm	根	21300	
4	承插型盘扣式钢管（横杆）	φ48.3mm	根	78336	随进度分批进场
5	顶托	MΦ36×600×160	个	15000	
6	卸料平台	2.5m×4.5m	个	8	
7	密目安全网	2000 目（1.8mm×6mm）	块	14470	

2）主要施工材料进场计划表

主材通过集采平台进行采购，混凝土在项目地选择两家供应量比较大的公司进行供应，确保结构施工期间不会出现停货问题；钢筋供应商选择两家长期合作单位，以确保材料能够及时供应。主要施工材料进场计划表如表 3-8 所示。

主要施工材料进场计划表 表 3-8

序号	主材名称	使用部位	工程量	进场时间	备注
1	商品混凝土	地基基础和主体	约 7 万 m³	2023 年 1 月 19 日	工程量以清单为准分批次进场

续表

序号	主材名称	使用部位	工程量	进场时间	备注
2	钢筋	地基基础和主体	约9200t	2023年1月19日	工程量以清单为准分批次进场
3	蒸压加气混凝土砌块	砌块墙	约1万m³	2023年8月20日	工程量以清单为准分批次进场
4	预拌砂浆	砌筑和抹灰	约1万t	2023年8月20日	工程量以清单为准分批次进场
5	蒸压灰砂砖	砌体	约1000m³	2023年8月20日	工程量以清单为准分批次进场
6	挤塑聚苯板(XPS)	屋面	约1800m³	2024年5月10日	工程量以清单为准分批次进场
7	岩棉板	外墙	约1200m³	2024年9月1日	工程量以清单为准分批次进场
8	抗裂砂浆	外墙	约1t	2024年9月1日	工程量以清单为准分批次进场
9	钢丝网	墙体	约6万m²	2024年5月10日	工程量以清单为准分批次进场
10	铝合金饰面板	伸缩缝	约8000m	2024年5月10日	工程量以清单为准分批次进场
11	钢板	楼板	约1200m²	2024年1月8日	工程量以清单为准分批次进场
12	防水涂料	室内	约5000m²	2023年4月8日	工程量以清单为准分批次进场
13	金属波形瓦	屋面	约5000张	2024年3月11日	工程量以清单为准分批次进场
14	空腹钢柱	钢结构	约60t	2023年8月6日	工程量以清单为准分批次进场
15	钢梁	钢结构	约110t	2023年8月6日	工程量以清单为准分批次进场
16	钢支撑、钢拉条	钢结构	约10t	2023年8月6日	工程量以清单为准分批次进场
17	螺栓	钢结构	约12000套	2023年8月6日	工程量以清单为准分批次进场
18	防水卷材	地库和屋面	约2.5万m²	2023年4月6日	工程量以清单为准分批次进场
19	ALC墙板	墙体	约8300m³	2023年8月20日	工程量以清单为准分批次进场

续表

序号	主材名称	使用部位	工程量	进场时间	备注
20	电缆	安装工程	约 70 万 m	2023 年 8 月 6 日	工程量以清单为准分批次进场
21	排烟防火阀	安装工程	约 700 个	2023 年 12 月 14 日	工程量以清单为准分批次进场

3.6.5 施工方法

对各种临时设施（如围墙、大门、道路、板房、基础、办公室、厕所、浴室、标养室等）的具体施工过程进行说明。同时，对隔油池、化粪池等小型给水排水设施需先进行计算后才可进行选型并施工。

3.6.6 消防配置

针对施工区、办公区、生活区分别说明消防配置。要求细化到每楼层配置的灭火器数量、消防水池的布置及容量、消防水管的布置及管径等要求，均需有计算。

3.6.7 各项规章制度

说明实施过程中各项管理制度的具体细则，如卫生、防火、保安、环境等制度。

3.6.8 强制性条文

（说明：本章节仅作为检查方案时，对方案是否违反国家强制性规定进行检查，编制方案时不列此章。方案编制人员在方案中涉及强制性条文时，应在方案内相应位置后面用括号标出所使用的强制性条文。）

1）工地应设置足够的消防水源和临时消防系统，竹材堆放处应设置消防设备。

2）施工企业的工程项目部应根据企业安全生产管理制度，实施施工现场安全生产管理，应包括下列内容：确定消防安全责任人，制定用火、用电、使用易燃易爆材料等各项消防安全管理制度和操作规程，设置消防通道、消防水源，配备消防设施和灭火器材，并在施工现场入口处设置明显标志。

3）易燃易爆危险品库房与在建工程的防火间距不应小于 15m，可燃材料堆场及其加工场、固定动火作业场与在建工程的防火间距不应小于 10m，其他临时用房、临时设施与在建工程的防火间距不应小于 6m。

4）宿舍、办公用房的防火设计应符合下列规定：建筑构件的燃烧性能等级应为 A 级。当采用金属夹芯板材时，其芯材的燃烧性能等级应为 A 级。

5）发电机房、变配电房、厨房操作间、锅炉房、可燃材料库房及易燃易爆危险品库房的防火设计应符合下列规定：建筑构件的燃烧性能等级应为 A 级。

6）既有建筑进行扩建、改建施工时，必须明确划分施工区和非施工区。施工区不得营业、使用和居住；非施工区继续营业、使用和居住时，应符合下列规定：

（1）施工区和非施工区之间应采用不开设门、窗、洞口的耐火极限不低于 3h 的不燃烧体隔墙进行防火分隔。

（2）非施工区内的消防设施应完好和有效，疏散通道应保持畅通，并应落实日常值班及消防安全管理制度。

7）临时用房的临时室外消防用水量不应小于表 3-9 的规定。

临时用房的临时室外消防用水量 表 3-9

临时用房的建筑面积之和	火灾延续时间 （h）	消火栓用水量 （L/s）	每支水枪最小流量 （L/s）
1000m²＜面积≤5000m²	1	10	5
面积＞5000m²		15	5

8）在建工程的临时室外消防用水量不应小于表 3-10 的规定。

在建工程的临时室外消防用水量 表 3-10

在建工程（单体）体积	火灾延续时间 （h）	消火栓用水量 （L/s）	每支水枪最小流量 （L/s）
10000m³＜体积≤30000m³	1	15	5
体积＞30000m³	2	20	5

9）在建工程的临时室内消防用水量不应小于表 3-11 的规定。

在建工程的临时室内消防用水量 表 3-11

建筑高度、在建工程体积（单体）	火灾延续时间 （h）	消火栓用水量 （L/s）	每支水枪最小流量 （L/s）
24m＜建筑高度≤50m 或 30000m³＜体积≤50000m³	1	10	5
建筑高度＞50m 或 体积＞50000m³	1	15	5

3.7 编制项目工程履约策划

根据公司要求，围绕履约方针政策，领导班子针对本项目积极开展了以"高标准履约、高品质履约"为目标的专题会议。通过各部门的讨论，决定从"进度、质量、安全文明、环保、投资控制及成本、信息系统、总包、团队建设、党建、廉政、职业健康、农民工工资"12 个管理目标着手，针对项目管理目标进行规划和研究，确保达到履约目标。

3.7.1 项目建设管理目标

见表 3-12。

项目建设管理目标 表 3-12

序号	内容	管理目标
1	工期管理	确保完成合同要求的基础、主体、封顶、外架拆除、结构验收、装修、竣工验收等重要节点,确保节点完成率达98%,设定工期责任人,每周开展计划完成率分析会,每月开展工期节点分析会
2	质量管理	确保达到××市"××杯",创办××市质量观摩工地,样板引路全覆盖、项目开工前样板展示区1月内完成,过程工序样板层在工序开展前1周内完成,实测实量开展率100%,过程质量控制100%,杜绝出现后期质量风险
3	安全文明管理	确保达到××市安全文明工地,争创省文明工地,安全事故率为0,安全隐患整改率100%,安全标准化实施100%
4	环保管理	执行环保法律法规要求,环保设施建设实现"三同时"
5	投资控制及成本管理	确保达到公司要求的上缴利润点、材料损耗控制率100%
6	信息系统管理	信息系统开展率100%,公司检查评比中争创前3名,杜绝进入后5名
7	总包管理	实现总包管理综合水平达到业主满意,全面落实分包管理
8	团队建设	全面提高项目部门协调性,争取团队4~5个人达到提岗水平,每周不少于2次对项目管理人员开展方案、规范等培训
9	党建管理	党建引领,建立健全党组织
10	廉政建设	建设廉洁、阳光工程
11	职业健康安全管理	坚持"健康与安全第一"的原则,遵守适用的法律法规及其他要求,降低项目职业健康安全风险,杜绝职业病发生
12	农民工工资管理	按法律法规要求,及时、足额、专项发放

3.7.2 举措与办法

1. 工期管理

与劳务施工单位及项目相关人员签订工期协议,对周计划、月计划、节点计划、总控计划完成率制订相应的奖罚措施,项目每月统计公布相应计划完成率,落实责任人,通过奖罚机制提高管理人员的工期意识。

加强策划管理,在项目开展1个月内,由项目总工及生产经理牵头组织项目各部门开展施工部署策划工作,将不同阶段的施工部署进行细化,然后提交公司审核,争取达到策划可行性95%,策划内容普及率100%,不同阶段对相应责任人进行考核。

加强责任化管理,在项目开展的同时,项目根据相应人员资源,对整个项目施工内容进行划分,落实责任人,由项目生产经理每月对相应片区责任人工作情况进行总结。

2. 质量管理

加强策划管理,要求项目在开工后1个月内针对合同目标将质量策划交公司评审,策划内容针对现场质量目标、重难点分析及措施、过程控制等进行详细研究,为项目订立质量标准。

积极开展样板引路工作,在项目开工后1个月内完成项目集中样板展示区施工,样板施工要与现场实际施工相吻合,由项目质量总监主导施工,并设立三级验收组织,包括业主、监理、机关等部门，确保样板先行的准确性。

项目积极开展实测实量，将实测实量结果与劳务和项目相关管理人员利益挂钩，通过奖罚机制来提高管理人员质量管理的积极性，每月由项目经理对项目实测内容进行通报并进行奖罚。

针对质量风险等问题，包括渗漏、开裂等常见风险，要求项目经理亲自参与验收工作。

3. 安全文明管理

严格执行公司安全标准化，要求标准化内容实施100%，由项目安全总监进行监督，并在每周例会中通报标准化落实情况。

加强安全管理思想教育工作，从门禁"安全帽、安全带、反光背心"抓起，每天进行安全班前教育活动工作，每周组织一次安全全面检查工作，并对现场存在问题下发落实整改工作，每季度在项目开展安全动员大会，为施工人员进行安全知识讲座与宣贯。

加强重大危险源辨识与监控工作，项目要对重大危险源辨识达到100%，并针对重大危险源控制措施编制专项方案，由安全人员监督方案落实情况，并由项目经理进行全面督办。

4. 环保管理

严格遵守国家和地方相关法律法规，建立完善的环境管理体系，落实建设项目施工工地环境保护措施。

贯彻执行党和国家有关环境保护、文明施工的各项方针、政策、法规、标准、条例。编制本项目关于环境保护的规划、方针、目标及年度计划，并督促实施。组织环境保护、文明施工工作，发扬创新开拓精神，抓典型、树样板，以点带面，实现环保目标。

5. 投资控制及成本管理

项目成本管理遵循"以成本管理为中心；以优化资源配置为重点；以最佳经济效益为目的；责权利相结合；全员、全面、全过程控制"的原则，开展全过程的成本管理活动。成立工程项目成本控制管理领导小组，部门配备懂业务、会管理的专职经济技术人员负责成本控制管理工作。

对设计、施工中实际产生的工程费用进行预防、调节、限制、指导、监督，进行全过程控制，使工程成本控制在成本计划的范围内，达到预期的成本目标。

6. 信息系统管理

针对信息系统项目设立专职系统检查员，每周对项目信息系统完成工作进行监督，并由项目经理进行督办，加大对过程存在问题的整改完成工作，制定相应奖罚条例，加强信息系统管理工作，争取进入公司排名前3名。

每周针对信息系统检查问题项目组织问题整改落实会，分析扣分原因并制订整改措施，连续出现同类问题要对责任人进行处罚。

7. 总包管理

根据公司总承包管理工作计划，在项目部设立以项目经理为首的总包管理组织，并在项目开工1个月内，编制总包管理方案。

每周召开总包协调会议，并定期组织项目管理人员学习公司总包管理守则，提高项目总包管理水平，每月由项目部组织开展总包管理讨论会，针对过程存在的问题和困难进行梳理解决，形成闭合管理。

8. 团队建设

加强团队建设，从团队基础建设抓起，项目部每周进行不少于 2 次针对各系统部门的培训工作，重点提高项目管理人员的自身管理水平。

加强项目团队部门之间的协调性，由项目经理牵头每半月进行开展一次项目部门协调会，针对部门协调之间存在的问题进行梳理和引导，确保部门之间的团结协作。定期组织团队人员参加外部学习和交流活动，开阔人员的见识。

9. 党建管理

加强党组织建设，建立健全党组织管理体系，建立学习、协调、考核、奖惩等党建工作机制。

10. 廉政建设

贯彻执行中央关于厉行节约、制止奢侈浪费的规定，加强党风廉政建设，确保工程建设高效优质。领导班子成员和全体党员、干部要认真学习《中国共产党党员领导干部廉洁从政若干准则》和《中国共产党纪律处分条例》。

增强廉洁自律意识，提高为人民服务的思想，做勤政廉洁的模范，在施工作业和业务活动中坚持公开、公正、诚信、透明的原则，不得损害国家和集体利益，不得违反工程建设管理规章制度。

11. 职业健康安全管理

加强组织领导，以项目经理负总责，对职业健康安全亲自抓，建立和落实岗位责任制度。根据职业健康安全保证体系的要求，对全体职工进行有关职业健康安全知识的培训与学习。

定期组织职工到定点医院进行体检，预防职业病、传染病，一旦发现病情，及时进行诊断和治疗；并根据传播路线及时切断传播途径；配备足够的健康保护资源。

12. 员工工资及农民工工资管理

按有关规定缴纳工资保障金，严格按照人力资源和社会保障部、住房城乡建设部《建设领域农民工工资支付管理暂行办法》的规定执行，规范员工工资支付行为，及时支付员工工资（包括项目部雇用的农民工或劳务工的工资）。

3.7.3 项目履约实施方案表

见表 3-13。

项目履约管理实施方案表　　　　　　　　　　　　　表 3-13

序号	管理内容	管理举措	项目实施方案		责任人	督办人	备注
			实施要求	实施时间			
1	工期管理	工期责任状的签订	编制完成后进行审核并提出意见，与劳务签订工期责任书，项目部修改完成后与分公司签订工期责任状	项目开工 30d 以内			
		工期责任状的考核	编制项目工期考核节点台账，按时对项目工期节点完成情况进行考核，并根据项目进度实行奖罚	按工期节点要求进行			

序号	管理内容	管理举措	项目实施方案		责任人	督办人	备注
			实施要求	实施时间			
1	工期管理	项目策划管理	对现场施工各个阶段部署及平面布置进行策划,项目评审后发公司进行评审	项目进场30d以内			
		项目策划交底	公司评审通过后,每个阶段组织一次策划交底	按不同阶段			
		计划管理	生产经理编制周、月、季度进度计划	每周、月、季			
			每月进行统计计划完成率通报并进行奖罚	每月			
2	质量管理	质量管理	质量策划	项目开工30d内			
			样板引路展示区	项目开工30d内			
			样板工序样板层	每个分部分项工程开始前			
			实测实量培训	实测实量开展前一周			
			实测实量过程	每天			
			实测实量过程分析	每天			
			实测实量通报奖罚	每月			
3	安全文明管理	安全管理	标准化施工内容确定	项目开工30d内			
			安全班前教育培训	每天			
			安全知识讲座及活动	按季度			
			安全大检查	每周			
		文明管理	文明管理体系、文明大检查	每月			
4	环保管理	环境保护	环保体系、环保方案和措施落实情况	每月不少于1次			
5	投资控制及成本管理	投资控制	合同情况、变更情况检查	每半年至少1次			
		成本管理	资源配置、工程费用台账	每季度不少于1次			
6	信息系统管理	信息系统	信息系统专员确定	信息系统开展前			
			信息系统培训	开展后1周内			
			信息系统检查	每周五			
			信息系统通报	每周四			
			信息系统奖罚	每月			
7	总包管理	总包管理	总包管理制度	专业分包进场前30d			
			总包管理手册宣贯	专业分包进场后一周			
			总包协调会	每周			

序号	管理内容	管理举措	项目实施方案		责任人	督办人	备注
			实施要求	实施时间			
8	团队建设	团队建设	方案及规范学习	每周三、五			
			外部学习交流	10月			
9	党建管理	党建管理	查资料、查笔记	每年不少于2次			
10	廉政建设	廉政管理	查资料、查笔记、考核	每年不少于2次			
11	职业健康安全管理	职业健康安全	职业健康安全体系建立、知识培训及学习	每季度监管不少于1次			
12	农民工工资管理	农民工工资支付	工资专户，工资保障金，支付过程监管	每半年至少1次			

3.8　组织购买标准、规范、规程、图集

1）项目开工前，项目部技术质量部门经理应组织专业工程师制订标准、规范、图集需求计划。

2）项目部技术质量部门经理应根据标准、规范、图集需求计划在公司付费的标准网下载标准、规范、图集，并发给项目部总工程师、生产经理、质量负责人、工程经理、专业工程师、技术员、质量员。无法在标准网下载的标准、规范、图集，由项目部技术质量部门经理统一购买，并进行统一管理，专业工程师、技术员、质量员每次借阅必须登记在册，保证有借有还。

3）工程分包的，项目部技术质量部门经理应将电子版标准、规范、图集发分包单位项目技术负责人，并要求分包单位项目技术负责人发放至项目负责人、项目施工负责人、班长。需要购买纸质版标准、规范、图集的，项目部技术质量部门经理应将采购标准、规范、图集的清单发专业分包单位的项目技术负责人，要求其及时采购，专业分包单位的采购数量应保证现场需要。

4）项目施工过程中，需要补充标准、规范、图集的，专业工程师应按照相关规定补充需求计划。项目部技术质量部门经理应按照相关规定下载、购买和发放标准、规范、图集。

5）标准、规范、图集发放后，项目部技术质量部门经理必须建立发放台账。

6）项目部技术质量部门经理应及时督促专业分包单位购买和发放标准、规范、图集。

7）项目部需要参加标准、规范、图集管理工作的人员见表3-14。

标准、规范、图集管理人员表　　　　　　　　表3-14

序号	岗位名称	姓名	职责	备注
1	项目部总工程师	—	接受电子版标准、规范、图集	
2	项目部生产经理	—	接受电子版标准、规范、图集	

序号	岗位名称	姓名	职责	备注
3	项目部质量负责人	—	接受电子版标准、规范、图集	
4	项目部技术质量部门经理	—	1. 制订标准、规范、图集需求计划； 2. 负责标准、规范、图集发放，并建立发放台账； 3. 督促分包单位及时采购纸质版的标准、规范、图集； 4. 督促分包单位发放标准、规范、图集； 5. 需要采购纸质版标准、规范、图集的，应保留一套	
5	项目部工程经理	—	接受电子版标准、规范、图集	
6	专业工程师	—	1. 参与制订标准、规范、图集需求计划； 2. 接受标准、规范、图集(包括电子版、纸质版)	
7	技术员	—	接受标准、规范、图集(包括电子版、纸质版)	
8	质量员	—	接受标准、规范、图集(包括电子版、纸质版)	

8）其他：

（1）项目技术质量部门经理未到岗的，由项目部总工程师代替履行职责。

（2）项目实施过程中，本制度涉及的管理人员发生变化的，应办理工作移交，项目部总工程师应做好岗位人员调整记录。

3.9　组织危险源辨识，作危险性较大的分部分项工程管理准备

3.9.1　危险源辨识

《危险化学品重大危险源辨识》GB 18218—2018 中对重大危险源的定义为：长期或临时的生产、加工搬运或存在危险物质，且危险物质的数量等于或大于临界量的单元。

1. 对重大危险源进行识别的原则

项目开工前需对危大方案进行系统性识别，可按表 3-15 所示几类标准进行识别。

对重大危险源进行识别的原则　　　　　　　　　　　　表 3-15

序号	危大识别原则	具体内容
第一类	住房城乡建设部31号文中列出的危大及超危范畴	深基坑类，模架类(工具式、高大、承重支撑)，起重吊装及起重机械安装拆卸工程，脚手架类，拆除工程，暗挖工程，幕墙类，钢结构类，人工挖孔桩，水下作业，装配式安装，以及其他尚无国标、行标的新技术、新材料、新工艺、新设备
第二类	住房城乡建设部未规定但对工程影响较大的内容	包括外用电梯在内的一切大型设备安拆及使用，塔式起重机定位与基础施工，塔式起重机附着顶升作业，群塔作业，临时消防，临时用电，所有的模架及外架，结构改造与加固，预应力工程，人员在钢筋骨架内部的施工作业，所有外立面作业，风季方案，有限空间作业等；基础设施类工程按照相应的行业法规来识别
第三类	施工工况与设计不符可能带来的隐患	在地库后浇带未封闭、结构未形成整体且未在后浇带内设置刚性传力杆件的工况下进行的肥槽回填，顶板堆载及回填，设计底板整体受力平衡而施工塔楼先行的组织工况，阳台或飘窗等悬挑构件固定爬架、挑架、支模等

2. 施工现场常见的重大危险源类型（表3-16）

施工现场常见的重大危险源类型   表 3-16

序号	分部分项工程名称	危险源级别			危险源关注点
		一般	较大	重大	
一	基坑支护、降水工程	开挖深度小于3m的基坑（槽）支护、降水工程	1. 开挖深度超过 3m（含 3m）未超过 5m（不含 5m）的基坑（槽）支护、降水工程 2. 未超过3m但地质条件和周边环境复杂的基坑（槽）支护、降水工程	开挖深度超过5m（含5m）	1. 基坑支护或边坡稳定 2. 基坑降水深度 3. 坑边堆土、堆料、停置机具位置 4. 施工机械设备伤人 5. 坑内外明排水措施
二	土方开挖工程	开挖深度小于3m的基坑（槽）的土方开挖工程	开挖深度超过3m（含3m）未超过5m（不含5m）的基坑（槽）的土方开挖工程	开挖深度超过5m（含5m）的基坑（槽）的土方开挖工程	1. 挖土采用的方法 2. 开挖深度超过 2m 的沟槽支撑、围栏防护 3. 超过2m 的沟槽上下通道、警示标志
三	模板工程及支撑体系	1. 普通模板工程施工方案 2. 大模板施工方案	1. 混凝土模板支撑搭设高度大于等于5m 2. 搭设跨度大于等于10m 3. 施工总荷载大于等于10kN/m² 4. 用于钢结构安装等承重满堂支撑体系 5. 集中线荷载大于等于15kN/m 6. 高度大于支撑水平投影宽度且相对独立无联系构件的混凝土模板支撑工程 7. 飞模、爬模、滑模施工	1. 模板支撑搭设高度大于等于8m 2. 搭设跨度大于等于18m，施工总荷载大于等于15kN/m² 3. 集中线荷载大于等于20kN/m 4. 用于钢结构安装等承重满堂支撑体系，承受单点集中荷载700kg以上 — — —	1. 模板支撑系统设计，整体稳定及构造措施 2. 各种模板运输、堆放、吊装 3. 模板支撑构造措施 4. 拆除模板时警戒线的设置和监护 5. 模板拆除时的混凝土强度 6. 操作面人员安全 —

序号	分部分项工程名称	危险源级别			危险源关注点
		一般	较大	重大	
四	起重吊装及安装拆卸工程	1. 非常规起重设备、方法,且单件起吊重量在10kN及以下的起重吊装工程	1. 非常规起重设备、方法,且单件起吊重量在10kN及以上的起重吊装工程	1. 采用非常规起重设备、方法,且单件起吊重量在100kN及以上的起重吊装工程	1. 塔式起重机、电梯装拆资质和专项方案
		2. 采用起重机械吊运物体	2. 采用起重机械进行安装的工程	2. 起重量300kN及以上的起重设备安装工程	2. 起重机设备完整性,限位、保险装置有效性
		3. 采用垂直运输设备进行物体运输	3. 起重机械设备自身的安装、拆卸	3. 高度200m及以上内爬起重设备的拆除工程	3. 架体与建筑结构附着
					4. 施工电梯笼安全装置,门连锁装置
					5. 起重机、电梯限载量和限载控制装置
					6. 施工电梯地面出入口防护棚,各层出入口平台搭设,防护门设置
					7. 投入使用前验收手续
					8. 司机、指挥人员上岗证
五	脚手架工程	1. 搭设高度小于24m的落地式钢管脚手架	1. 搭设高度不小于24m的落地式钢管脚手架	1. 搭设高度不小于50m的落地式钢管脚手架	1. 架体用钢管、扣件的合规性
		2. 定型产品卸料平台使用	2. 附着式整体和分片提升脚手架	2. 提升高度不小于150m的附着式整体和分片提升脚手架	2. 脚手架基础或基座的设计构造
		3. 电梯井道支模方案	3. 悬挑式脚手架	3. 架体高度20m及以上的悬挑式脚手架	3. 脚手架搭设高度、立杆间距、步距、垂直度、平整度
			4. 吊篮脚手架工程		4. 脚手架扫地杆、栏杆、拉结点、安全网等的设置
			5. 自制卸料平台、移动操作平台工程		5. 脚手架剪刀撑设置
			6. 新型及异形脚手架工程		6. 操作面脚手板、竹笆铺设

序号	分部分项工程名称	危险源级别			危险源关注点
		一般	较大	重大	
五	脚手架工程				7. 拆除脚手架时警戒线的设置和监护
					8. 卸料平台设计及构造
					9. 卸料平台限载标牌,护栏高度、侧面封闭
					10. 卸料平台吊点设置、支点搁置及固定
六	其他分项工程		1. 建筑幕墙安装工程	1. 施工高度50m及以上的建筑幕墙安装工程	1. 专项施工方案
			2. 钢结构、网架和索膜结构安装工程	2. 跨度不小于36m的钢结构安装工程	2. 安全防护设施
			3. 人工挖扩孔桩工程	3. 跨度不小于60m的网架和索膜结构安装工程	3. 操作人员安全教育及安全防护
			4. 地下暗挖、顶管及水下作业工程	4. 开挖深度超过16m的人工挖孔桩工程	4. 应急预案
			5. 预应力工程	5. 地下暗挖工程、顶管工程、水下作业工程	
				6. 采用四新技术及尚无相关技术标准的危险性较大的分部分项工程	
七	高处作业	1. 25cm×25cm以上洞口防护			1. 高空作业的防护措施
		2. 临边护栏及高度			2. 安全防护设施的动态监护
		3. 悬空作业安全带使用			3. 操作人员安全防护的动态监护
		4. 电梯井口防护门及井道内水平隔离设施			4. 安全警示标志牌设置
		5. 管道竖井防护门或护栏,安装后高度			

序号	分部分项工程名称	危险源级别			危险源关注点
		一般	较大	重大	
七	高处作业	6. 通道出入口防护棚			
		7. 加工机械的防护棚			
八	施工用电	1. 临时配电系统的设计与安装			1. 配电设备的型号、规格的匹配
		2. 一、二级配电设备			2. 配电保护器具的型号、规格的匹配
		3. 配电线路的架设与防护			3. 电力线路架设或埋地的合规性
		4. 用电设备的开关箱			4. 配电设备的保护接地、接零
		5. 周边高压线防护			5. 配电箱、开关箱设施的完整性
					6. 配电箱和用电设备接线的规正性
					7. 配电箱、开关箱门有无锁及防雨措施
					8. 配电箱内的整洁度
					9. 配电线路、设备的动态监护
					10. 电工及电器操作人员用电的行为规范
					11. 配电、用电设备所处的环境
					12. 施工设备与架空外电线路的距离及采取的防护措施
九	焊接作业	1. 焊接作业操作环境及防护措施			1. 操作面的安全防护设施的完整性
		2. 焊接作业用电安全			2. 电焊机周围的易燃易爆物品及消防措施
		3. 焊接作业消防安全			3. 焊接作业面周边的易燃易爆物品及消防措施

序号	分部分项工程名称	危险源级别			危险源关注点
		一般	较大	重大	
九	焊接作业				4. 焊接作业面下方的易燃易爆物品及消防措施
					5. 电焊机设备和配电设备的完好性
					6. 在密闭场所施焊的排风措施
					7. 焊接与油漆、防水、保温等工种的交叉作业
十	机械作业	1. 机械设备安全			1. 中小型机械自身防护装置的完整性
		2. 操作人员的行为安全			2. 机械设备保护接零、漏电保护器等设置的完整性
		3. 对机械设备的防护			3. 平刨无护手安全装置
		4. 机械设备使用对周边安全的影响			4. 平刨和圆盘锯传动部位防护罩
					5. 圆盘锯按规定设置锯盘护罩、分料器、防护挡板等安全装置
					6. 钢筋机械的冷拉和对焊作业区防护措施
					7. 搅拌机的离合器、制动器、钢丝绳完好性
					8. 搅拌机的料斗保险挂钩的有效性
					9. 手持电动工具接长电源线及插头的完好性
					10. 设备发生故障检修时切断电源及警示牌

序号	分部分项工程名称	危险源级别			危险源关注点
		一般	较大	重大	
十一	化学危险品	1. 化学危险品对环境污染的影响			1. 化学危险品存放仓库的存放、通风、照明条件,灭火器材的配备
		2. 化学危险品对操作人员健康的影响			2. 化学危险品使用现场的通风、照明条件,灭火器材的配备
		3. 化学危险品的消防安全			3. 化学危险品操作人员使用的防护口罩或面罩
					4. 化学危险品操作面与其他工种作业区的隔离
					5. 应急通道、设施的设置
十二	防火	1. 高层建筑消防供水系统的设计与实施			1. 氧气瓶、乙炔瓶隔离与暴晒
		2. 库房、机房灭火器材的配备			2. 消防设施、工具、器材设置的完整性
		3. 施工现场灭火器材的配备			3. 建筑物内存放易燃易爆材料的消防措施
		4. 办公区灭火器材的配备			4. 高层建筑物消防立管和专用水泵水源设置
		5. 生活区灭火器材的配备			5. 施工现场动火批准手续,灭火器材配置
					6. 木工操作间和油漆配料间、仓库禁止明火和吸烟措施
					7. 建筑内外消防通道设置并保持畅通
					8. 临时设施材料防火性能的合规性
					9. 外保温施工防火措施
					10. 防水施工防火措施

3.9.2 危险性较大的分部分项工程安全管理

2018 年 3 月 8 日，中华人民共和国住房城乡建设部发布了《危险性较大的分部分项工程安全管理规定》（中华人民共和国住房城乡建设部令第 37 号）。同时明确，原《关于印发〈危险性较大的分部分项工程安全管理办法〉的通知》（建质〔2009〕87 号）自 2018 年 6 月 1 日起废止。为贯彻实施《危险性较大的分部分项工程安全管理规定》（住房城乡建设部令第 37 号），住房城乡建设部办公厅于 2018 年 5 月 17 日发出了《关于实施〈危险性较大的分部分项工程安全管理规定〉有关问题的通知》（建办质〔2018〕31 号）。

1. 危大工程的概念及范围

什么是危大工程？

危大工程是指房屋建筑和市政基础设施工程在施工过程中，容易导致人员群死群伤或者造成重大经济损失的分部分项工程。包括：

（1）基坑工程（深基坑工程）；

（2）模板工程及支撑体系；

（3）起重吊装及起重机械安装拆卸工程；

（4）脚手架工程；

（5）拆除工程；

（6）暗挖工程；

（7）其他。

2. 危大工程安全管理

危大工程是施工企业安全管理的重中之重，危大工程安全管理对施工企业的生存和发展至关重要，应做到严把危大工程"编审关、交底关、实施关、验收关"。只有强化危大工程的辨识、方案、交底、实施、验收等各个环节，对其制订相应的管控流程及管理措施，才能使危大工程始终处于受控状态，确保危大工程的安全生产。

1）施工前编制专项施工方案

（1）工程概况

危大工程概况和特点、施工平面布置、施工要求和技术保证条件。

（2）编制依据

相关法律、法规、规范性文件、标准、规范及施工图设计文件、施工组织设计等。

（3）施工计划

包括施工进度计划、材料与设备计划。

（4）施工工艺技术

技术参数、工艺流程、施工方法、操作要求、检查要求等。

（5）施工安全保证措施

组织保障措施、技术措施、监测监控措施等。监测监控应由建设单位委托第三方有资质的监测单位进行，施工单位应加强施工巡查、巡检工作，并做好相应的检查记录。

① 监测监控的工程概况；

② 监测监控的依据；

③ 监测监控的内容；

④ 监测监控的方法；

⑤ 监测监控的人员及设备；

⑥ 监测监控的测点布置与保护；

⑦ 监测监控的频次；

⑧ 监测监控的预警标准及监测成果报送的合理性、完整性、可操作性。

（6）施工管理及作业人员配备和分工

施工管理人员、专职安全生产管理人员、特种作业人员、其他作业人员等。

（7）验收要求

验收标准、验收程序、验收内容及验收人员的要求。

（8）应急处置措施

① 编制有针对性的应急救援预案，其组织机构应明确各自职责，分解到相应救援组织及相关人员，并标明联系电话。

② 编制应急救援物资准备工作计划，定期或不定期按应急预案的要求进行应急救援演练。

③ 制订突发事件的应急处置措施，明确突发事件的应急救援路线等。

（9）计算书及相关施工图纸

① 施工图纸能直接反映作业的内容，结合施工规范规定，作业人员可按图施工，直截了当，便于操作，是施工作业不可缺少的内容。

② 可按下列内容绘制相关图纸：施工平面图、立面图、剖面图及节点详图等。如落地式脚手架搭设、悬挑式脚手架悬挑梁布置、模板支架搭设、基坑支护等平面图、立面图、剖面图，梁板支设、脚手架卸荷、基坑支护断面等节点详图。

2）实施前方案必须按规定审批或论证

（1）方案审批

《危险性较大的分部分项工程安全管理规定》第十一条规定，专项施工方案应当由施工单位技术负责人审核签字、加盖单位公章，并由总监理工程师审查签字、加盖执业印章后，方可实施。危大工程实行分包并由分包单位编制专项施工方案的，专项施工方案应当由总承包单位技术负责人及分包单位技术负责人共同审核签字并加盖单位公章。

（2）方案论证

《危险性较大的分部分项工程安全管理规定》第十二条规定，对于超过一定规模的危大工程，施工单位应当组织召开专家论证会对专项施工方案进行论证。实行施工总承包的，由施工总承包单位组织召开专家论证会。专家论证前专项施工方案应当通过施工单位审核和总监理工程师审查。

3）作业前必须进行安全技术交底

《危险性较大的分部分项工程安全管理规定》第十五条规定，专项施工方案实施前，编制人员或者项目技术负责人应当向施工现场管理人员进行方案交底。

施工现场管理人员应当向作业人员进行安全技术交底，并由双方和项目专职安全生产管理人员共同签字确认。

（1）项目部应按批准的专项安全施工方案，向有关人员进行安全技术交底，这是施工安全管理人员在项目安全管理工作中的一项重要环节，做好安全技术交底也是施工安全管理人员自我保护的手段。

（2）施工安全管理人员在施工方案的基础上，按照施工的要求，对施工方案进行细化和补充。使作业人员了解和掌握该作业内容的安全技术操作规程和注意事项，减少因违章操作而导致事故的可能；将操作者的安全注意事项讲清楚，保证作业人员的人身安全。

（3）交底的主要内容：

① 危大工程作业相应的安全操作规程和标准。

② 危大工程的施工作业点和危险源。

③ 针对危险源的具体预防措施。

④ 施工中应注意的安全事项。

⑤ 发生事故后应及时采取的避难和应急处置措施。

（4）安全技术交底工作完毕后，所有参加交底的人员必须履行签字手续，施工负责人、生产班组、现场专职安全管理人员三方各留执一份，并记录存档。

4）施工过程必须严格按方案实施

危大工程管控流程：大数据分析预控风险→隐患排查全面、准确、快速→跟踪隐患状况快速治理→确保危大方案落地→实施危大工程严格履职管控→提升人员安全意识与技能→监控人员不良行为。

（1）大数据分析预控风险

也称作业条件危险性分析法（LEC法），是用与系统风险有关的三种因素之积来评价操作人员伤亡风险的大小。共同确定每一危险源的 L、E、C 各项分值，然后再以三个分值的乘积来评价作业条件危险性的大小，即

$$D=L\times E\times C$$

式中　L——事故发生的可能性；

　　　E——人员暴露于危险环境中的频繁程度；

　　　C——一旦发生事故可能造成的后果。

D 值大于 70 分，则应定为重大危险源。危险等级的划分都是凭经验判断，难免带有局限性，应用时要根据实际情况进行修正。

（2）隐患排查全面、准确、快速

① 安全隐患是客观存在的，存在于企业的生产全过程，而且对职工的人身安全，国家的财产安全和企业的生存、发展都直接构成威胁。

② 安全隐患在安全工作中，通常是指在生产、经营过程中有可能造成人身伤亡或者经济损失的不安全因素。

③ 隐患是一种潜藏着的因素，"隐"字体现了潜藏、隐蔽，而"患"字则体现了不好的状况。隐患可存在于许多事情中，比如学习、男女间的关系、安全生产中。

④ 在企业组织生产的过程中，每个人的言行都会对企业安全管理工作产生不同的效果，特别是企业领导对待事故隐患所持的态度不同，往往会导致安全生产的结果截然不同。

⑤ 隐患具有普遍性，同时又具有特殊性。由于人、机、料、法、环的本质安全水平不同，其隐患属性、特征是不尽相同的。

（3）跟踪隐患状况快速治理

① 针对安全生产机构设置而言，要做到机构、编制（人员）和职责三确定，即定机构、定编制（人员）、定职责。

② 针对事故隐患、危害因素和安全生产问题而言，要做到确定整改措施，确定整改时限，确定整改人员尤其是责任人，即定整改措施、定时、定人。

③ 隐患排查与治理五落实：

a. 落实隐患排查治理责任。

b. 落实隐患排查治理措施。

c. 落实隐患排查治理资金。

d. 落实隐患排查治理时限。

e. 落实隐患排查治理预案。

（4）确保危大方案落地

编制、审核、实施、检查、验收。

（5）提升人员安全意识与技能

① 提升人员安全意识：

a. 通过"鲜活"的安全培训教育，切实提高员工安全意识，强化员工对安全事故的防范意识。

b. 培养员工"危险源"辨识意识。

c. 建立施工班组长安全风险提示制度。

d. 由安全检查员监督检查和督促完成。

e. 基层班组安全活动及安全教育。

f. 提高一线员工参与安全管理的积极性。

② 提升人员技能：

a. 充分发挥施工班组长的主导作用。

b. 组建专业兴趣小组。

c. 组织员工积极参加职业技能鉴定。

d. 将员工的技能水平作为上岗的基本资格。

e. 开展岗位技能练兵活动。

f. 员工技能水平"技术大拿"在各基层开发利用。

g. 实行新入职员工、转岗员工"师带徒"培训模式。

（6）监控人员不良行为

5）完成后必须按规定进行验收

《危险性较大的分部分项工程安全管理规定》第二十一条规定，对于按照规定需要验收的危大工程，施工单位、监理单位应当组织相关人员进行验收。验收合格的，经施工单位项目技术负责人及总监理工程师签字确认后，方可进入下一道工序。

（1）验收标准

按照国家、地方现行施工质量及验收标准、规范、行业标准、企业标准等进行验收。

（2）验收内容

对危大工程涉及的内容进行验收。

（3）验收程序

按《建筑工程施工质量验收统一标准》GB 50300—2013 等进行验收，并形成验收记录。

（4）验收人员

① 总承包单位和分包单位技术负责人或授权委派的专业技术人员、项目负责人、项目技术负责人、专项施工方案编制人员、项目专职安全生产管理人员及相关人员。

② 监理单位项目总监理工程师及专业监理工程师。

③ 有关勘察、设计和监测单位项目技术负责人。

6）危大工程档案管理

（1）施工组织设计；

（2）危大工程专项施工方案编制计划表；

（3）危大工程专项施工方案；

（4）危大工程专项施工方案审批表；

（5）超过一定规模的危大工程专项施工方案专家论证报告；

（6）危大工程专项施工方案交底记录；

（7）危大工程安全技术交底记录；

（8）超过一定规模的危大工程专项施工方案审批论证监督检查记录表；

（9）危大工程安全监管台账；

（10）危大工程专项施工方案实施验收表；

（11）危大工程专项施工方案实施验收会议人员签到表及会议纪要；

（12）局或公司对危大工程的检查整改通知单及整改回复。

3. 目前存在的主要问题

1）危大工程安全管理体系不健全。

（1）安全管理制度不完善。

（2）安全管理人员配备不足或者不到岗。

（3）管理人员和作业人员安全意识淡薄。

（4）特殊工种未持证上岗，或者人证不符。

2）危大工程安全管理责任不落实。

（1）危险性较大的分部分项工程没有专项安全方案，或者不按方案实施。

（2）公司不重视安全费用投入。

（3）对大型机械或者危险部位的安全防护不到位。

（4）不经常进行安全巡视。

3）法律责任和处罚措施不完善。

3.10 组织完成现场各种图、表、牌的设计、制作、悬挂

五牌一图是依据《建筑施工安全检查标准》JGJ 59—2011 采用的最基本的布置方式，同时也是建造师历年考试的热点，而六牌一图、七牌一图或者九牌一图则是根据地方性的

不同规定或者项目根据自身情况来选择的更详尽的布置方式。五牌一图来源于《建筑施工安全检查标准》JGJ 59—2011 第 3.2.4.2 条公示标牌：①大门口处应设置公示标牌，主要内容应包括：工程概况牌、消防保卫牌、安全生产牌、文明施工牌、管理人员名单及监督电话牌、施工现场总平面图；②标牌应规范、整齐、统一；③施工现场应有安全标语；④应有宣传栏、读报栏、黑板报。六牌一图则是加上了现场出入制度牌，七牌一图则是再加上危险源告示牌。两图则是加上消防设施平面布置图。而九牌一图最全面，包括：安全宣传牌、工程概况牌、施工人员概况牌、安全生产纪律牌、安全生产技术牌、十项安全措施牌、消防保卫（防火责任）牌、卫生须知牌、环保牌（建筑施工场地保护牌）、施工现场平面布置图。

图 3-37 安全宣传牌

3.10.1 安全宣传牌

如图 3-37 所示。

3.10.2 工程概况牌

如图 3-38 所示。

工程名称			
施工许可证号			
建筑面积		工程造价	
结构类型		层数	
开工日期		工期	
建设单位			
勘察单位			
设计单位			
质量监督			
安全监督			
监理单位			
施工单位			
质量目标			
安全目标			

图 3-38 工程概况牌

3.10.3 管理人员名单及监督电话牌

如图 3-39 所示。

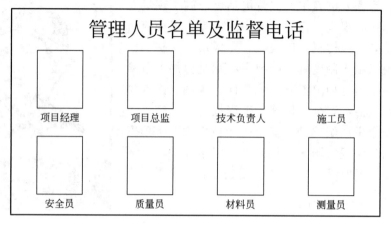

图 3-39　管理人员名单及监督电话牌

3.10.4 安全生产纪律牌

如图 3-40 所示。

> 1.进入现场必须戴好安全帽、扣好帽带，并正确使用个人劳动保护用品。
> 2.2m以上的高空悬空作业无安全设施，必须系好安全带，扣好保险钩。
> 3.高空作业时，不准往上或往下乱抛材料和工具等物件。
> 4.各种电动机械设备，必须有可靠有效的安全接地和防雷装置，方能开动使用。
> 5.不懂电气和机械的人员，严禁使用和触碰机电设备。
> 6.吊装区域非操作人员不得入内，吊装机械必须完好，扒杆垂直下方不准站人。

图 3-40　安全生产纪律牌

3.10.5 安全生产技术牌

如图 3-41 所示。

> 1.按规定使用"三宝"。
> 2.机械设备防护装置要齐全有效。
> 3.塔式起重机等超重设备必须有限位装置，不准带病运行，不准超负荷作业或运行中维修、保养。
> 4.架设电线、线路必须符合当地电业局的规定，电气设备要全部接零接地。
> 5.现场电动机械和手持电动工具都有漏电、跳闸装置。
> 6.脚手架材料及搭放，必须符合规范要求。
> 7.各种缆线及其装置必须符合规程要求。
> 8.严禁穿高跟鞋、拖鞋、赤脚进入施工现场，高空作业不准穿硬底和带钉、易滑的鞋靴。
> 9.在建工程的楼梯口、电梯口、预留洞口、通道口必须有防护措施。

图 3-41　安全生产技术牌

3.10.6　十项安全措施牌

如图 3-42 所示。

---

1. 严禁穿拖鞋、木履、高跟鞋及不戴安全帽进入施工现场作业。
2. 严禁一切人员在提升架、起重机的吊篮上、下及在提升架、井口或吊物下作业、站立、行走。
3. 严禁作业人员私自开动任何机械及驳接、拆除电线、电器。
4. 严禁在操作现场玩耍、吵闹和从高处抛撒材料、工具及一切杂物。
5. 严禁在不设栏杆或其他无安全措施的高处作业和单交墙砖线上面行走。
6. 严禁土方工程的偷岩取土及不按规定放坡或不加撑的深基坑开挖施工。
7. 严禁在未设安全措施的同一部位同时进行上下交叉作业。
8. 严禁带小孩进入施工现场作业。
9. 严禁在高压电源的危险区域进行冒险作业及不穿绝缘鞋进行机动磨水石机操作，严禁用手直接将灯头电线移动操作用作照明。
10. 严禁在有危险品、易燃品、木工场的现场、仓库吸烟、生火。

图 3-42　十项安全措施牌

3.10.7　消防保卫（防火责任）牌

如图 3-43 所示。

---

1. 不准在宿舍内和施工现场明火燃烧杂物和废纸等，现场熬制沥青时应有防火措施，并指定专人负责。
2. 不准在宿舍、仓库、办公室内开小灶；不准使用电饭煲、电水壶、电炉、电热杯等，如需使用应由行政办公室指定统一地点，但严禁使用电炉。
3. 不准在宿舍、办公室内乱抛烟头、火柴棒，不准躺在床上吸烟，吸烟者应备烟灰缸，烟头和火柴必须丢进烟灰缸。
4. 不准在宿舍、办公室内乱接电源，非专职电工不准私接熔丝，不准以其他金属丝代替保险丝。
5. 宿舍内照明不准使用60W以上灯泡，灯泡离地高度不低于2.5m，离开蚊帐等物品不少于50cm。
6. 不准将易燃易爆物品带进宿舍。
7. 食堂、浴室、炉灶的烧火人员不得擅自离开岗位，及地清理炉灶余灰，不准随便乱跑。
8. 不准将火种带进仓库和施工危险区域、木工间及木制品堆放场地。
9. 不准在宿舍区、施工现场和公安局规定的禁区内燃放鞭炮和烟火。
10. 电焊、气焊人员应严格执行操作规程，执行动火证制度，不准在易燃易爆物附近进行电气焊。

图 3-43　消防保卫（防火责任）牌

3.10.8　卫生须知牌

如图 3-44 所示。

---

1. 认真执行市环境卫生保护有关条例。
2. 施工现场无积水，污水、废水不准乱排放。
3. 不食不洁净食品，预防食物中毒。
4. 宿舍区整洁，食物干净，有防蝇装置。
5. 炊食人员必须进行体检，并持证上岗。
6. 高温季节施工做好防暑降温工作，寒冷季节施工做好防寒保暖工作。
7. 做好施工人员有效保护工作，防止各种职业病发生。

图 3-44　卫生须知牌

3.10.9 环保牌（建筑施工场地保护牌）

如图 3-45 所示。

1. 必须严格遵守《高新区建筑施工工地环境保护暂行规定》。
2. 施工单位场界噪声排放须按以下标准执行：
土方阶段：昼≤75dB(A)，夜≤55dB(A)；打桩阶段：昼≤85dB(A)，夜禁止施工；
结构阶段：昼≤70dB(A)，夜≤55dB(A)；装修阶段：昼≤65dB(A)，夜≤55dB(A)。
3. 禁止夜间(22：00—次日6：00)进行产生环境噪声污染的建筑施工作业，因生产工艺要求或特殊需要须继续作业的，须另行向建管局、环保局申报批准。
4. 妥善处理施工过程中产生的泥浆水，未经沉淀处理不得直接排入市政污水管网，生活污水就近排入污水管网。
5. 禁止焚烧建筑垃圾、油毡、油漆、塑料等产生有害、有毒气体和烟尘的物品。

图 3-45　环保牌（建筑施工场地保护牌）

3.10.10　施工现场平面布置图

如图 3-46 所示。

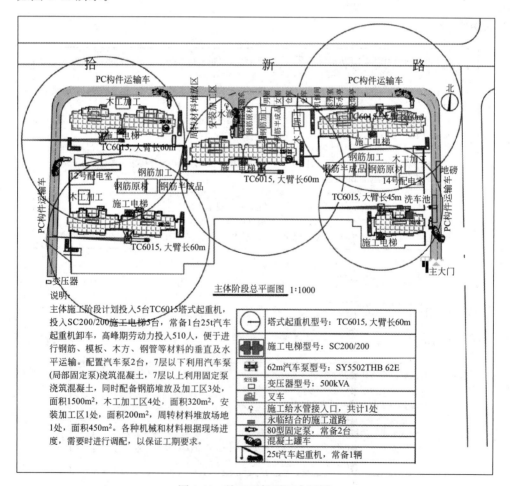

图 3-46　施工现场平面布置图

3.11　编制专利、工法等技术成果计划并上报公司

3.11.1　施工技术总结

1. 施工技术总结的概念

施工技术总结是对项目施工技术、工艺和技术管理成功与失败的经验总结，是一种编写形式多样化的文件。它主要针对工程实例中某项施工技术和工艺、四新技术的应用、技术管理、质量整改等问题进行归纳、分析、总结，作为企业自身施工管理经验的积累和交流。因此，施工技术总结一般只在内部交流使用。

在编写上，施工技术总结分为不同的类型。按内容分，有综合性的施工总结、专题技术总结和单项总结。按时间分，有年度、月度工作总结等。对项目经理部来说，要编写综合性的施工技术总结，对工程进行全面的总结。施工技术人员的个人总结，则依据各人所干具体工作的不同，编写单项的技术总结，如质量检查技术总结、试验工作技术总结等。

施工技术总结与竣工资料要求的"施工总结"不同，只作为项目总工程师向公司工程科提交的材料，不对外公开。施工技术总结中不含经营、生产管理方面的内容，一般应包括以下内容：

(1) 对施工方案安全性、适宜性、经济性的总结；

(2) 对执行标准、规范、规程某些条款过程中所遇到的一些问题的探讨；

(3) 对执行局技术、质量、施工管理制度的总结；

(4) 对推进技术创新（如"四新"技术应用），有关工程技术、质量管理的经验总结；

(5) 能缩短工期、增加效益、提高质量、确保安全的施工方法或工艺的实践经验和体会；

(6) 质量事故分析。

项目的施工技术总结可在项目施工技术人员个人总结汇总的基础上由项目总工程师自己编写。技术人员的个人总结也应围绕上述六个主题。

2. 施工技术总结的编写

工程竣工时，项目总工要组织有关人员编写施工技术总结，把工程中成熟的施工技术、成功的工艺、施工经验体会、应吸取的教训等总结归纳，对施工技术要点和存在问题进行深入分析，编写成总结资料，留存下来，以便在今后的工作中推广应用。技术总结是一种技术积累，总结中的施工技术经验和疑难问题的解决方法可以使企业的技术不断得到提高，有利于企业自身的技术发展与创新。

对于技术复杂或应用四新技术的项目，应编写专题技术总结。

要写好技术总结，在工程开始时就要注意收集积累资料，包括设计文件、施工原始记录、来往技术文件、有关会议资料及质量、安全环保、进度检查资料等。

项目施工技术总结的主要编写内容如下：

(1) 工程概况。总体介绍工程建设的重要意义，工程的开、竣工日期，业主、设计与施工单位，工程大体情况，主要设计参数，主要工程数量，工程标价与最终造价等。

(2) 各分项工程施工技术、工艺、方法与技术管理的详细论述。各分项工程的工程概况，主要的施工方法和技术措施，施工成果的质量、工期、效益的评价情况。

（3）工程的成功经验总结与存在的问题分析。就施工中所取得的成功经验作总结分析，要突出本工程的特点。对施工中出现的问题，着重分析问题发生的原因，介绍解决的办法，以便在日后的施工中采取预防措施。

总结成功经验和分析存在的问题，也可按施工管理、技术与质量管理、安全与环保管理、工期与效益管理等专题分类，从不同角度来写。

（4）体会与结论。从总体上说明本工程的成功经验与不足之处，特别要多找出施工中失败的教训，在技术层面上分析其原因，以提高自己的施工技术水平。

最后，对所总结的内容作整体概括。

3. 编写施工技术总结的注意事项

（1）精心选择好总结题材，凡是有成功经验、有技术创新、有问题和教训的事情，都值得总结，如技术复杂、施工难度大、有突出特点的工程项目，四新技术应用项目，容易出质量和技术问题的项目等。

（2）深入收集好素材，全面掌握素材的基本内容。例如，要编写某一分项工程的技术总结，就要写清楚该分项工程在整体中的作用，是如何施工的，走了哪些弯路，碰到哪些问题，是如何克服的等，并写清其主要的技术、经济指标。

（3）目的明确，重点突出，不能把总结写成流水账。写总结的目的是总结经验教训，指导今后的工作，只有重点突出才能写得深入。

（4）实事求是，准确可靠。对总结的内容，所用的数据、资料等，要求真实、准确、可靠，杜绝虚构情节、文过饰非、夸大其词。

（5）遵守局有关技术保密的规定，不涉及保密方面的内容。

（6）编写工作总结要及时，不能等到工程交工以后。

（7）介绍正反两方面经验，要将背景、前提交代清楚，将施工方案或工艺的适应条件交代清楚，附上必要的照片、施工方案图。

4. 施工技术总结案例

一、工程简介

1. 工程建设概况

工程名称	▨▨▨▨▨▨▨	工程地址	郑州市郑东新区龙湖中环路与如意西路交叉口
建设单位	▨▨▨▨▨有限公司	施工单位	中国▨▨▨▨有限公司
设计单位	▨▨▨▨设计研究总院	建设工期	401d
承包方式	总承包	工程性质	商业办公
工程内容	施工图或合同约定所包含的所有土建及安装工程	质量目标	合格
主要功能	1~3号楼一层为商业,二到五层为公寓;4~7号楼一层为商业、办公大堂,二到四层为开敞办公;地下为车库和人防		

2. 工程建筑设计概况

规模	▨▨▨▨项目工程,业态为公寓、商业、办公楼,包括3栋5层楼、4栋4层楼,地下1层,地上建筑面积为44000m²,地下建筑面积为27000m²。1~3号楼地上5层,4~7号楼地上4层,地下1层,局部两层	
墙体	除钢筋混凝土墙体外,均为200mm厚B06级蒸压加气混凝土砌块墙体。蒸压加气混凝土砌块干密度为600kg/m³,强度为A3.5	
建筑装饰	窗	外窗型材均选用断桥铝合金框料,窗玻璃1~3号楼为TP6mm+9A+TP6mm+9A+TP6mm中空钢化Low-E玻璃,4~7号楼为TP6mm+9A+TP6mm中空钢化Low-E玻璃
	外墙	1~3号楼外墙(1~5层),4~7号楼外墙(1~4层)为石材幕墙结构,内侧为50mm厚保温岩棉(A级),外侧采用30mm厚荔枝面花岗岩石材;1~3号楼顶层外立面为明框玻璃幕墙,采用TP6mm+9A+TP6mm+9A+TP6mm中空钢化Low-E玻璃,4~7号楼顶层外立面为明框玻璃幕墙,采用TP6mm+9A+TP6mm+9A+TP6mm中空钢化Low-E玻璃
	楼地面	主楼±0.000m以上房间为20mm厚水泥砂浆地面;±0.000m以下(地下室)为50cm厚细石混凝土加钢筋网片地面;公共区为600mm×600mm地砖地面
	内墙面	户内均为粉刷石膏面层,公共区为水泥砂浆墙面+涂料
	屋面	块瓦屋面
	室内顶棚	直刮腻子两遍,下翻50mm
防水	地下室	3mm+4mm厚SBS聚酯胎防水卷材
	卫生间	JS防水涂料
	屋面	2mm聚氨酯防水涂料
防火	本工程建筑分类为多层公共建筑,建筑耐火等级地上二级,地下一级; 本工程消防水泵房设在地下室内,采用耐火极限不低于2h的隔墙和1.5h的楼板与其他部位隔开,并设甲级防火门; 疏散楼梯间及前室均为乙级防火门,各层管井检查门为丙级防火门,用于防火墙、疏散走道、楼梯间和前室的防火门均应向疏散方向开启,并能自行关闭	

3. 工程结构设计概况

基础	最大埋深	自地表以下约10m	持力层	第③层粉质黏土	地下水位	地表以下1.65~6.76m
	结构形式	天然地基、平板式筏形基础				
	主要尺寸	主楼厚度600mm,地库厚度500mm,迎水面保护层厚度50mm				
主体	结构形式	框架结构				
	主要结构尺寸	墙主要有:地下室外墙为350、200mm厚; 梁主要有:250mm×450mm、200mm×450mm、200mm×440mm、200mm×400mm、200mm×1250mm、200mm×500mm、200mm×300mm; 板主要有:人防区顶板250mm厚,一层顶板160mm厚,标准层顶板100、110mm厚,屋面顶板120mm厚				
抗震	指标	抗震设防烈度7度,结构抗震等级三级,抗震设防类别丙级				
混凝土强度等级及抗渗要求	基础地下室	基础底板为C30;微膨胀补偿收缩混凝土抗渗等级为P6			基础垫层	C15
	柱墙	基础顶~标高4.850m为C40,标高4.850~屋面为C30				
	梁板	基础顶~标高-0.050m为C35,标高-0.050m以上为C30				
	二次构件	构造柱、过梁、圈梁、压顶为C25,止水带、木砖为C25				
钢材		采用普通热轧钢筋HPB300、HRBE400				

其他需说明的事项:

4. 工程安装设计概况

给水排水	生活给水	1. 市政给水管网供水压力为0.15MPa。在两条市政路分别引进一条DN200mm的给水管,在小区内形成环状给水管网,在小区入口处统一设置倒流防止器。最高日用水量34.24m³,最大时用水量4.11m³。 2. 本项目在地下车库东北角设置二次加压泵房,给水分两个区:一层为低区,由市政压力直接供水;二至四层为高区,由高区生活给水增压设备供给。 3. 生活加压设备设置在小区车库生活水泵房内
	排水	室内污、废水采用合流制。卫生间、厨房和阳台排水均采用普通单立管伸顶通气系统。最高日排水量34.24m³,最大时排水量4.11m³
	消防给水系统	1. 室内消防用水量为15L/s,室外消防用水量为30L/s,火灾延续时间2h。 2. 室外消火栓接到小区环状给水管网上并均匀布置。室内消火栓采用临时高压系统,消防水池仅储存室内消防用水量及自动喷淋用水量。消防水池及泵房设在地下车库内,消防水池有效容积为252m³。高位消防水箱设置在小区最高建筑6号楼屋顶,保证消防系统初期火灾水量,有效容积不小于18m³。泵房布置在车库内,服务于小区本期内的建筑
电气	供电系统	本工程从小区就近变配电室引来220/380V电源,分别供给本楼的动力负荷及照明负荷用电;直接进入地下层配电室的动力柜及照明柜。 本工程住户电费采用集中计量方式,由小区管理中心集中计量收费
	配电	二级负荷:电梯、疏散照明等,其容量为30kW。 三级负荷:其他电力负荷、住宅照明,其容量为970kW

续表

电气	照明	本工程有室内照明、消防应急照明等系统
	弱电	弱电系统包括光纤入户系统、有线电视系统、视频监控系统
	消防火警系统	集中火灾自动报警系统（消防控制室在 2 号楼夹层设置）。 火灾自动报警系统设有自动和手动两种触发装置。 系统总线上设置总线短路隔离器，每个隔离器所保护的探测器、手动报警器和模块等消防设备总数不超过 32 点；总线穿越防火分区时，在穿越处设置总线短路隔离器。探测器：电梯前室、走廊、楼梯间等其他场所均设置感烟探测器
	防雷接地	1. 本工程根据计算得到雷击频率为 0.0309 次/年，防雷等级为三类。建筑物的防雷装置应满足防直击雷、雷电波的侵入，并设置总等电位联结。 2. 在屋顶采用 $\phi10$mm 热镀锌圆钢作接闪带，屋顶接闪带连接成网格不大于 20m×20m 或 24m×16m。 3. 利用建筑物钢筋混凝土柱或剪力墙内两根 $\phi16$mm 或以上或是四根 $\phi10$mm 或以上主筋通长连接作为引下线，引下线间距不大于 25m。所有外墙引下线在室外地面下 1m 处引出一根 40mm×4mm 热镀锌扁钢，扁钢伸出室外散水，预留长度不小于 1m。 4. 接地极为建筑物基础底梁上的上下两层钢筋中的两根主筋通长连接形成的基础接地网

二、工程特点

本工程单体工程多，占地面积大，施工难点及重点如下表所示。

序号	难、重、关键点	内容分析	对策设想
1	难点	1)现场施工场地狭小，施工部署难度大	本工程基坑四周离建筑红线和围挡只有 2～3m，无法作为临时道路和周转材料运输通道。考虑各专业特点、工期、对场地条件的要求等因素，合理安排穿插，克服或最大限度地减少多专业交叉施工带来的不利影响，在南北方向中间地库部分进行缓建，设置临时道路，布置加工和材料堆场，分批、分期进行施工
		2)本工程为省优质结构，要求第三方检测综合得分 90 分以上，且工期较紧，面临预售和竣工，安全质量控制难度大	(1)熟悉招商集团第三方检测标准、流程和要求。 (2)按要求找出风险点和控制点，进行策划、做样板。 (3)过程中严格控制施工质量，严格执行验收程序。 (4)尽快合理穿插各施工工序，减少施工周期，加快施工进度。 (5)做好成品保护
		3)工期短，外部影响因素大，按期竣工难度大	(1)严格落实政府大气污染、环境治理的相关要求，按 8 个百分百执行。 (2)提前储备材料、机械及施工人员，利用好解除预警的施工间隙，尽快组织施工
		4)地下室施工面积大，工期紧，模板、脚手架等周转材料投入体量大，合理进行资源配置是难点	分段施工，有效减少料具投入量，提高模板周转使用率
		5)多区段施工，后期专业队伍多，成品保护难度大	流水作业，适时插入相关专业，合理协调各工序之间的关系，制定详细的成品保护奖罚办法
		6)地方关系协调	与周围村民及其他单位做好协调工作

续表

序号	难、重、关键点	内容分析	对策设想
2	重点	1) 基坑支护及安全监控	督促甲方选择具有资质的专业公司（设计及施工），设计及施工方案经专家论证，定期监测
		2) 大体积混凝土、地下室外墙温度裂缝控制	认真阅读图纸和规范，找出裂缝产生原因，制订专项方案，专人养护及测温，有针对性地提前预控
		3) 防水工程质量控制（地下室、屋面防水）	原材料经项目复试合格，编写作业指导，施工旁站监督，对施工缝、螺栓孔等薄弱部位重点控制
		4) 地下室设计有多条后浇带，底板面积大。在施工中，如何处理大量的施工缝、后浇带等薄弱部位，如何保证底板、外墙混凝土不渗漏，是施工过程控制的重点	（1）加强后浇带、底板及外墙结构混凝土浇筑质量，保证主体构件混凝土的密实度。 （2）底板、地下室外墙后浇带施工采用公司发布的《建设工程质量通病防治手册》中所说的做法，保证后浇带处模板支撑牢固，无变形、松动、漏缝，保证后浇带处防水施工质量。 （3）防水卷材施工完毕后，要进行蓄水试验，合格后方可进行下一道工序施工；若存在漏水处，需准确记录漏水点，并及时进行修缮。 （4）做好详细的地下工程防水施工方案技术交底，制作关键防水节点施工工艺 BIM 视频，加强现场工人对关键防水节点施工的理解
		5) 分包专业队伍多，施工协调及管理量大	（1）涉及专业众多，除主体结构、砌体、装饰、基坑回填、安装由本标段承包人自行施工外，其余专业均由业主另行发包，且上述专业发包工程中的大多专业都需要深化设计。 （2）作为整个项目的施工管理总承包，必须对整个工程进行全面管理协调，包括场地、临时道路、临时设施、工程质量、工程进度、安全文明、各专业各工序施工的协调管理、施工界面的协调管理、专项验收及竣工验收协调管理、施工技术资料及竣工资料的汇编和管理；并根据合同约定的总控计划，统筹考虑各专业工程的招标、进场、计划、实施。过程中积极提供总包管理、协调、配合与服务，确保各专业合理穿插、有序衔接。总之，总包管理的成败事关本工程各项管理目标能否顺利实现，是本项目施工管理的重中之重
		6) 项目总工期 401d，其中跨 1 个春节，扬尘管控力度大，开工后需快速交付售楼部，并达到预售形象进度，是本工程的重点	（1）充分做好施工前期准备和施工总体部署。 （2）合理安排工序穿插，组织平行流水、立体交叉施工。 （3）制订系统的施工进度网络计划，对施工进度进行有效的控制。 （4）采取适当增加周转材料和人员、机械投入、拉大作业层面，组织各施工区段独立流水等缩短工期措施

续表

序号	难、重、关键点	内容分析	对策设想
2	重点	7) 本工程质量目标要求高，结构要争"中州杯"，工程创优是项目管理重点之一	(1) 建立完善的质量保证体系，配备高素质的项目管理和质量管理人员，强化"项目管理，以人为本"。 (2) 严格过程控制和程序控制，开展全面质量管理，树立创"过程精品""业主满意"的质量意识，使该工程成为我公司具有代表性的优质工程之一。 (3) 制订质量目标，将目标层层分解，质量责任、权力彻底落实到个人，严格奖罚制度。 (4) 严格样板制、三检制、工序交接制和质量检查与审批制等。 (5) 利用计算机BIM等技术管理手段进行项目管理、质量管理和控制，强化质量检测和验收系统，加强质量管理的基础性工作。 (6) 大力加强图纸会审、图纸深化设计、详图设计、综合配套图的设计和审核工作，通过确保设计图纸的质量来保证工程施工质量。 (7) 严把材料、设备的出厂质量和进场质量关。 (8) 建立现场实测实量制度及管理办法，设置质量风险点控制措施，保证工程实测点符合第三方实测实量要求
3	关键点	1) 回填土方质量控制	分层回填，加强监控，合理平衡工期与质量的关系
		2) 混凝土构件养护	专人养护，防水混凝土养护时间不少于14d，普通混凝土不少于7d
		3) 伪劣钢筋的控制	每个批次的钢筋进场时材料人员对直径及外观进行验收，试验员取样进行物理性能试验，合格后通知专业工长进行加工
		4) 窗台、卫生间管根渗漏控制	加强正确的工序性管理，根据工序要求做出样板，以样板引导施工
		5) 墙面、楼地面空鼓、裂缝控制	采用合格的原材料，重点控制基层清理，不同材料交接部位必须挂网，墙面抹灰必须分层进行

三、施工技术总结

1. 混凝土裂缝防治技术

本工程筏板基础为C30混凝土，抗渗等级为P6，厚度500~600mm，下柱墩浇筑混凝土量总共达到14000m³，属于大体积混凝土。为防止混凝土裂缝的破坏，采取大体积裂缝控制应用技术。全部采用蓄水养护方法进行养护，有效地控制了混凝土内外表面温差，防止了混凝土开裂现象，避免了地下渗漏，保证了施工质量，得到了业主的好评。

2. 膨胀珍珠岩的使用

屋面找坡层采用膨胀珍珠岩，该材料密度小、重量轻，减小了结构的荷载；同时，具有良好的保温性能、环保性能、耐久性能且使用寿命长。

3. 粗直径钢筋直螺纹机械连接技术

本工程基础、主体结构直径不小于16mm的钢筋均采用剥肋直螺纹连接技术，接头等级为Ⅰ级。本工程钢筋接头多达150000个。

钢筋采用直螺纹连接技术，操作工序简单，安全适用，经济合理，施工速度快，能有效保证钢筋绑扎施工进度。钢筋连接质量稳定、可靠，满足抗震规范要求。

4. 销键型脚手架及支撑架技术

销键型脚手架及支撑架，主要为地下室、主楼一层、商业采用的承插型轮扣式脚手架，面积约6万m²。较传统的扣件式钢管脚手架，轮扣式脚手架每100m²节省人工费1875元，材料费增加2.75元，节省扣件损耗等费用，综合下来每平方米节省费用6.02元，共计节省费用66.22万元。同时，该架体施工进度快，节约工期35d。

5. 悬挑脚手架应用技术

外墙防护架采用16工字钢悬挑脚手架应用技术，悬挑高度17.4m，搭设面积约3万m²。该技术搭设简单快捷、使用方便，减小了占用空间，减少了架体材料的使用量，节约了成本投入，安全防护作用好。

6. 套管直埋技术

各安装管件楼板部位预留洞口改用套管直埋技术，洞口随主体结构施工一同浇筑。

新型防水套管从构造和施工上有效解决了排水管预留洞口施工烦琐、容易渗漏的问题，安装极为方便快捷，省工省料，提高了施工质量和进度。

四、施工管理

项目经理部安排有协调组织能力和专业技术水平的职员任部门负责人，并安排具有一定工作能力和工作实践经验，敢于坚持原则，廉洁奉公，不徇私情，有较强的事业心、工作责任感，热爱质量管理体制工作的职员任专职质检工程师和试验工程师。各岗位安排专业人员持证上岗，并保证人员相对稳定。

1. 组织保证

为了确保本工程目标的实现，项目部成立了以项目总工程师为首的质量管理领导小组。在项目总工程师领导下，相关职能部门包括质量管理部、设计技术部、物资设备部、机电安装部、安全监督环境部等对各分部分项工程实施全过程监督、控制、指导，对施工过程中出现的问题及时进行磋商，研讨解决。对施工技术人员提出的合理化建议及技术革新认真进行审核、审批。

2. 质量管理措施

1) PDCA循环控制质量

2) 建立质量管理体系

3) 进行全员培训

4) 加强材料验收

3. 技术措施

1) 针对工程进展状况，制订阶段性技术攻关计划

根据工程进展和具体实施情况，在不同施工阶段制订了阶段性技术攻关计划，采用了不同的技术措施。对可能采用的新技术提前进行考察，分析有关数据，对其各项技术参数加以比较，选择出适合本工程的专项技术方案予以实施。

2) 与参建各方通力合作，确保新技术推广应用工作顺利开展

在本工程的具体实施过程中，时刻注意与业主的密切配合，对于推广应用于工程的新技术，均加以周密分析；对于涉及结构安全的技术措施，请设计单位进行计算确认；对于需要试验论证的，进行有关试验，用实际数据说话，保证技术措施的可行性，并将分析结果呈报业主及监理单位，取得业主方的支持与配合。同时，也注意协调处理好与各分包单位及合作单位之间的关系，使之齐心协力，共同做好新技术的推广应用工作。

4. 经济措施

建立公正、合理、有效的奖惩制度，最大限度地调动大家的积极性。

为积极促进本工程新技术的推广应用工作，最大限度地发挥广大技术人员的主观能动性，项目建立了公正、合理的奖励机制。设立专项资金，对已实施的合理化建议及技术措施进行奖励；对在执行过程中违反有关标准、规程的单位和个人予以批评教育，必要时给予相应的处罚，从而大大调动了广大技术人员的积极性。

五、质量管理

(一) 质量保证措施

(1) 工程施工前，由项目经理主持召集有关人员，对本工程进行质量策划，主要内容有：确定和配备适宜的控制手段，使施工过程、施工设备、工艺装备、资源和技能达到规定的要求。确保各种程序及有关文件在项目中使用的协调性，编制关键过程及特殊过程作业指导书 (技术交底)。明确过程的检验、测量和试验要求，规定验收标准。明确质量记录的要求和方法。对业主、监理、质监、设计院等各方提出的质量、技术问题高度重视，及时整改。

(2) 严把材料质量关，对材料供应商须进行评审。对进场材料须进行验证，按规范进行检验、试验，并实行监理见证取样制。严禁未经验证合格的材料投入使用。

(3) 所有的机械设备进场时须进行调试运行，在使用时注意维修保养，使机械设备从进场开始就一直能保证正常使用。

(4) 施工班组的选用上，推行工程样板段比赛竞选方式，优选技术力量强、质量责任心强、有实力的班组，从施工人员上保证施工质量。

(5) 根据工程特点，选择科学、可行的施工方案，从施工方法上保证施工质量。采用校验合格的全站仪、经纬仪、水准仪和钢卷尺等测量工具，严格按规范和设计要求进行建筑轴线、标高及预留、预埋件位置的测设控制。施工时，根据有关要求编制装修细部处理措施并实施，以保证装修工程质量。

(6) 根据工程质量目标，做好质量预控计划，从工程总体到各分部分项都制订出

质量预控目标和质量保证措施，并在施工中严格检查质量保证措施的实施情况。

(7) 严格执行图样会审、技术交底等技术管理制度。技术交底要全面、有针对性，对质量通病和本工种施工重点、难点（如框架柱轴线控制、预留预埋件施工等）更应进行详细交底，工长、质检员现场严格把关，督促检查交底的实施。

(8) 严格执行各种质量管理制度，确保各道工序处于受控状态。实行"三检制""样板引路制""预检、隐验制""测量放线复测制"等。

(9) 坚持周六质量联检，开展质量评比，根据质量评比结果进行奖罚兑现。根据工地质量情况适时召开质量专题会。赋予质检员对班组的工程质量处罚权、停工整顿权、质量上等级的奖励建议权等。

(10) 关键工序设置质量管理员重点管理，对特殊工序进行全程监控，从"人、机、料、法、环"各个环节对特殊过程进行控制。

(11) 开展全面质量管理活动，成立以项目经理为组长的QC领导小组，攻克技术难点，探索科学保证质量的施工方法。

(12) 制订施工过程中和竣工交付时的成品保护措施，并设专人负责，使责任落实到人。

(13) 搞好宣传教育，提高全体工作人员的质量意识，搞好岗位培训工作，使特种作业人员及主要技术人员持证上岗。

(14) 施工过程中做好质量记录技术资料的填写、收集、整理、归档工作。项目部设专职文档员1名，负责质量记录的收集、整理、归档工作，做到文件资料的档案化管理。

(15) 工人进场作业前进行技术交底并对工人技术进行摸底，对技术差的要进行重点管理；加强质量的过程控制，在巡查过程中对出现的质量问题及时解决，并召开质量周例会对重点问题进行技术分析及进行思想教育。

(16) 现场材料要供应及时及充足，临水临电必须有保证。

(二) 质量检测、试验手段

(1) 落实技术质量责任制，项目经理和项目工程师对工程质量全面负责，班组保证分部分项工程质量，个人保证操作面和工序质量。

(2) 施工现场设专职试验员，建立严格的原材料、构配件的试验和检测制度，凡进入工地的原材料和构配件，必须先检查合格证，再按有关要求取样复验，合格后方可使用，严禁不合格的原材料和构配件进入施工现场。

(3) 加强原材料检验工作，严格执行各种材料的检验制度，水泥、钢材等材料除应有出厂合格证外，均应进行现场抽样检验。建立材料管理台账，做好收、发、储、运等各环节管理工作，避免混用和将不合格的原材料用到工程上。

(4) 实行质量跟踪检查。施工现场设各专业质量检查员，发现问题，及时指导操作工人分析原因，找出薄弱环节，制订对策，达到以预防为主的目的。

(5) 对技术复杂、施工难度大、容易发生质量通病的项目，全面开展QC小组活动，组织工程技术人员和有经验的工人进行攻关，减少或消灭质量通病。

（6）测、计量工具现场由专人保存，确定计量管理领导小组，制定计量岗位制度。配备计量特性满足被检测参数要求的测量设备，所配备的测量设备贴有制造计量器具许可证编号、标志和厂名、厂址。钢卷尺有检定合格证，同型号钢尺库存不少于两把，以免出现不同型号存在误差。

（7）建立实验台账，避免原材及试块送检有遗漏。

（三）质量评价与工程效果

（1）分部分项工程制定工艺标准，搞好技术交底工作，做到施工按规范、操作按规程、验收按标准。

（2）做好隐蔽工程的验收和各种技术资料的整理，保证资料与工程进度同步。为工程的质量评定和使用提供可靠的技术依据。

（3）认真做好技术复核工作，对建筑物的轴线、标高除专人放线外项目技术负责人或工长必须复核，确认无误后方可施工。

（4）施工当中积极推广应用"四新技术"，确保工程进展、工程效果显著提高。

六、经济效益与社会效益

在整个施工过程中，严格遵循项目前期策划计划，对工程项目进行双优化工作，获得了较好的经济效益。施工质量较好，得到了甲方和监理单位的一致好评。

七、经验教训和体会

建立以项目经理和总工程师为首的质量保证体系和质量检查监督机构，实行质量跟踪检查，保证影响工程质量的各种因素始终处于受控状态。各级质量人员必须认真落实各项技术管理制度和质量岗位责任制度，强化质保体系的运转；做好技术交底和技术复核，并在施工中认真检查执行与落实情况。开展全面质量管理活动，狠抓安全、文明生产和安全用电管理是施工全过程中的核心，安全与生产俱进才是施工的最终目的。

在施工过程中只有选用合格、优质的材料，配套的施工机具，坚决按照设计和施工规范的要求，采用合理的管理方法、合理的施工工序，严格按照项目的各种要求施工，以人的工作质量来保证工程质量，才能向用户交付一个满意的工程。

施工过程中始终坚持未进行技术交底不施工，图纸和技术要求不清楚不施工，资料未经检查复核不施工，材料无合格证或试验不合格不施工，工程不经检查签证不施工；无自检记录不交接，未经专业人员验收合格不交接；未经验收合格不得进行下道工序的施工。切实把好质量关。

强化全体管理与施工人员的质量思想意识，使职工牢固树立"质量第一，用户至上，信誉第一"的思想。在一项工程开工前，认真组织全体施工人员学习业主方发放的相关技术规范、设计图纸及有关文件，使施工人员熟悉施工内容，保证施工质量。

3.11.2 技术论文

1. 技术论文的概念及其作用

技术论文是在施工实践及研究、试验的基础上，对专业技术领域里的某些现象或问题进行专题研究，分析和阐述，揭示出这些现象和问题的本质及其规律性而撰写成的文章。

也就是说，凡是运用概念、判断、推理、论证和反驳等逻辑思维手段，来分析和阐明其科学原理、规律和各种问题的文章，均属技术论文的范畴。

为推动局各项专业技术工作的系统总结，促进企业技术进步和创新，提高经营管理水平，项目经理部的施工技术人员可结合自己的实际工作，撰写相关技术论文。撰写的技术论文不仅可作为今后工作的借鉴，也是对自身技术水平的认真回顾与总结，同时，有助于自身施工技术水平的提高，有利于吸取经验教训，少走弯路。

2. 技术论文的特点

1）科学性

这是技术论文在方法论上的特征，使它与一切文学性的文章区别开来。它不仅仅描述的是涉及科学和技术领域的命题，更重要的是论述的内容具有科学可信性。技术论文不能凭主观臆断或个人好恶随意地取舍素材或得出结论，它必须以足够的施工实践和可靠的试验数据或现象观察作为立论基础。所谓"可靠的"是指整个过程是可以复核验证的。

2）首创性

首创性是技术论文的灵魂，是有别于其他文献的特征所在。它要求文章所揭示的事物现象、属性、特点及事物运动时所遵循的规律，或者这些规律的运用，必须是前所未见的、首创的或部分首创的，必须有所发现，有所发明，有所创造，有所进步，而不是对前人工作的复述、模仿或解释。

3）逻辑性

这是文章的结构特点。它要求论文脉络清晰、结构严谨、前提完备、演算正确、符号规范、文字通顺、图表精确、推断合理、前呼后应、自成系统。不论文章所涉及的专题大小如何，都应该有自己的前提或假说、论证素材和推断结论。通过推理、分析，提高到理论的高度，不应该出现无中生有的结论或一堆无序数据。

3. 技术论文的分类

从不同的角度分析，技术论文有不同的分类结果。

1）按专业范围分

（1）土木技术论文：包括施工技术、勘测设计、工程监理、技术质量管理、安全与环保管理、"四新"技术应用、工程测量与试验、标准规范、信息技术等。

（2）机械技术论文：包括机械加工、机械化施工、设备维修与改造、设备管理、"四新"应用、信息技术等。

（3）企业经营管理论文：包括企业发展战略、体制改革探索、工程项目管理、施工经营管理、财务管理、业务开发等。

2）按内容特点分

（1）论证型

论证型是对学术命题的论述与证明的文件。如对应用性技术的原理或假设的建立、论证及其适用范围，使用条件的讨论。

（2）科技报告型

属记述型文章。许多专业技术、工程方案和研究计划的可行性论证文章，亦可列入本类型。这样的文章一般应该提供所研究项目的充分信息，原始资料应准确、齐备，包括正反两方面的结果和经验，往往使它成为进一步研究的依据与基础。科技报告型论文占现代科技文献的多数。

（3）发现、发明型

叙述被发现事物或事件的背景、现象、本质、特性及其运动变化规律，阐述被发明的装备、系统、工具、材料、工艺、配方形式或施工方法的工效、性能、特点、原理及使用条件等的文章。

（4）计算型

提出或讨论不同类型（包括不同的边值和初始条件）数学、物理方程或公式的数值计算方法，施工质量和试验数据的稳定性、精度分析等。

（5）综述型

这是一种比较特殊的技术论文，与一般技术论文的主要区别在于它不要求在研究内容上具有首创性，尽管一篇好的综述文章也常常包括有某些先前未曾发表过的新资料和新思想，但它要求撰稿人在综合分析和评价已有资料的基础上，提出在特定时期内有关专业课题发表的演变规律和趋势。

综述文章的题目一般较笼统，篇幅允许稍长，它的写法通常有两类：一类以汇集文献资料为主，辅以注释，客观而少评述。另一类则着重评述。通过回顾、观察和展望，提出合乎逻辑的，具有启迪性的看法和建议。这类文章的撰写要求较高，具有权威性。往往能对所讨论问题的进一步发展起到引导作用。

4. 技术论文的编写要求

1）题名

题名是科技论文的必要组成部分，要求用最简明、确切、恰当的词语反映文章的特定内容，把论文的主题明白无误地告诉读者。一般情况下，题名中应包括文章的主要关键词，避免使用非公知公用的缩写词、字符、代号，尽量不出现数学式和化学式。

2）摘要

摘要是以提供文献内容梗概为目的，不加评论和补充解释，简明确切地记述文献重要内容的短文。论文都应有摘要，其内容包括研究的目的、方法、结果和结论，应具有独立性和自明性，不分段，字数应控制在100～300字。

3）关键词

关键词是所选取的能反映论文主题概念的词或词组，一般每篇文章标注3～8个。

4）引言

引言的内容可包括研究的目的、意义、主要方法、范围和背景等。应开门见山，言简意赅，不要与摘要雷同或成为摘要的注释，避免公式推导和一般性的方法介绍。

5）论文的正文部分

论文的正文部分系指引言之后，结论之前的部分，是论文的核心。

正文是技术论文的核心组成部分，主要回答"怎么研究"这个问题。正文应充分阐明论文的观点、原理、方法及具体达到预期目标的整个过程，并且突出一个"新"字，以反映论文具有的首创性。根据需要，论文可以分层深入，逐层剖析，按层设分层标题。

对技术论文，要求思路清晰，合乎逻辑，语言简洁准确、明快流畅；内容务求客观、科学、完备，要尽量用事实和数据说话。

（1）论文内容可从以下几个方面考虑：

① 技术攻关、技术改造、技术推广与应用。

② 新技术、新工艺、新材料、新设备（"四新"技术）的研究与应用。

③ 引进、消化、吸收和应用国内外的先进技术项目。

④ 一个较为完整的工程项目的施工技术。

⑤ 工程设计与实施。

⑥ 工程项目的管理方法。

（2）对论文的要求：

① 内容应针对性强，论点明确，论据充分可靠，所引用的数据真实，具有先进性和实用性，对类似工程有较好的参考和指导价值。

② 在理论上或应用领域有关键性创新突破，属新发明、新发现或新创造。

③ 论点明确，论据可靠，论证充分；论文的层次清晰，文字精练。

④ 在技术或工艺上具有较高的理论水平和实践意义。

⑤ 论文选题应直接来源于生产实际或具有明确的工程背景，其研究成果要有实际推广应用价值；论文拟解决的问题要有一定的技术难度和工作量；论文要具有一定的理论深度和先进性。

⑥ 综合运用基础理论、科学方法、专业知识和技术手段对所解决的工程实际问题进行分析研究，并能在某方面提出独立见解。

6）结论

结论是文章的主要结果、论点的提炼与概括，应准确、简明、完整、有条理。如果不能导出结论，也可以没有结论，而进行必要的讨论，可以在结论或讨论中提出建议或待解决的问题。

总之，技术论文应选择那些在理论上或应用领域有关键性创新突破，属新发明、新发现或新创造的素材来写；论文要做到论点明确、数据可靠、论证充分，层次清晰、文字精练；在技术或工艺上具有较高的理论水平和实践意义；在局内有较高的推广应用价值，并具有显著的经济效益或社会效益。

5. 优秀专业技术论文评选

按公司《优秀专业技术论文评选管理办法》的规定，公司优秀专业技术论文的评选每年举行一次。论文的征集、评选等组织管理工作由公司科技部门负责，并由公司专家委员会对论文的质量、水平等进行审查和评价，评定获奖等级。共有一、二、三等三个等级，其中一等奖获得者可申报公司级奖励。

论文评选结束后，由公司科技报社将评选出的有参考价值的优秀论文按专业分类汇编，编辑成《技术论文集》，每年出版一次。

3.11.3 施工工法

1. 工法的定义

我国新颁布的《工程建设工法管理办法》中，对工法赋予了严格、科学的定义，即"以工程为对象，工艺为核心，运用系统工程原理，把先进技术和科学管理结合起来，经过一定的工程实践所形成的综合配套的施工方法"。

工法是一种指导企业施工和管理的规范化文件，是经过工程实践形成的综合配套技术的应用方法。由于工法具有技术先进、提高工效、降低成本、保证工程质量、加快施工进度、保证施工安全等特点，经过各级专家评审成为国家级工法、集团级工法和局级工法，因此，工法又具有一定的权威性、实用性、适用性。

2. 我国实行工法管理制度的由来

我国推行工程建设工法是 1987 年在学习贯彻云南鲁布革水电站的工程管理经验时提出来的。鲁布革工程是我国第一个利用世行贷款实行国际招标的大型工程项目，日本大成建设公司以低于标底价 43％的超低价中标，工程于 1984 年 11 月开工，1988 年 12 月竣工。工程施工以精干的组织、科学的管理、先进适用的技术和大成公司特有的工法，达到了工程质量好、用工用料省、工程造价低、施工水平国际一流的显著效果，在我国形成了强大的"鲁布革冲击"，学习鲁布革工程管理经验与日本先进的工法也形成了一股潮流。

鲁布革工程的成功经验说明，企业要善于总结施工实践经验，多积累本企业宝贵的技术财富，以形成有自己特色的、综合配套的成熟技术和工法。

1988 年，建设部对国内外的工程建设、施工企业技术管理状况进行了调查，并深入了解日本工法的内涵，在此基础上草拟了我国试行工法制度的征求意见稿。

1989 年春，建设部印发了《关于在推广鲁布革工程管理经验试点企业试行工法制度有关事项的通知》，在 18 家试点企业中先行一步，以便取得编制工法与工法管理的实际经验。同时，组织编印了《土木建筑工法实例选编》，作为施工企业了解工法和试编写工法的参考。

为提高企业的技术素质和管理水平，促进企业进行技术积累和技术发展，调动广大职工研究开发和推广应用施工新技术的积极性，使科技成果迅速转化为生产力，逐步形成施工技术管理新机制，建设部于 1989 年 11 月印发了《施工企业实行工法制度的试行管理办法》，1990 年开始在全国试行。

之后，全国各地纷纷举办研讨班、学习班，进一步学习工法的含义、编制方法，讨论贯彻工法管理办法的实施步骤。1991 年以后，工法的编制与应用工作在国内已全面推广，工法管理工作走向正轨。

3. 工法的特征

（1）工法的主要服务对象是工程项目的施工，它来自工程实践，是从施工实践中总结出来的先进适用的施工方法，又回到施工实践中去应用，为工程建设服务。工法只能产生于施工实践之后，是对先进的施工技术的总结与提高，是经施工实践验证过的成熟的技术。

（2）工法的核心是工艺，而不是材料、设备，也不是组织管理。采用什么机械设备，如何组织施工，以及保证质量、安全与环保的措施等，都是为了保证工艺这个核心顺利实施的必要手段。

（3）工法是用系统工程的原理和方法对施工规律性的认识和总结，具有较强的系统性、科学性和实用性。工法的对象有针对建筑群或单位工程的，也有针对分部或分项工程的，虽说有大小之分，但所有的工法都是用系统工程原理和方法总结出来的施工经验，是一个完整的系统，是技术和管理相结合的、整体综合配套的施工方法。

（4）工法必须符合国家工程建设的方针、政策和标准、规范，必须具有先进性、科学性、实用性，保证达到工程质量和安全、提高施工效率、降低工程成本、节约资源、保护环境等方面的要求。

（5）工法是企业标准的重要组成部分，是企业积累施工技术经验后编制的通用性文件。

（6）工法要具有时效性。工法要反映企业施工技术水平的先进性，使其科技成果具有推广意义。了解目前掌握的施工技术在同行业中的先进程度是十分重要的。已在各施工企业中广泛应用的成熟技术不是好的工法，工法编制选题应具有新颖性、时效性。

4. 工法与工艺标准、施工方案等的区别

1）工法与工艺标准的区别

工法和工艺标准、操作规程都属于企业标准范畴，但服务层次却完全不同。工艺标准、操作规程主要是强调操作者必须遵守的工艺程序、作业要点与质量标准，是技术员（工长）向工人班组进行技术交底的内容。而工法是针对单位工程、分部或分项工程的含有工艺技术、机具设备、质量标准以及技术经济指标等整体的综合配套的施工方法，是项目总工用来作技术管理的内容。

工法的编制要以规范、规程和工艺标准为依据，工法中采用的数据也要与之统一。如有足够根据而与规范、规程和工艺标准不一致时，需经有关主管部门核准或在评审时通过。

工法与工艺标准的主要区别如下：

（1）服务层次不同。工法是企业的高层次标准，为技术管理和经营管理者服务；而工艺标准与操作规程为较低层次的标准，为施工操作者服务。

（2）内容不同。两者虽然在工艺操作方法、质量标准、安全环保措施方面内容相似，但工法强调要有经济效益分析、工法形成过程与关键技术鉴定及获奖情况的内容，且要有工法的应用实例情况介绍，工艺标准没有这些内容。

（3）编写格式不同。两者都有自己固定的格式，如目前局工艺标准为八项条目，局工法则有十一项条目。

2）工法与施工方案的区别

工法是工程实践的经验总结，是施工规律性的综合体现，在施工之后形成。施工方案来自过去工程的实践经验，一般产生在新的工程施工之前。工法与施工方案都是针对施工中的技术问题，提出解决问题的具体方法，但工法强调经济效益和社会效益的施工规律性。施工方案经过工程实践之后，也可以总结形成工法。

3）工法与施工组织设计的区别

两者的概念截然不同。工法是企业标准的一个组成部分，是企业为积累施工技术经验编制的通用性文件，施工组织设计则是针对某项具体工程的施工管理编制的指导性文件。施工组织设计中的进度计划、设备与劳动力调配计划及施工总平面图是工法文件所没有的。

工法可作为施工组织设计的标准模块，即施工组织设计中主要工程项目的施工方案可采用已有的工法成果，但两者不可直接取代。

4）工法与施工方法的区别

工法与施工方法是同义词，但含义上有明显区别，不能混淆。平常所说的施工方法只是对施工工艺、施工技术的操作方法的一种泛指，而工法要求技术与管理相结合，强调是经过工程实践形成的综合配套的施工方法，是对施工规律性的认识和总结，是作为一种企业标准的特定的施工方法。

5. 施工工法的编制要求

工法是施工企业宝贵的技术财富。在整理传统技术编写新工法时，应考虑每项工法自身的特点，同时须注意以下问题：

（1）工法都必须经过工程实践，并证明是属于技术先进、效益显著、经济适用的项目。对于未经工程应用而研究开发的新科技成果，不能称为工法。

（2）编写工法的选题要恰当。每项工法都是一个系统，系统有大有小，但都是一个完整的系统。

（3）编写工法不同于写工程施工总结。施工总结大多是工程的写实，而工法是对施工规律的剖析与总结，要把工艺特点（或原理）放在前面，最后引用一些典型工程实例加以说明。在内容安排上，两者的顺序相反。

（4）整理和编写工法的目的是要在工程实践中得到应用，要有良好的适用性和指导性。

（5）随着数字化的发展，工法编制工作也进入了新的阶段。传统的书面文字、表格、图片已不再是工法表达的唯一方式，也可运用声像技术、多媒体技术、声像文字混合技术提高工法的表达效果，使其更直观、更真实、更易懂。

6. 施工工法的编写内容

按照局工法的管理办法，工法编写的格式和内容有具体要求。工法的编写内容与注意事项如下。

1）前言

简述工法概况、形成过程、推广应用情况、技术鉴定或技术可靠性证明情况和有关获奖情况。

工法的前言是概述，因此，用语要准确规范，文字要言简意赅，切忌词语冗长，更不能将工程概况写入前言。

2）工法特点

说明本工法与传统施工方法的区别，与同类工法相比较，在工期、质量、安全、造价等技术经济效益方面的先进性和新颖性。

3）适用范围

说明针对不同的设计要求、施工环境、工期、质量、造价等条件，适宜采用本工法的工程对象。

4）工艺原理

从理论上阐述本工法施工工艺及管理的基本原理，着重说明关键技术形成的理论基础。

工艺原理是说明工法工艺核心部分的原理。通过工法中涉及的材料、构件的物理性能和化学性能说明本工法技术先进性的真正成因。

5）施工工艺流程及操作要点

说明本工法的施工程序要点、施工方法、与关键新技术相应的施工机具操作方法，同时说明所采用的施工管理方法和措施，显示本工法的先进性和创新点。必要时，应附图表说明。

对工法中的专利技术或诀窍技术属保密范畴的，编写时可说明其代号并作简要描述。

工艺流程是施工操作的顺序，在工法编制中用简单网络图表示，操作要点一定要对应网络图中的施工顺序进行详细的阐释。不能网络图中提到的施工步骤在操作要点中没有解释，也不能操作要点中说明的问题在网络图中没有反映。

6）材料与设备

说明主要材料的质量标准要求，主要施工机械、设备、工具、仪器的名称、规格、型号、数量、使用性能和管理方法等。

为保证工法具有广泛的适用性，工法中涉及的有关"材料"的指标数据一定要严谨、准确。除介绍本工法使用新型材料的规格、主要技术指标、外观要求等，还应注明材料的生产厂家，因为不同厂家生产出的同类材料在规格、性能上可能有细微差别。此外，还应强调该材料在操作要点中起到的作用，以证明该材料在工法技术实现中是必不可少的。

7）质量控制

说明本工法应执行的工程质量标准和达到工程质量标准应采用的技术措施和管理措施。

一般工法的质量要求可依据现行国家、地区、行业标准、规范的规定执行，有些工法由于采用的是新技术、新材料、新工艺，在国家现行的标准、规范中未规定质量要求，因此对这类工法中的质量要求应注明依据的是国际通用标准、国外标准，还是某科研机构、某生产厂家的试行标准，使工法应用单位明确本工法的质量要求，使质量控制有参照依据。

8）安全措施

说明遵照的有关安全法规，结合本工法具体情况的安全注意事项和应采取的相应措施。

9）环保措施

说明本工法中采用了哪些有效的环保措施。

10）经济效益分析

说明本工法与同类工程采用常规施工方法相比较，具有哪些优越性，通过有关技术经济指标的分析对比，对工法取得的经济效益和社会效益作出客观评价。

工法之所以要推广，是因为它技术先进，有可观的经济效益和社会效益。但在工法的效益分析中，人们往往只注意成本效益的分析而忽略了工期效益、质量效益的分析。实际上有些工法要推广的前期成本投入并不低，然而它带来的工期效益、质量效益、安全效益、环保效益等综合效益却很高。

3.11.4 QC小组活动及成果

1. QC小组概述

1）QC小组的概念

QC小组是在生产或工作岗位上从事各种劳动的职工，围绕企业的经营战略、方针目标和现场存在的问题，以改进质量、降低消耗、提高人的素质和经济效益为目的而组织起来，运用质量管理的理论和方法开展活动的小组。

这个概念包含了以下四层意思：

（1）参加 QC 小组的人员范围是企业的全体职工，不管是高层领导，还是管理者、技术人员、工人、服务人员，都可以组织 QC 小组。

（2）QC 小组活动选择的课题是广泛的，可以围绕企业的经营战略、方针目标和现场存在的问题来选题。

（3）小组活动的目的是提高人的素质，发挥人的积极性和创造性，改进质量，降低消耗，提高经济效益。

（4）小组活动强调运用质量管理的理论和方法开展活动，突出其科学性。

2）QC 小组的特点

（1）明显的自主性

QC 小组以职工自愿参加为基础，实行自主管理、自我教育、互相启发、共同提高，充分发挥小组成员的聪明才智和积极性、创造性。

（2）广泛的群众性

QC 小组是吸引广大职工群众积极参与质量管理的有效组织形式，不仅包括领导人员、技术人员、管理人员，而且更注重吸引在生产、服务工作第一线的操作人员参加。广大职工群众在 QC 小组活动中学技术、学管理，群策群力分析问题、解决问题。

（3）高度的民主性

QC 小组的组长可以是民主推选的，也可以由小组成员轮流担任课题小组组长，以发现和培养管理人才。在 QC 小组内部讨论问题、解决问题时，小组成员间是平等的，不分职位与技术等级高低，高度发扬民主，各抒己见，互相启发，集思广益，以保证既定目标的实现。

（4）严密的科学性

QC 小组在活动中遵循科学的工作程序，步步深入地分析问题、解决问题；在活动中坚持用说明事实、用科学的方法来分析与解决问题，而不是凭"想当然"或个人经验。

3）QC 小组的分类

按照 QC 小组参加的人员与活动课题的特点，可将 QC 小组分为"现场型""服务型""攻关型""管理型"四种类型。

（1）现场型 QC 小组

它以班组和工序现场的操作工人为主体组织，以稳定工序流程、改进产品质量、降低消耗、改善生产环境为目的，开展质量攻关活动的范围主要是在生产现场。这类小组一般选择的活动课题较小，难度不大，是小组成员所能及的，活动周期也较短，比较容易出成果，但经济效益不一定大。

（2）服务型 QC 小组

它由专门从事服务工作的职工群众组成，以推动服务工作标准化、程序化、科学化，提高服务质量和经济、社会效益为目的，活动范围主要是在服务现场。这类小组一般活动课题较小，围绕身边存在的问题进行改善，活动时间不长，见效较快。虽然这类成果经济效益不一定大，但社会效益往往比较明显，甚至会影响社会风气的改变。

（3）攻关型 QC 小组

它通常由领导干部、技术人员和操作人员三者结合组成，以解决关键技术问题为目的，课题难度较大，活动周期较长，需投入较多的资源，通常技术经济效果显著。

（4）管理型 QC 小组

它由管理人员组成，以提高业务工作质量、解决管理中存在的问题、提高管理水平为目的。这类小组的选题有大有小，课题难度也不相同，效果也差别较大。

4）QC 小组活动的宗旨

QC 小组活动的宗旨，即 QC 小组活动的目的和意义，可以概括为以下三个方面：

（1）提高职工素质，激发职工的积极性和创造性；

（2）改进质量，降低消耗，提高人的素质和企业的经济效益；

（3）建立文明的、令人心情舒畅的生产、服务、工作现场。

5）QC 小组活动的作用

在开展 QC 小组活动时，只要坚持以上宗旨，就可以起到以下几方面的作用：

（1）有利于开发智力资源，发掘人的潜能，提高人的素质；

（2）有利于预防质量问题和改进质量；

（3）有利于实现全员参加管理；

（4）有利于改善人与人之间的关系，增强人的团结协作精神；

（5）有利于改善和加强管理工作，提高管理水平；

（6）有利于提高职工的科学思维能力、组织协调能力、分析与解决问题的能力，从而使职工成为全面人才。

2. QC 小组的组建

1）QC 小组的组建原则

组建 QC 小组一般应遵循"自愿参加，上下结合"与"实事求是，灵活多样"的原则。

2）QC 小组的组建程序与注册登记

（1）QC 小组的组建程序

① 自下而上的组建程序

由同一班组的几个人，根据想要选择的课题内容，推举一位组长，共同商定组成一个 QC 小组，给小组取个名字，确定研究课题名称，然后进行注册登记，该 QC 小组就组建完成。

这种组建程序，适用于由同一班组内的部分成员组成的现场型、服务型，包括一些管理型的 QC 小组。他们所选的课题一般都是自己身边的、力所能及的较小的问题，这样组建的 QC 小组，成员的活动积极性、主动性很高，QC 小组的开展比较顺利。

② 自上而下的组建程序

由企业主管 QC 小组活动的部门，根据企业实际情况，提出企业开展 QC 小组活动的设想方案，然后与班组领导协商，达成共识后，提出组长人选，进而物色 QC 小组所需的组员，选定课题，然后进行注册登记，该 QC 小组就组建完成。

这种组建程序普遍被"三结合"技术攻关型 QC 小组采用。这类 QC 小组所选择的课题往往都是企业或班组急需解决、有较大难度、牵涉面较广的技术、设备、工艺问题，需要企业为 QC 小组活动提供一定的技术、资金条件。这样组建的 QC 小组，容易紧密结合企业的方针、目标，抓住关键课题，对企业和 QC 小组成员会带来直接效益。

③ 上下结合的组建程序

这是介于上面两种程序之间的一种程序，由上级推荐课题范围，经下级讨论认可，上下协商来组建。这种程序主要涉及组长和组员人选的确定、课题内容的初步选择等问题，其他方面与前两种相同。这样组建 QC 小组，可取前两种程序之所长，避其所短，值得提倡。

（2）QC 小组的人数

为便于自主地开展活动，小组人数一般以 3～10 人为宜。每个 QC 小组成员具体应该多少，应根据所选课题涉及的范围、难度等因素确定。

（3）QC 小组的注册登记

为了便于管理，组建 QC 小组应认真做好注册登记工作。注册登记是 QC 小组组建的最后一步工作。QC 小组注册登记后，就被纳入企业年度 QC 小组活动管理计划之中，在随后开展的小组活动中，便于得到各级领导和有关部门的支持和服务，并可参加各级优秀 QC 小组的评选。

3. QC 小组活动

1）QC 小组活动的基本条件

QC 小组是实现全员参与质量改进的有效形式，QC 小组活动应是企业的自觉行为。要在企业内开展好 QC 小组活动，还需要创造较好的内部环境，主要应具备以下几个基本条件：

（1）领导对 QC 小组活动思想上重视，行动上支持；

（2）职工对 QC 小组活动有认识，有要求；

（3）培养一批 QC 小组活动的骨干；

（4）建立健全 QC 小组活动的规章制度。

2）QC 小组活动的程序

为解决本企业存在的问题，不断地进行质量改进，是 QC 小组活动的基本特征。要解决所存在的问题，QC 小组所涉及的管理技术主要有三个方面：

（1）遵循 PDCA 循环。解决一个问题或组织一次活动都要按照 PDCA 的运作规律进行。P（Plan）表示计划，D（Do）表示执行，C（Check）表示检查，A（Action）表示处理。

（2）以事实为依据，用数据说话。

（3）应用统计方法。现在可供选用的统计方法很多，有"老七种工具"，分别是排列图、因果图、直方图、控制图、散布图、调查表、分层法；有"新七种工具"，分别是关联图、系统图（也称树图）、亲和图、PDPC 法（也称过程决策程序图法）、矩阵图、矩阵数据分析法、矢线图；还有一些简易图表（包括柱状图、饼分图、折线图、甘特图、雷达图等）。

总之，应遵循 PDCA 循环，结合自身的特点来开展 QC 小组活动。QC 小组活动的具体程序如图 3-47 所示。

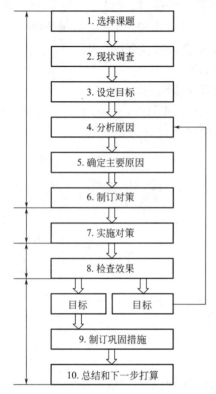

图 3-47　QC 小组活动的具体程序

（1）选择课题

选择课题要注意三个方面的问题：

① 课题宜小不宜大。搞小课题有四个方面的好处：

a. 小课题易于取得成果，活动周期短，能更好地鼓舞小组成员的士气。

b. 小课题短小精干，大部分对策都能由本小组成员自己来实施，更能发挥本组成员的创造性。

c. 小课题大部分出自本小组的生产现场，是自己身边存在的问题，通过自己的努力得到改进，取得的成果也是自己受益，能更好地调动小组成员的积极性。

d. 小课题容易总结成果，在发表成果规定的时间里，能把小组活动时所动的脑筋、所下的功夫、克服的困难充分表达出来，因此可以发表得很生动、很精彩。

② 课题的名称应一目了然地看出是要解决什么问题，不可抽象。

③ 关于选题理由，应直接写出选此课题的目的和必要性，不要长篇大论地陈述背景。

（2）现状调查

现状调查要注意三个问题：

① 用数据说话。

② 对现状调查取得的数据要整理、分类，进行分层分析，以找到问题的症结所在。

③ 不仅要收集已有记录的数据，更需要亲自到现场去观察、去测量、去跟踪，直接掌握第一手资料，以掌握问题的实质。

（3）设定目标

设定目标要注意目标要与问题相对应，目标要明确表示（所谓明确表示，就是要有用数据表达的目标值），要说明制订目标的依据。

（4）分析原因

在分析原因时要注意以下四点：

① 要针对所存在的问题分析原因。

② 分析原因要展示问题的全貌。分析原因要从各种角度把有影响的原因都找出来，尽量避免遗漏。可从"4M1E"（即人 Man、机械 Machine、材料 Material、方法 Method、环境 Environment）这几个角度展开分析。

③ 分析原因要彻底。

④ 要正确、恰当地应用统计方法。分析原因常用的方法有因果图、系统图与关联图。各小组在活动过程中，可根据所存在问题的情况以及对方法的熟悉、掌握的程度选用。为使选用时不至于用错，现将其主要特点列于表 3-17。

分析方法的主要特点　　　　　　　　　表 3-17

方法名称	适用场合	原因之间的关系	展开层次
因果图	针对单一问题进行原因分析	原因之间没有交叉影响	一般不超过四层
系统图	针对单一问题进行原因分析	原因之间没有交叉影响	没有限制
关联图	针对单一问题或两个以上问题进行原因分析	原因之间有交叉影响	没有限制

（5）确定主要原因

确定主要原因可按三个步骤进行：

① 把因果图、系统图或关联图中的末端因素收集起来，因为末端因素是问题的根源，所以主要原因要在末端因素中选取。

② 在末端因素中看看是否有不可抗拒的因素。

③ 对末端因素逐条确认，以找出真正影响问题的主要原因。

（6）制订对策

制订对策通常分三个步骤进行：

① 提出对策。

② 研究、确定所采取的对策。

③ 制订对策表。对策表是整修、改进措施的计划，是下一步实施对策的依据，必须做到对策清楚、目标明确、责任落实。可按"5W1H"（即：What 对策、Why 目标、Who 负责人、Where 地点、When 时间、How 措施）的原则制订对策表，表中项目依次为：序号，要因，对策，目标，措施，地点，时间，负责人。

（7）实施对策

对策制订完毕，小组成员就可以严格按照对策表列出的改进措施加以实施。每条对策实施完毕，要再次收集数据，与对策表中所定的目标进行比较，以检查对策是否已彻底实施并达到了要求。

在实施过程中应做好活动记录，把每条对策的具体实施时间、参加人员、活动地点与具体怎么做的、遇到了什么情况、如何解决的，都加以记录，以便为最后整理成果报告提供依据。

（8）检查效果

把对策实施后的数据与对策实施前的情况以及小组制订的目标进行比较，看是否达到了预定的目标。可能会出现两种情况，一种是达到了小组制订的目标，说明问题已得到解决，就可进入下一步骤，巩固取得的成果，防止问题的再发生。另一种情况是未达到小组制订的目标，说明问题没有彻底解决，可能是主要原因尚未完全找到，也可能是对策制订得不妥，不能有效地解决问题，所以就要回到第四个步骤，重新从分析原因开始，再往下进行，直至达到目标。

解决了问题，取得了成果，就可以计算解决这个问题能为企业带来多少经济效益。

（9）制订巩固措施

取得效果后，就要把效果维持下去，并防止问题的再发生，为此要制订巩固措施。

把对策表中通过实施已证明了的有效措施初步纳入有关标准，报有关主管部门批准，至少要纳入班组作业指导书和班组管理办法、制度。

（10）总结和下一步打算

没有总结，就没有提高。成果完成后，小组成员要围绕以下内容认真进行总结：

① 通过此次活动，除了解决本课题外还解决了哪些相关问题，还有哪些问题没有解决。

② 检查在活动程序方面，在以事实为依据用数据说话方面，在方法的应用方面，哪些是成功的，哪些还尚有不足需要改进，有哪些心得体会。

③ 认真总结此次活动所取得的无形效果。可从"四个意识（质量意识、问题意识、改进意识、参与意识）"的提高、个人能力的提高、QC知识的掌握、解决问题的信心、团队精神的增强等方面来总结，这些效果虽不能直接产生经济效益，却是非常宝贵的精神财富。

④ 在以上基础上提出下一次活动要解决的课题，把QC小组活动持续开展下去。

QC活动常用的方法见表3-18。

QC活动常用的方法　　　　　　表3-18

序号	方法 程序	老QC七种工具							新QC七种工具							其他方法					
		分层法	调查表	排列图	因果图	直方图	控制图	散布图	系统图	关联图	亲和图	矩阵图	矢线图	PDPC法	矩阵数据分析法	简易图表	正交试验设计法	优选法	水平对比法	头脑风暴法	流程图
1	选择课题	▲	▲	▲	△	△					△					▲			△	▲	
2	现状调查	▲	▲	▲	△	△	△									▲			△		△
3	设定目标		△													▲			△		
4	分析原因				▲				▲	▲										▲	
5	确定主要原因		△					△								▲					
6	制订对策		△			△						△	△			▲	△			▲	△
7	实施对策		△										△			△				▲	△
8	检查效果		△	△		△	△									▲			△		
9	制订巩固措施		△													▲					△
10	总结和下一步打算															▲					

注：1. ▲表示特别有效、△表示有效。

　　2. 简易图表包括：折线图、柱状图、饼分图、甘特图、雷达图等。

4. QC小组活动成果

1）QC小组活动成果报告

QC小组活动取得了成果，就应认真总结，整理出成果报告。成果报告是QC小组活动全过程的桌面表现形式，是在小组活动原始记录的基础上，经过小组成员共同讨论总结整理出来的。

（1）整理成果报告的一般步骤

① 由QC小组组长召集小组全体成员开会，认真回顾本课题活动全过程，总结分析活

动的经验教训。

② 按照小组成员分工，搜集和整理小组活动的原始记录和资料。

③ 由成果报告执笔人在掌握上述资料和总结会上大家所谈意见的基础上，按照 QC 小组活动的基本程序整理成果报告初稿。

④ 将执笔人整理出的成果报告初稿提交小组成员全体会议，由全体成员认真讨论、修改、补充、完善。最后由执笔人集中大家意见，修改完成成果报告。

（2）总结、整理成果报告要注意的问题

① 严格按活动程序进行总结。

② 把在活动中所下的功夫、努力克服的困难、进行科学判断的情况总结到成果报告中去。

③ 成果报告要以图、表、数据为主，配以少量的文字说明来表达，尽量做到标题化、图表化、数据化，以使成果报告清晰、醒目。

④ 不要用专业技术性太强的名词术语，在不可避免时（特别是在发表时），要用通俗易懂的语言进行必要的解释。

⑤ 在成果报告内容的前面，可简要介绍 QC 小组的组成情况，必要时还要对与小组活动课题有关的企业情况，甚至生产过程作简单介绍，用以说明本课题是哪一部分发生的问题。

2）QC 小组活动成果发表

（1）成果发表的作用

① 交流经验，相互启发，共同提高。

② 鼓舞士气，满足小组成员自我实现的需要。

③ 现身说法，吸引更多职工参加 QC 小组活动。

④ 使评选出的优秀 QC 小组和优秀成果具有广泛的群众基础。

⑤ 提高 QC 小组成员科学总结成果的能力。

（2）QC 小组发表成果应注意的问题

① 做好发表前的准备工作。为了使发表取得好的效果，应认真研究，选择恰当的发表形式，发表形式不要只采用一个模式，可灵活多样、生动活泼、不拘一格。

② 发表前先作自我介绍，让听众知道你是本小组的主要成员，而不是外请的"演员"。

③ 现场发表时要声音洪亮，语言简明，吐字清楚，语速有节奏，让人听起来知道你是在讲自己做过的事，而不是在"背书"。

④ 仪态要自然大方，不要过于拘谨和紧张，即使发表中出现了错、漏处也不要紧，道声"对不起"，加以纠正和补充即可。

⑤ 在本企业或同行业以外发表成果时，要尽量避免使用专业性很强的技术术语，必须使用时应略作解释，以使听众能明白。

⑥ 在成果发表完毕后的提问答疑时，态度要谦虚；对提问者要有礼貌，回答提问要简洁明了；提问较多时要有耐心，没听清楚的提问，可请提问者再重复一次；实属技术保密的问题，要婉言谢绝。

5. QC小组活动成果的评审

1) 评审的目的

QC小组活动取得成果之后，为了肯定取得的成绩，总结成功的经验，指出不足，以不断提高QC小组活动水平，同时为表彰先进、落实奖励，使QC小组活动扎扎实实地开展下去，就需要对QC小组活动成果进行客观的评价与审核。

2) 评审的原则

（1）从大处着眼，找主要问题。

主要问题也就是评审的重点，主要有三点：第一，成果所展示的活动全过程是否符合PDCA的活动程序；第二，各个环节是否做到以客观事实为依据，用数据"说话"，以及所用数据是否完整、正确、有效；第三，统计方法的运用是否正确、恰当。

（2）要客观并有依据。

（3）避免在专业技术上钻牛角尖。

（4）不要单纯以经济效益为依据评选优秀QC小组。

3) 评审的标准

评审标准由现场评审和发表评审两个部分组成。

（1）现场评审

QC小组活动开展得如何，最真实的体现是活动现场。因此，对现场的评审是QC小组活动成果评审的重要方面。评审的项目及内容见表3-19。

QC小组成果现场评审表　　　　　　　　表3-19

小组名称：　　　　　　　　　　　　　　课题名称：

序号	评审项目	评审内容	配分	得分
1	选题	(1)要按有关规定进行小组登记和课题登记； (2)小组活动时，小组成员的出勤情况； (3)小组成员参与分担组内工作的情况	7~15分	
2	原因分析	(1)活动过程需按QC小组活动程序进行； (2)取得数据的各项原始记录要妥善保存； (3)活动记录要完整、真实，并能反映活动的全过程； (4)每一阶段的活动能否按计划完成； (5)活动记录的内容与发表资料的一致性	20~40分	
3	对策与实施	(1)对成果内容进行核实和确认，并已达到所制订的目标； (2)取得的经济效益已得到财务部门的认可； (3)改进的有效措施已纳入有关标准； (4)现场已按新的标准作业，并把成果巩固在较好的水准上	15~30分	
4	效果	(1)QC小组成员对QC小组活动程序的了解情况； (2)QC小组成员对方法、工具的了解情况	7~15分	
总体评价			总得分	
公司意见			最终得分	

现场评审人员：

公司质管部门负责人：

（2）发表评审

在 QC 小组活动成果发表时，为了互相启发，学习交流，肯定成绩，指出不足，以及评选优秀 QC 小组，还要对成果进行发表评审。发表评审的项目及内容见表 3-20。

QC 小组成果发表评审表　　　　　　　　　　　　　　表 3-20

小组名称：　　　　　　　　　　　　　　　　　课题名称：

序号	评审项目	评审内容	配分	得分
1	选题	(1)所选课题应与上级方针目标相结合,或是本小组现场急需解决的问题; (2)简洁明确地直接针对所存在的问题; (3)现状已清楚掌握,数据充分,并通过分析已明确问题的症结所在; (4)现状已为制订目标提供了依据; (5)目标设定不要过多,并有量化的目标值和一定的依据	8～15 分	
2	原因分析	(1)应针对问题的症结来分析原因,因果关系要明确、清楚; (2)原因要分析透彻,一直分析到可直接采取对策的程度; (3)主要原因要从末端因素中选取; (4)应对所有末端因素都进行了要因确认,并且用数据、事实客观地证明是主要原因; (5)工具运用正确、适宜	13～20 分	
3	对策与实施	(1)应针对所确定的主要原因,逐条制订对策; (2)对策应按 5W1H 的原则制订,每条对策在实施后都能检查是否已完成(达到目标)及有无效果; (3)要按对策表逐条实施,且实施后的结果都有所交代; (4)大部分的对策是由本组成员来实施的,遇到能努力克服; (5)工具运用正确、适宜	13～20 分	
4	效果	(1)取得效果后与原状比较,确认其改进的有效性,与所制订的目标比较,看其是否已达到; (2)取得经济效益的计算实事求是、无夸大; (3)已注意了对无形效果的评价; (4)改进后的有效方法和措施已纳入有关标准,并按新标准实施; (5)改进后的效果能维持、巩固在良好的水准,并用图表表示出巩固期的数据	13～20 分	
5	发表	(1)发表资料要系统、分明,前后连续,逻辑性好; (2)发表资料应以图、表、数据为主,避免通篇文字、照本宣读; (3)发表资料要通俗易懂,不用专业性特强的词句和内容,在不可避免时作深入浅出的解释; (4)发表时要落落大方,不做作,口齿清楚而有礼貌地讲成果; (5)回答提问时诚恳、简要、不强辩	13～20 分	
6	特点	(1)课题具体务实; (2)活动过程(包括发表)生动活泼,有新意,具有启发性	0～5 分	
总体评价			总得分	

4）评审的方法

（1）公司对 QC 小组成果的评审

公司对 QC 小组的成果要进行现场评审和发表评审。

① 现场评审：QC 小组取得成果后，向公司主管部门申报，公司将有关人员组成评审组，到 QC 小组活动现场，面向 QC 小组全体成员，了解 QC 小组活动的详细情况。现场评审一般在小组取得成果后两个月左右进行，评审组成员最好不少于五人，评审组按照表 3-22 所示内容进行评审。

② 发表评审：每年年底公司主管部门收集各项目上报的 QC 成果，组织不少于五人的评审组，召开优秀成果发表会，严格按表 3-23 所示内容进行评审。

把现场评审和发表评审两项综合起来，就是对该 QC 小组活动成果评审的总成绩。

（2）国家、省级 QC 成果的评审

各公司评审后推荐优秀成果评选国家级、省级优秀 QC 小组，并填写表 3-21。

由公司专家委员会按表 3-22 所示内容进行打分评选。

被评为公司优秀 QC 小组的，由公司根据上级有关要求再推荐上报。

优秀 QC 小组申报表 表 3-21

单位名称：

小组名称			
课题名称			
小组类型		小组人数	
小组简介：			
选题理由：			
活动情况：			
取得成果(包括在部门评选中获得名次)：			
取得经济效益：			
财务(审计)部门确认：			
部门推荐意见： （公章）			

单位负责人：　　　　　　　　　　　　　日期：

QC 小组成果评分表 表 3-22

单位:		课题名称:		
	评定项(分)	评分依据	配分	得分
一	小组概况(5)	小组基本情况(组建时间、人员等);连续组龄已达三年,人员相对稳定	3	
		小组活动自觉、经常、持久、扎实、有效	2	
二	选题理由(10)	符合本部门的方针目标,结合管理点	4	
		有充分理由或数据作依据	3	
		课题具体、目标明确	3	
三	课题现状(10)	与课题有关的情况(工程概况等)介绍	2	
		能从实际出发调查,掌握数据(测取方法正确、有可比性)符合事实	4	
		工具图表运用恰当、正确	4	
四	问题原因(8)	对因素(如人、机、料、法、环)分类清楚,诸因素间因果关系正确	4	
		因素分析结合实际,符合专业管理技术要求	4	
五	主要原因(7)	清楚、明确	2	
		有令人信服的理由及掌握影响程度	5	
六	对策措施(15)	对策与主要原因相对应	5	
		对策合理、具体、可行	10	
七	实施情况(8)	对策的实施情况介绍清楚,有时间,有遇到的问题等情况	8	
八	检查(7)	对实际情况、实施结果的检查方法正确,所用的检查工具合适	4	
		能正确地运用质量管理工具方法,把实施结果用数据、图表表现出来	3	
九	效果(25)	课题的程度及目标水平	8	
		质量和经济效益评定标准(高低)及达到的水平	13	
		有主管部门确认,用户评价好,效果巩固	4	
十	处理(5)	对一些有效的经济措施和管理手段进行了标准化处理或制订了有效的巩固措施	3	
		对遗留问题进行了下一次 PDCA 循环或选了新课题、新目标	2	
十一	其他	对质量管理的观点和方法的运用,有创新或其他突出之处	+5	
		有 PDCA 循环层次不清,观点、手法、概念含糊,数据来源不明等情况	−5	
		有图文脱节或超过发表时限等问题		
十二	总体评价		总得分	
		评委: 日期:		

3.11.5　编制说明案例

××××年公司科技开发、工艺工法、论文及工程总结计划编制说明

一、编制原则

根据公司发展战略和××××年公司生产经营重、难点工程和技术研发工作重点领

域及施工任务安排，我们继续以市场为导向，以精细化管理为标准，以施工现场为依托，以推广四新技术为主要手段，以提高企业市场竞争力和经济效益为目的，以解决关键技术问题、完善管理机制为主要任务，加大科研投入，积极开展创新性研究和科技成果的转化应用，加强工法开发和专利申报的力度，全面提升公司施工技术管理水平和科研水平。

二、编制范围及主攻方向

（1）跟踪行业前沿技术，把握行业技术发展方向。瞄准国内新工艺、新技术、新材料、新装备的前沿技术和发展方向，结合企业实际，针对性地跟踪和把握行业技术发展动态，引导公司技术创新。紧密围绕公司相关多元化经营需要，制订新领域科技研发工作推进计划，重点做好BIM技术、超高层建筑施工、装配式建筑施工等新领域的科技研发，为企业发展提供技术支持。今年公司将继续以BIM技术在房建机电安装、地铁车辆段施工中的应用为目标，优化施工工艺和顺序，为施工提供可参考的依据。出具详细的碰撞检查报告，消除施工中的碰撞点以及进行施工方案优化、施工指导。

其次，以房建项目超高层建筑、绿色节能环保为攻克目标，针对超高层建筑结构超高、规模庞大、功能繁多、系统复杂、建设标准高的特点，重点对超高层建筑垂直运输体系、施工测量、深基坑施工技术、建筑模板工程、钢结构安装以及超高层建筑自动化施工进行超前研究及技术储备工作。

（2）加大科技成果的运用，一方面推广应用建筑领域内的科技成果，以及"新材料，新技术，新设备，新方法"；另一方面要将我们自己的研究成果运用到工程施工中去，使科技成果转化为生产力。

（3）加强科技信息交流，要将建筑领域内的新成果、新技术通过各种形式传送到领导和基层单位，同时也走出去进行学习和交流，也通过与科研机构、大专院校交流和合作，共同研发成果。进一步加强与陕西铁路工程职业技术学院合作，加快企业人才培养，强化技术创新提供平台，将有助于企业提高技术竞争力。

（4）要求各单位不断提高知识产权保护意识，根据其自身专业特点优势，紧密结合工程建设项目，积极挖掘、开发并及时申报具有较高价值的专利项目，确保专利申报目标计划完成。根据公司的实际发展和施工特点，确定××××年由××分公司完成一项专利申报。

各单位要紧密结合生产实际及技术研发项目的开展，组织广大技术人员对工程进行总结，编写工法，要求××××年年底上报当年撰写的论文，对在省部级期刊对外发表的论文公司将予以重奖，对优秀论文继续往集团公司推荐。

三、计划实施措施

加强技术研发项目责任制，签订科技合同，深入推进科研管理项目化、过程管理精细化，保证项目的切实履行。计划中已明确了项目负责人，并明确规定了相应的经费投入要求。按A、B类项目分级管理，对无特殊原因而不能完成计划要求的A类项目，集团公司将取消其经费支持，公司会对该项目进行通报批评。

四、主要科研计划

公司工程部将进一步加强指导、督促施工过程项目、新开工项目及收尾项目的技术总结撰写工作，以及调动技术人员根据施工现场实际总结、撰写出有技术含量的工程论文（发表），进一步调动广大技术人员积极性，同时对撰写较好的工程总结在内网发表，便于学习和参考。

3.12　与建设、设计、监理、质监等各单位建立联系

3.12.1　建设单位的关注点有哪些？如何做到甲方满意？

1. 建设单位关注点

建设方派驻现场的管理代表。主要职责是掌控和督促工程的进度、质量，审定工程洽商，协调总体关系，保证工程如期竣工。不过，在诸多问题中，甲方最关心的是两个方面。

第一是进度。建设方最怕的就是工程不能如期竣工。因为在开发公司内部，任你有天大的理由，工程没有完工，也会归结在现场甲方协调不力或预见性不强两点原因上。

第二就是成本（洽商、变更、签证）。成本主要涉及施工方案的经济性、工艺的可行性、消耗控制、合同商务条件等，由于设计考虑不周或甲方更改图纸，必然会出现工程洽商、变更、签证。建设方内部通常对洽商、变更、签证控制非常严格，因为洽商、变更、签证是造成工程预算大幅度上升的首要原因。所以，在许多开发公司中，洽商、变更、签证量是对现场甲方的重要考核指标（自然是越少越好）。因为以上原因，甲方对洽商、变更、签证的签署会比较审慎。

当然，除了上述两条外还有一条是他们也必须关注的，那就是质量。2020年9月11日，住房城乡建设部印发《关于落实建设单位工程质量首要责任的通知》。2022年7月15日住房城乡建设部发布强制性国家标准《建筑与市政工程施工质量控制通用规范》GB 55032—2022，其中第3.4.1条规定：建设单位应委托具备相应资质的第三方检测机构进行工程质量检测，检测项目和数量应符合抽样检验要求。非建设单位委托的检测机构出具的检测报告不得作为工程质量验收依据。

2. 如何做到甲方满意

1）三个服从

（1）甲方要求与项目部要求不一致，但甲方要求不低于或高于国家规范要求时服从甲方要求。

（2）甲方要求与项目部要求不一致，但甲方要求可改善使用功能性时，服从甲方要求。

（3）甲方要求超出合同范围，但项目部能够做到时，服从甲方要求。

2）三制

（1）定期例会制：定期召开与甲方的碰头会，讨论解决施工过程中出现的各种矛盾及问题，理顺每一阶段的关系。

（2）预先汇报制：每周五将下周的施工进度计划及主要施工方案和施工安排，包括质量、安全、文明施工的工作安排，都事先以书面形式向甲方汇报，便于甲方监督，如有异议，项目部将根据合同要求和"三个服从"的原则及时予以修正。

（3）合理化建议制：从施工角度及以往的施工经验来为甲方当一个好的参谋，及时为甲方提供各种提高质量、改善功能及降低成本的合理化建议，积极为甲方着想，争取使工程以最少的投资产生最好的效果。

3）项目部与甲方配合措施

（1）认真遵守招标投标文件和施工总承包合同的各项约定。

（2）协助甲方选择优秀的分包商和供应商。

（3）积极配合甲方进行现场检查，接受甲方的监督和指导。

（4）积极为本工程出谋划策，做好甲方的参谋。

（5）认真核定工程进度，为甲方工程款的拨付提供准确依据。

3.12.2　设计单位的关注点有哪些？如何做到设计满意？

1. 设计单位的关注点

1）设计管理概念及目标认知

（1）设计管理概念认知

设计管理贯穿于房产开发始终：它是主要针对设计成果，兼顾任务管理、资源管理、进度管理、技术管理、设计风险识别并规避的系统化管理工作。设计管理涉及房产开发全过程：从意向项目的初判跟踪，对意向地块的规划与分析，概念方案的研究、设计，到施工图设计；从施工现场的配合到营销道具制作，以至后期客服的维修、整改、交付的技术支持。设计管理的重要性：设计管理作为房产开发中操作管理的重要组成部分，在所有标杆房企中均处于高度重视的地位，有时甚至决定一个项目的成败。

（2）设计管理目标认知

在项目设计管理工作中，要坚持以品质为出发点和基准点，作为设计核心价值观的体现，以品质保证、进度控制、成本控制、风险规避作为设计的最终目标。

2）设计质量管控要点及关注点

（1）方案设计阶段

① 管理要点：建筑、结构、机电、景观、精装一体化设计叠图；多部门联合设计、审图；各阶段叠图；限额设计。

② 管理关注点：

a. 一体化设计：外挂设备与建筑造型、户型、设备平台等；单体楼栋、配电房、商业等功能房布置；出地面构筑物（采光井、风井、楼梯间）与景观规划等；总平图、管线规划与采光井、庭院、埋地设备等布置；机电点位与精装顶棚综合。

b. 多部门联合设计：物业管理模式输出；营销推售节奏；工程施工组织；前期验收标准。

 案例 3-1：公共区域吊顶点位不协调、不齐 ·······························

分析：精装与建筑设计院交圈不充分，现场施工按毛坯点位预留预埋，导致点位错位不齐。建议项目从建筑方案设计伊始，精装、机电配套专业设计提前介入，根据户型、楼栋布局提前设计好点位及综合顶棚并提资建筑设计院落图、出图，减少现场施工图纸版本及出错环节。

 案例 3-2：项目出入口通行方案与物业要求冲突

分析： 地产与物业公司诉求不一致，地产公司主要关注规划方案报规、验收，而物业公司更多关注的是后期运营成本、管控便捷；建议住宅方案阶段需事前充分与客服、物业进行管理方式沟通落位，保证不影响规划验收，又能保障物业诉求。

（2）施工图设计阶段

① 管理要点：建筑、结构、机电、景观、精装设计叠图；多部门联合审图、核图。

② 管理关注点：

a. 工艺工法。

b. 联合审图：工程、成本、招采、客服、营销、物业多部门联合审图；工程、成本、设计联合整理工程做法；借用外部资源审图。

c. 阶段性核图：最终的总图、公示图、模型沙盘叠图；营销出街物料；样板房配置与大区批量核图。

 案例 3-3：出地库构筑物（风井、楼梯间、采光井等）与住宅位置太近，
遮挡视线

分析： 施工图设计忽视业主感受。图纸完成后尽快组织工程、成本、招采、客服、营销、物业等部门联合审查，找出存在或潜在风险，及时变更调整（如风井转换调整位置、楼梯间实墙改栏杆、采光井墙体高度降低等），降低客诉风险。

 案例 3-4：非机动车车库坡道设计，台阶与坡道结合

分析： 设计考虑小区品质的同时忽略了小型老人代步三轮车下车库停车情景。建议项目设计非机动车车库坡道采用全坡或锯齿坡，或在地面设置集中充电区域，减少风险，提升品质。

（3）二次深化阶段

① 管理要点：建筑、结构、机电、景观、精装设计叠图；方案效果比对；各阶段叠图、审图。

② 管理关注点：无效成本；交付标准；设计还原。

 案例 3-5：住宅立面分色图与幕墙深化图分缝不一致

分析： 立面与幕墙深化单位未交圈叠图。建议前置立面分色图深化，并提资给幕墙单位深化，保持立面风格一致、美观。

 案例 3-6：深化漏项，样板与批量部品部件深化形式不一致

分析： 深化单位审图不仔细，漏项。建议提前将样板图纸交底，深化图完成后做好联合会审工作，有条件的公司可以固化标准做法（如栏杆、门窗等），在施工图阶段直接出图，取消此环节的二次深化，减少错漏，同时降低设计成本。

（4）现场管理

① 管理要点：图纸管理；样板管理；现场巡查。

② 管理关注点：图纸版本；施工材料；施工工艺；是否按图施工；图纸缺陷。

案例 3-7：现场施工蓝图不是最终版，有缺漏

分析：设计人员工作不仔细或人员未交图，导致图纸版本错误。建议施工图下发后，及时组织施工单位、工程部、设计院核对版本，做好记录，保证现场拿到的已是最终版。

案例 3-8：现场批量施工与样板不一致

分析：设计封样前置，同时给成本、招采、工程交底，尤其是特殊材料，避免编制成本清单时低估预算成本，造成材料品质达不到设计要求。施工送样严格与设计样品进行比对，合格后由设计、工程、招采、成本联合对施工封样进行签字确认，并在项目保存，常拿样品与批量对比，及时纠偏，保障项目品质。

案例 3-9：现场施工工艺与图纸要求不一致

分析：未按图纸施工，加强现场巡查。现场巡查是设计过程中的一个重要环节，它是检验设计意图、设计还原、施工效果的一个重要手段，建议每周对现场进行巡查，及时发现问题并处理，在结果中反思，总结经验，提升设计还原度和品质。

3）设计质量管理的重要性

设计质量管理是工程项目质量管理工作中的重要组成部分，在工程项目建设中发挥着至关重要的作用。对此，在房地产项目设计过程中，应坚定质量、品质意识，降低设计风险对工程质量的不利影响，确保项目整体质量目标的有效实现。

2. 如何做到设计满意？

（1）在工作中加强与设计单位沟通，沟通是协调的杠杆，信息沟通越有效，彼此间的理解、支持就越容易建立，发生误会、摩擦、扯皮的可能性就越小，而组织的协调性就越强。反之，沟通效果越差，组织协调性也越低。所以，在管理工作中，要加强有效的沟通技能，合理选择信息沟通渠道，积极排除沟通障碍，充分发挥信息沟通在协调中的积极作用。

（2）在施工中加强与设计单位沟通协作，了解设计图，做好工程中各分部、分项及隐蔽工程的验收等工作。

（3）在施工中发现图纸不足或不明确时，要及时向监理人员及甲方反映，及时与设计人员沟通，把问题处理在施工前，以避免给工程造成损失。

3.12.3　监理单位的关注点有哪些？如何做到监理满意？

1. 监理单位的关注点

监理单位是由建设单位聘请，负责监督工程质量、进度、安全，进行技术把关及工程量审批等一系列工作的专业机构。监理单位在开工前应向总承包进行监理交底，制订监理规划并下发总承包。监理工作的主要内容主要有以下几个方面。

1）施工准备阶段

（1）审查施工单位选择的分包单位资质。

（2）监督检查施工单位质量保证体系及安全技术措施，完善质量管理程序与制度。

（3）检查设计文件是否符合设计规范及标准，检查施工图纸是否能满足施工需要。

（4）协助做好优化设计和改善设计工作。

（5）参加设计单位向施工单位的设计技术交底。

（6）审查施工单位上报的实施性施工组织设计，重点对施工方案、劳动力、材料、机械设备的组织及保证工程质量、安全、工期和控制造价等方面的措施进行监督，并向业主提出监理意见。

（7）在单位工程开工前检查施工单位的复测资料，特别是两个相邻施工单位之间的测量资料、控制桩是否交接清楚，手续是否完善，质量有无问题，并对贯通测量、中线及水准桩的设置、固桩情况进行审查。

（8）对重点工程部位的中线、水平控制进行审查。

（9）监督落实各项施工条件，审批一般单项工程、单位工程的开工报告，并报业主备查。

2）施工阶段

监理工程师维护工程建设的合法性，搞好质量、进度、投资和安全施工方面的监理，并做好合同和信息管理等工作，全面协调好参建各方的关系，使工程施工得以顺利开展，杜绝重大安全事故，实现合同约定的质量、进度和投资控制的目标。其具体工作内容如下。

（1）合法性控制

维护工程建设的合法性，督促工程建设依法进行。

（2）质量控制

工程质量的优劣，对工程项目建成后能否安全正常运行关系重大，它不仅影响承包商的声誉，而且也反映监理工作的好坏，因此，工程质量问题是参与建设各方的共同利益之所在。监理工程师要有效地控制工程质量，必须熟悉图纸，领会设计意图，熟练掌握有关施工技术规范、规程，帮助承包商制订出切实可行的质量管理措施，建立健全质量保证体系，并合理运用合同赋予的权力，通过对影响工程质量诸因素（人、材、机、法、环）的控制，督促施工单位保证和提高工程质量，使其符合设计要求和合同规定的质量标准，保证所提供的全部技术文件满足业主和城建档案馆的要求。按阶段分为：

① 工程开工前的质量控制。

② 施工过程中的质量控制。

（3）进度控制

进度控制是指对工程项目各建设阶段的工作内容、工作程序、持续时间和衔接关系编制计划，对实际进度与计划进度出现偏差时进行纠正，并控制整个计划实施。监理工程师在工程施工阶段对进度的控制，就是要在实施计划过程中，对影响计划的诸因素（人、技术、物资供应、机具、资金、工程地质、气象）进行分析，通过履行监理职责，监督、检查、控制、协调各项进度计划的实施，并且随时掌握整个工程已进行到什么程度，以便采取相应的调控措施，保证预期目标的实现。

（4）投资控制

① 根据项目总概算和承包合同，确定投资控制目标，并将施工阶段的投资总额按合

同段、施工阶段、专业进行分解，拟定投资控制计划，编制资金使用计划，并动态监控其执行。

② 严格管理工程量清单，根据合同拟定详细的计量支付规则和所需报表，确定各类项目的计量支付条件和办法，划分总额包干项目的计量支付比例，并报业主审批后执行。

③ 严格按照合同规定的计量支付规则、工程量计算规则进行现场计量，确定当月实际完成的工程价值，拒绝虚假和不合乎规定的计量和支付申请。

④ 拟定工程变更的报批确认程序，认真评审工程变更对质量、进度和造价的影响，严格控制工程变更引起的费用增加。

⑤ 按合同、工程量清单的规定，严格管理各项工程款支付（期中支付、预付款、材料设备预付款、包干费、保修金、变更、签证、索赔等），做到"不多付不超付"，每月将投资计划与实际支付进行比较，向业主提交支付计划结果报告。

⑥ 制定严格的索赔管理细则作为各合同的补充文件，以便根据合同规定和确认的索赔事实证据材料，进行索赔费用估价和审核，协商确定索赔费用金额。

⑦ 协助业主处理特殊情况下的结算与支付。

⑧ 按照业主的专项委托，审查施工预算、工程结算。

（5）安全控制

① 监督承包商严格执行国家和省、市各项安全、文明施工的法规，坚决杜绝重大伤亡事故，树立一流的品牌工程形象。

② 根据业主对项目建设的总体要求和合同规定，拟定项目的安全、文明施工奖罚细则。

③ 在审查施工单位资质时，应审查项目经理的资格证书和安全员及特种作业人员的上岗证书。

④ 严格检查承包商的安全文明施工组织机构与安全保证体系和"突发性事件"应急工作领导机构，安全管理责任制、安全教育与检查制度，审核专项安全文明施工方案（分阶段、分专业编制）是否符合有关法规、规范和技术标准的要求。

⑤ 对井字架、脚手架、模板工程支撑体系的安装与拆除、焊接工程的现场施工安全保证措施等要进行旁站监理。

⑥ 检查现场文明施工环境，消防设施、污水排放系统、现场噪声防治、现场卫生（尤其是饭堂、宿舍、卫生间、冲凉房等场所的清洁消毒）和劳动保护等是否符合有关规定。

⑦ 每月组织安全文明施工联合检查，发现存在的安全隐患和不规范施工行为，要书面通知承包商限期整改；各专业监理工程师按职责巡查各专业施工范围内的安全文明施工情况，发现问题及时汇报总监后书面通知承包商进行整改。

⑧ 总监利用工程例会、安全文明及现场管理专题会等形式，经常督促承包商加强安全文明施工管理，落实经常性的安全教育（班前检查、交底，每月安全教育培训），进一步完善安全文明施工。

⑨ 督促承包商加强对分包商、独立承包商的安全文明施工管理，加强现场的施工总平面规划和管理、调度，加强各作业面的安全文明施工检查和管理，做好现场及生活区的卫生、消防等工作。

⑩ 总监每月对承包商的安全文明施工管理工作进行全面评审，编制安全月报向业主汇报，并向承包商指出安全文明管理工作的不足，提出整改要求。

3）保修阶段

在工程竣工或部分竣工后，一旦签发交接证书即进入保修阶段监理，此时监理工程师的主要工作为负责组织检查工程状况，参与鉴定质量责任，督促承建商回访，监督保修，直到达到规定的质量标准。保修期内监理工作的主要内容为：

（1）发现工程质量缺陷，业主应及时通知监理工程师，由监理工程师组织业主、设计人、承包商及有关各方确定质量缺陷的事实和责任，必要时，可建议业主邀请质量监督机构及具有相应资质的专业部门参与。

（2）在质量缺陷责任确定后，监理工程师应要求责任方提出缺陷的处理方案，审批并监督该方案尽快实施。

（3）若缺陷处理方案不能得到及时实施，监理工程师应书面通知业主，并建议由其他承包商完成上述工作，其处理的费用应依据合同有关规定处理。

（4）如果在保修期内没有出现质量缺陷或虽出现质量缺陷但经过上述的程序处理后未发现新的缺陷，总监理工程师在保修期结束后应及时签发解除保修期质量责任证书给承包商并抄送业主。

（5）保修责任解除后，总监理工程师应及时向业主签发退还剩余保留金或保函的证明文件。

（6）保修阶段的资料整理存档工作。

2. 如何做到监理单位满意？

在施工过程中，应确保在总承包范围内所有施工人员在现场绝对服从监理工程师的指挥，接受监理工程师的检查监督，并及时答复监理工程师提出的关于施工的任何问题。

1）与监理配合的"三让"原则

（1）总包与监理方案不一致，但效果相同时，总包意见让位于监理。

（2）总包与监理要求不一致，但监理要求有利于使用功能时，总包意见让位于监理。

（3）总包与监理要求不一致，但监理要求高于标准或规范要求时，总包意见让位于监理。

2）与监理配合的措施

（1）为监理单位在项目现场提供良好的工作条件，为其顺利开展工作提供保障。

（2）认真学习监理规范和监理交底，服从监理单位的监理。

（3）开工前将正式施工组织设计或施工方案及施工进度计划报送监理工程师审定。书面报告施工准备情况，获监理认可后方可开工。

（4）积极参加监理工程师主持召开的每周一次的生产例会或随时召集的其他会议，并保证有能代表总承包方当场作出决定的高级管理人员出席会议，同时确保有关分包负责人参加，认真落实监理对总承包提出的要求。

（5）按照与监理配合的"三让"原则，正确处理与监理要求或意见不一致时的情况。

（6）及时向监理单位提供监理要求的各种方案和相关说明或文件，并严格按照监理工程师批准的施工方案进行施工。

（7）按监理工程师同意的格式和详细程度，向监理工程师及时提交完整的进度计划，以获得监理工程师的批准。无论监理工程师何时需要，保证随时以书面形式提交一份为保证该进度计划而拟采用的方法和安排的说明，以供监理工程师参考。

（8）积极地建立与监理沟通的渠道，如会议制度、报表制度等，与监理及时交换工程信息，及时解决存在的问题。

（9）与监理意见不能达成一致时，共同与业主协商，本着对工程有利、对业主有利的原则妥善处理。

（10）严格按照监理规程要求及时全面地提供工程验收检查、物资选样和进场验收、分包选择等书面资料，使监理单位及时充分地了解工程的各项进展，对工程实施全面有效的监理。

（11）严格使用设计要求的品牌、质量、规格的材料，并上报监理公司及业主认可后方可进场投入施工。

（12）向监理申报各类检测设备和重要机电设备的进场情况，并附上年检合格证明或设备完好证明。

（13）对有见证取样要求的材料，现场取样送检时有监理代表见证。变更用材时，事先应征求建筑师、监理意见，不同意者不进行变更。

（14）若监理对某些工程质量有疑问，要求复测时，总承包项目部将给予积极配合，并对检测仪器的使用提供方便。

（15）及时向监理报送分部分项工程质量检验资料及有关材质试验、材质证明文件。现场验收申请、审批资料的申报要提前提交监理，为监理正常的验收和审批留出足够的时间。

（16）在任何时候如果监理工程师认为工程或其任何区段的施工进度不符合批准的进度计划或不符合竣工期限的要求，则保证在监理工程师的同意下，立即采取任何必要的措施加快工程进度，以使其符合竣工期限的要求。

（17）对监理提出的现场问题要及时进行总结整改，避免同类问题的再次发生；要求全体员工，包括总承包、分包单位人员，尊重监理人员，积极配合监理的工作，响应监理的指示和要求。

（18）若发现质量事故，及时报告监理和业主，并严格按照设计、监理或业主审批的方案进行处理。

（19）工程全部完工后，先认真自检，再向监理工程师提交验收申请，经监理复验认可后，转报业主，组织正式竣工验收。

（20）在竣工验收前7d，将质量保证资料交监理审查。

3.12.4 质监单位的关注点有哪些？如何做到质监满意？

1. 质监单位的关注点

质监站主要是代表政府职能部门（建设局）负责对本地区建设工程全过程进行质量监督管理的单位。

质监站受理建设项目质量监督注册，巡查施工现场工程建设各方主体的质量行为及工程实体质量，核查参建人员的资格，监督工程竣工验收。质监站的主要职责包括以下几个方面：

（1）监督建设工程的质量：负责开发区建设工程质量管理工作，对新建、扩建、改建各类建筑工程的质量实施监督。

（2）贯彻落实有关工程质量的法律法规：贯彻落实国家及各省份制定的有关工程质量的法律、法规、规章和工程技术标准。

（3）按照国家制定的技术标准对其进行监督检查：按照国家及各省份制定的有关工程质量管理的法律、法规、规章和工程技术标准，对受监工程建设各方责任主体及有关机构履行质量职责情况和质量情况进行监督检查。

（4）向相关机构提交监督报告：向工程备案机构提交工程质量监督报告。

（5）按照相关部门的权限对其违法行为进行处罚：按照建设行政主管部门的委托权限对责任主体和有关机构的违法及违规行为实施行政处罚。

（6）及时处理有关投诉和事故检查：受理并及时处理开发区建设工程质量投诉，参与开发区质量事故的调查处理。

（7）依据相关的标准和方案对工程进行质量检查：依据工程建设强制性标准，按照质量监督工作方案，对建筑工程地基基础、主体结构和其他涉及结构的关键部位进行实体质量检查。

（8）对工程竣工验收进行监督：监督建设单位组织的工程竣工验收形式、验收程序以及在验收过程中提供的要件是否符合有关规定。

（9）负责工程建设中相关物品的监测：负责对建筑工程及工程材料、产品、设备进行监督检测，并对全区建筑检测工作实施管理。

一般在质监站备案以后，质监站会让项目配合编制一个《建设工程质量监督计划书》，主要包含工程概况、工程质量监督依据、监督组组成、监督工作方式、对工程质量责任主体和质量检测单位质量行为监督管理的内容、对工程实体质量的抽查抽测，并形成监督记录、工程质量监督报告、接受并按规定处理的工程质量方面的举报和投诉，组织或参与对工程事故的调查处理。建设工程质量监督计划书如下框所示。

建设工程质量监督计划书

根据建设工程质量监督登记表 2019-047-001 号，由我站对 ×××××××1号院 1、2、3号 工程实施政府质量监督，制订监督计划如下。

一、工程概况

根据施工图设计文件，该工程位于 新郑市郭店镇，×××××××××××× ×× ，为 剪力墙 结构， －2/33 层，建筑面积 172699.05 万 m²，总造价 33104.47 万元。

该项目建筑物设计使用年限为 50 年，主要结构类型为 剪力墙 结构，建筑结构安全等级 二 级，地基基础设计等级 甲 级，建筑抗震设防类别 丙类 ，建筑抗震设防烈度 7 度。

建设单位：新郑市××××房地产开发有限公司

勘察单位：河南省城乡××××有限公司

设计单位：上海颐景建筑设计有限公司

施工单位：中国建筑×××××××有限公司
监理单位：中兴豫建设管理有限公司

二、工程质量监督依据

①《中华人民共和国建筑法》；②《建设工程质量管理条例》（国务院令第279号）；③《河南省建设工程质量管理条例》；④工程建设标准强制性条文；⑤有关技术标准、规范；⑥《房屋建筑和市政基础设施工程质量监督管理规定》（住房城乡建设部令第5号）；⑦《河南省房屋建筑和市政基础设施工程质量监督管理实施办法》（豫建〔2012〕53号）；⑧经审查批准合格的施工图设计文件及设计变更回复单；⑨《河南省房屋建筑和市政基础设施工程竣工验收实施细则》；⑩其他。

三、监督组组成

本项目质量监督组由监督二科监督工程师_____等____人组成。

姓名	证件号码	专业	联系方式	备注

《建设工程质量监督计划书》正式签署后，会编制一个《建设工程质量监督交底》，包含了对本项目的主要监督内容，如下框所示。

建设工程质量监督交底

一、工程质量监督依据

（1）有关法律法规和工程建设标准的强制性条文。

（2）《中华人民共和国建筑法》、《建设工程质量管理条例》（国务院令第279号）、《房屋建筑和市政基础设施工程质量监督管理规定》（住房城乡建设部令第5号）、《河南省房屋建筑和市政基础设施工程质量监督管理实施办法》（豫建〔2012〕53号）、《房屋建筑和市政基础设施工程竣工验收规定》（建质〔2013〕171号）等相关法律法规。

（3）经施工图审查部门审批合格的施工图设计文件及设计变更回复单。

二、监督工作方式、方法

根据子项目工程差别化监督原则，采取监督抽查抽测方式，并辅以必要的工程检测手段。采取不定期、不定点、不定检查内容、不提前告知的方式，随机对工程进行抽查抽测。

三、监督检查措施

工程质量监督人员实施监督检查不得少于两人，并应出示证件，且采取下列措施：

（1）要求被检查单位提供有关建设工程质量的文件和资料；

（2）进入被检查单位的施工现场进行检查，同时辅以必要的监督检测；

（3）发现违规违章行为及出现工程质量问题时，责令改正或局部停工；

（4）依法查处违反有关建设工程质量法律、法规和规章的行为，对责任主体实施不良行为记录或建议行政处罚。

四、工程质量监督管理包括的内容

抽查工程质量责任主体和质量检测等单位执行有关建设工程法律、法规和工程建设强制性标准的情况。

有的质监站也会下发比较详细的监督要点，以苏州工业园区建设工程质量安全监督站为例，具体如下：

1　施工单位行为规范要点

1.1　施工现场管理班子必须列入施工组织设计并与现场实际配备人员相一致。人员变动应报建设（监理）审批后，报质监站备案。

1.2　施工前必须对设计图纸进行详细审阅，不明确处应在图纸会审时提出，经明确后才能施工。施工单位必须严格按图施工，不得随意变更设计或凭"经验"自行处理各种建筑、防水节点大样。

1.3　与分包单位发生工序交接时，必须严格履行交接手续，上道工序未经建设（监理）及下道工序责任单位验收签证，不得进行下道工序施工。（如桩基工程未经验收签证，不得进行承台基础施工）

2　原材料、半成品质量控制要点

2.1　所有原材料、半成品必须具有产品出厂合格证明。有复试要求的原材料，如钢材、水泥等按规定复试合格后方可使用。

2.2　原材料（半成品）取样送检均须在具有"送样员证"的送样员，及具有"见证员证"的监理人员的见证下取样及送检。

3　定位放线控制及记录的填写要求

3.1　定位放线的控制点，应按经规划批准的总图设计坐标点，由测绘中心提供的控制点引入，并经复核人复核无误，再经监理人员审核签证。

3.2　定位放线记录，应录入控制点坐标，及与建筑物坐标的关系（夹角、距离等）、放线过程中的数据等，并由放线及复核人签字、监理审核人员签章。

3.3　如果建筑物坐标点均由测绘中心提供，则应将测绘中心提供的放线成果资料附在定位放线记录的后面，并在定位放线记录上注明。

4　基坑（槽）开挖及地基验槽控制要点

4.1　基坑（槽）开挖应留有确保安全的边坡，并应在组织设计中明确。

4.2　基坑（槽）的排（降）水措施必须在施工组织设计或施工方案中明确并在施工中认真实施，排（降）水设施应保持至回填土完成方可撤除。

4.3　工程的基坑（槽）应按设计基底标高控制，并留有适当开挖余量，不得超挖或扰动基底原状土。

4.4　地基验槽应经地质勘察人员签证后，方可进入垫层施工。

4.5　当基底下有软土层或古井等异常时，应经勘察、设计人员察看确定方案后再施工，不得擅自处理或超挖。

4.6　加深（或局部加深）开挖后的二次验槽仍应由地质勘察部门人员察看后签字方为有效，并应作二次验槽记录及签证。

4.7 加深（或局部加深）处理的有关技术资料应经设计及监理人员签证，并附在验槽报告的后面。

4.8 较大范围的地基处理应另行验收，并按有关验收规范的要求执行。

5 砌砖工程施工质量控制要点

5.1 砌砖工程所用砂浆配合比，应由有资质的试验室经试验后出具。

5.2 现场砂浆搅拌，应严格按配合比，挂牌、称量、搅拌。严禁按车计量或不计量施工。

5.3 墙体砌砖施工必须在四角及转角处立皮数杆拉线砌筑，并控制水平灰缝厚度在8~12mm，确保外表及灰缝平直。

5.4 多孔砖及空心砖在每层砌完后，应进行灰缝灌浆，确保内缝密实。

5.5 与构造柱的拉结筋应预先制作，并按规范规定每500mm一层放置（多孔砖为五皮），不得随意减小长度和增大间距。

5.6 预制或现浇过梁尺寸应按设计规定制作，两端在砌体上的搁置长度不得小于240mm，预制过梁安装应坐浆。

5.7 门窗洞口设置固定门窗用的混凝土块应按门窗图集的要求放置，间距、位置应一致。

5.8 墙上留置施工洞时，其侧边离交接墙面不应小于500mm，洞口宽度不超过1m，洞上宜放过梁，并须按接槎规定设置拉结筋。

5.9 变形缝砌筑时，应避免砂浆落入缝内。每层施工完毕，应及时将缝内砂浆及垃圾清理干净。

6 钢筋混凝土工程施工质量控制要点

6.1 未经建设主管部门批准不得使用自拌混凝土，必须采用商品混凝土。

6.2 混凝土工程施工必须具有详细的施工组织设计（或方案）。

6.3 施工方案中必须明确具体的支模方法。模板设计、支撑及对拉螺栓间距、支撑方法等，必须明确可靠，避免出现胀模、跑模、漏浆等现象。

6.4 无吊顶的楼板底面，采用免粉刷工艺施工者，底板支模标高、板底平整度误差应按装饰工程的要求，控制在4mm之内，相邻两板表面高低差应控制在2mm之内。

6.5 钢筋保护层垫块（或支架）应用钢丝固定牢固，确保钢筋位置正确。

6.6 混凝土的浇筑顺序和施工缝、后浇带的留置应符合规范和设计规定。

6.7 商品混凝土到达现场浇筑点每次必须做坍落度试验并填入施工记录。坍落度不符合要求时应退回混凝土厂，不得现场加水重拌使用。

6.8 混凝土试块的留置应在监理"见证员"见证下取样及制作。试块的制作，应由经过培训的送样员进行。

6.8.1 每100m^3（当连续浇筑1000m^{3}以上时，可为每200m^3）或每一楼层（或施工段）至少留一组标准养护试块。

6.8.2 根据结构的重要性，和混凝土施工时的天气情况，由总监与施工单位商定，同时留置同条件养护试块。同条件养护试块建议在以下情况下留置：

（1）多层框架结构应至少留置第一层、中间一层和最后一层的框架梁、柱的混凝土试块。

（2）高层框架结构在混凝土设计强度变换后或柱截面变小后的梁、柱的混凝土。

(3) 当具有转换层大梁等重要结构时，应留置同条件养护试块。

(4) 处于冬期施工、养护覆盖困难、条件较恶劣状况下的混凝土。

(5) 其他认为有必要留置同条件下养护试块的场合。

(6) 在一个单位工程上，同一强度等级的混凝土试块不宜少于10组，且不应少于3组。

6.9 标准养护试块应在标准条件下养护，即温度20±2℃和相对湿度95%以上。

6.9.1 当工地有自备养护箱、池时，应有专人保管、使用和维护，并每隔6h作温湿度记录。养护池应存水加盖，冬期有加温、夏期有降温措施，确保池内保持上述温湿度范围。

6.9.2 试块也可在工地存放（覆盖、保温）1～2d后，在监理见证下送有资质的试验室的标准养护室养护。

6.10 同条件养护试块应放置在靠近相应结构部位的适当位置，采取相同的养护方法养护，并应有可靠的保护措施，避免损坏试块棱角，影响试件的有效性。

6.11 主体结构验收前还应根据结构的重要性，及针对容易发生钢筋偏位的部分，进行钢筋保护层厚度检验。抽检的部位应由总监会同土建监理与施工单位商定。抽检的楼层和部位建议如下：

(1) 对单层厂房的梁、板可按规范要求抽检。

(2) 多层结构一般可选第一层结构和最后一层结构。

(3) 高层结构一般可按层数随机抽检，但第一层和最后一层必检。抽检的层数多少可根据施工质量情况而定。一般应不少于30%。

(4) 每层的抽检量一般为梁、板数量的2%，且不少于5个构件。

(5) 悬挑构件的抽检层数应适当增加，每层的抽检量应为50%。

6.12 钢筋保护层检验应由有资质的试验室人员担任，并有操作该仪器的上岗证件。

7 地基与基础工程验收的基本条件

(1) ±0.000m以下的实体工程已施工完毕（可不含回填土）。

(2) 有关施工资料和质量保证资料基本齐全（可不含未到期的混凝土、砂浆试块强度报告），并按省编资料目录次序分册（夹）整理完整。

(3) 基础顶面各墙基、柱基的轴线（或中心线）用墨线或红三角标出，并有监理签认的偏差测量记录。

(4) 基础各主要轴线部位的标高线或红三角已标出，并有监理签认的偏差测量记录。

8 主体工程验收的基本条件

(1) 主体结构已经封顶，框架结构的填充墙或混合结构的非承重墙基本完成。外墙脚手洞已基本封堵完毕。

(2) 有关施工资料和质保资料基本齐全（可不含未到期的混凝土、砂浆试块强度报告），并按省编资料目录次序分册（夹）整理完整。

(3) 合同或监理指定的重要部位已进行实体检验，并评定为合格（含同条件养护试件强度和实测钢筋保护层厚度偏差）。

(4) 各楼层柱中心已弹出墨线或红三角标记，并有监理签证的偏差测量记录。住宅工程应有每个房间的尺寸测量记录。

（5）各楼层均弹出了结构标高的500mm或1000mm水平线。住宅工程应有房间四角的顶棚净高测量记录（以500mm或1000mm以上部分测量）和现浇楼板的结构厚度抽检测量记录（应经监理签证）。

（6）沉降观测记录、标高、垂直度测量记录经监理认定真实有效。

9　建筑装饰装修工程施工质量控制要点

9.1　外墙粉刷前应对基层墙面作隐蔽验收，确保脚手洞等可能产生渗漏的部位已处理完善，住宅东西山墙应采用1:3的水泥砂浆打底，确保外墙不渗漏。

9.2　内、外墙及地面粉刷用的砂浆应按设计要求的配合比计量搅拌，监理应进行抽查，必要时可留对比试块备查，以确保粉刷层的应有强度。

9.3　内墙面粉刷（冲筋）放线的基准线均应以外墙轴线为统一基准线引入，避免粉刷面间的不平行及不垂直的情况发生。同样，室内地砖的铺贴也应以外墙轴线为基准进行放线，以确保与墙面基准的一致性。

9.4　粉刷层的基层处理及操作工艺应确保粉刷层不发生空鼓、龟裂等缺陷，否则应铲除重粉。

9.5　粉刷面的阴阳角应保证方正。验收时应采用方尺检查。（包括地面与墙面的阴角）

9.6　塑钢（或铝合金）外墙窗应在安装前进行三项性能（抗风压性能、空气渗透性能和雨水渗漏性能）抽检复验。当用量较少（50樘以下）而同类窗（指所用型材及密封条均相同）曾通过技监局当年年检者，经监理认可也可免除复验。

9.7　外墙窗的固定应符合设计要求（包括标准图或厂标图集），并安装牢固。推位窗扇应有防脱落措施。

9.8　外墙塑钢（或金属类）门窗与墙体间当设计无规定时应采用发泡剂填嵌密实，并在外墙侧门窗四周（包括上下槛）打密封胶密封，确保无渗水现象。

10　屋面防水工程质量控制要点

10.1　屋面防水施工人员必须具有专业上岗证书。

10.2　防水材料必须经现场抽样复验合格。

10.3　屋面天沟、落水口及高低檐口、泛水等节点必须具有设计单位明确的施工大样才能施工，不得无图纸、无大样施工。

10.4　防水层施工完毕，对斜屋面的天沟及平屋面的落水口等应做24h蓄水试验。确保各节点均无渗漏，天沟排水畅通、无积水现象。

11　住宅工程卫生间防渗漏控制要点

11.1　卫生间及有防水要求的厨房间的结构地面应按设计要求，适当比卧室或走廊地面降低20~30mm，并沿四周隔墙浇筑不小于120mm高的混凝土翻边。翻边混凝土应与楼板同时浇灌。

11.2　当设计有防水层时，其敷设应在排水管道敷设后一次成活，并注意管道泛水及地漏接口的可靠、严密，墙壁周边的泛水高度应不低于120cm。

11.3　防水层施工完毕后应做24h蓄水试验并做好记录，合格后应在其上做不少于30mm厚的混凝土保护层。

11.4　住宅工程如是初装修交付使用，应在工程保修书及住宅说明书中告知用户，附加"防水层已敷设，精装修时不得破坏防水层及周边泛水"等说明。

2. 如何做到质监满意

根据质监站《建设工程质量监督交底》的要求，在平常收集资料的时候一定要整理好，特别是质监站要求的停检点必须提前准备好资料，并通知质监站。

主要分部工程、单位工程完工后，协同建设单位约请质监站进行检验评定，为质监站工作人员提供良好的工作环境，便于质监站人员开展工作。在检查过程中，陪同质监站人员进行检查并进行记录，对提出的问题虚心接受，并按要求积极进行整改，且做好复查的配合工作。当然，除了工作要做好，平常也要多沟通，这样可以避免以后被投诉、突击检查等。

4

项目实施阶段总工 工作重难点

4.1 组织行动学习

行动学习（Action Learning）又称"干中学"，就是通过行动来学习，即通过让受训者参与一些实际工作项目，或解决一些实际问题，来发展他们的领导能力，从而协助组织对变化作出更有效的反应。在项目管理中，一般认为行动学习建立在反思与行动相互联系的基础之上，是一个计划、实施、总结、反思，进而制订下一步行动计划的循环学习过程。简单地说，行动学习就是一个"寓教于行"的过程。

项目总工是项目经理的"军师"，是项目部的"参谋长"，是项目工程技术质量的主要责任人，是项目执行层的领头人，是一个涵盖项目管理决策、项目实施和结束全过程的主要管理岗位，对自身技术和管理能力要求比较高，对项目整体目标起着重要作用。项目总工一定要使用各种高招，创建优秀的技术团队，传播正能量，营造有激情、积极向上的良好氛围，使所有技术人员团结一心、努力工作，要有一定的管理艺术，使所有技术人员跟着你得到快速提高，使所有技术人员都以跟着你为荣。

具体做法如下：

（1）组织学习公司制度、标准；

（2）组织读图、识图、讲方案活动；

（3）每个岗位人员针对自己的岗位去进行讲解；

（4）与施工相关的规范、图集的讲解学习；

（5）现场问题处理学习；

（6）每月要建立学习计划，每周组织学习。

4.1.1 总工如何打造学习型技术团队

项目总工要带头坚持原则，为懂业务、敬业的质检、安全等技术人员撑腰，让现场技术管理人员大胆工作，为现场施工规范化、程序化、标准化打好基础。

创建学习型技术团队，牢记"大雁法则"：

每只大雁在飞行中拍动翅膀，为跟随其后的同伴创造有利的上升气流。这种团队合作的成果，使集体的飞行效率增加了70％。队形后边的大雁不断发出鸣叫，目的是给前方的伙伴打气鼓励，帮助它们其实是在帮助你自己。

不管群体遭遇到的情况是好是坏，同伴们总是会互相帮助。如果一只大雁生病或被猎人击伤，雁群中就会有两只大雁离开队伍，靠近这只遭到困难的同伴，协助它降落在地面上，然后一直等到这只大雁能够重回群体，或是直至不幸死亡之后，它们才会离开。

作为总工，应做好项目培训学习计划，根据项目实际情况以及团队成员学习需求制订一份可实施的培训计划，通过不断地学习，让项目团队成为一个相互支持、相互帮助、共同提高、荣辱与共的团体。具体可以从以下几方面入手：

（1）关注每个人的特点及特长，动态明确工作职责、目标及预期效果；

（2）关注技术人员思想动态，必要时谈心、做思想工作；

（3）关注技术人员工作状态：责任心、工作质量、工作效率，给予建议；

（4）定期召开技术学习、技术座谈、技术培训会议；

（5）帮助技术人员规划职业生涯，让每位员工看到希望，有奋斗目标；

（6）关心每位技术干部的技能提升和岗位晋升，技术总结、论文撰写等；

（7）项目总工也可经常与下属谈心，了解需求并制订相应的培养计划。

4.1.2 行动学习计划及种类

1. 学习计划

进场后，总工根据项目工程特点、人员架构、公司制度等制订一份合理的学习计划，并做好过程修订，合理利用PDCA原则，让学习持续、有效运行，不断为项目管理服务。项目培训计划参见表4-1。

项目培训计划表 表4-1

序号	学习内容	组织部门	培训形式	培训时间	培训地点	参培人员	培训效果	备注
1	公司制度	综合办	PPT+考试	—	会议室	项目全员	—	
2	铝模施工工艺及质量控制要点	技术部	视频+PPT	—	会议室	现场、技术部	—	
3	安全风险辨识及预防措施	安全部	视频+PPT	—	线上	现场、安全部	—	
4	地方文件学习	技术部	PPT	—	会议室	项目全员	—	

2. 学习种类

1）学习内容

通常可以组织学习合同内容，如对上合同调价条款、安全质量条款、界面约定等方面的学习，对下合同约定内容、界面划分等方面的学习。

组织学习图纸、规范、方案等技术类内容，让施工人员做到心中有数，管理人员做到有理有据。

加强对公司制度文件的学习，尤其是与部门工作有关的内容，把握节点动作，让工作变得得心应手，如公司对报销内容、流程审批、发票等的规定，以及材料采购流程、劳务选择流程、现场上报表格节点等方面的规定。

认真学习项目所在地规章制度，如文明施工、验收、资料格式等方面的要求，例如我们按照以往的施工经验进行安全文明规划（如围挡材质、高度、外观、颜色、装修等，喷淋，洗车池要求），后期检查告知不符合当地安全文明施工标准化手册要求，那么我们只能重新做，这样就会造成成本、工期损失，也让公司给人的第一印象较差，如图 4-1 所示。

图 4-1　安全文明施工标准

2）学习方式

采取现场、会议形式进行学习，利用施工现场进行实地教学，或利用视频、PPT 等形式在会议室组织学习，如图 4-2 所示。

图 4-2　培训会、专题会

内部比拼，如组织项目职工、劳务作业人员开展比赛（可适当设置奖励，提高大家的积极性，让学习劲头更足），如图 4-3 所示。

观摩学习，参加公司、地方组织的观摩会，开阔眼界，如图 4-4 所示。

利用现场过程检查或联合检查，提高业务能力，如图 4-5 所示。

合理规划自己工作之外的 8h，除交际娱乐活动外，还可以考取证书、学习专业知识。现在正处于信息化时代，一定要用好信息化的工具，不断提升自我。

图 4-3　测量、试验比赛

图 4-4　观摩会

图 4-5　日常检查

4.1.3　如何确保公司制度在项目上落实

1. 公司制度

企业制度的意义：好的制度能够使员工积极工作，促进企业快速发展，不好的制度则会使人们的工作积极性降低，阻碍企业的发展。所以，企业的发展需要建立和不断修改、完善企业的规章制度，形成适应员工、适应企业、适应社会的制度体系。

企业制度的重要性：依法制定的规章制度可以保障企业的运作有序化、规范化，将纠纷降低到最低限度，降低企业的经营运作成本，增强企业的竞争实力。同时，制度能够让人们快速进入工作状态，减少第一次接触本工作出现"一头雾水"的情况。

同时，规章制度可以防止管理的任意性，保护职工的合法权益，我认为对职工来讲，服从规章制度比服从领导任意性的指挥更容易接受，制定和实施合理的规章制度能满足职工对公平感的需要。

2. 公司制度落地

项目进场后，应组织对公司各项制度的学习，让大家明白各事项的流程、节点、时效，也可保证事事有章可循，事事有章可依。同时，应根据公司制度并结合项目实际情况，进行项目制度汇编，制定一套精简、有效的制度，让制度落地更加便捷。

为确保公司制度有效落地，应从以下几方面入手：

（1）加强制度学习，让大家掌握岗位及相关事项的操作流程、约束边界；

（2）依据公司制度，制定项目制度，让制度更具可操作性；

（3）创新思路，让制度落地更便捷，对公司制度未约定但有利于项目管理的内容可与公司进行沟通，形成项目制度，确保制度在项目高效运行；

（4）定期进行项目制度修订，避免制度与项目不适应；

（5）严格奖惩，对恶意违背制度的惯犯加大处罚力度。

4.2 组织方案编制及技术交底

施工方案及技术交底应按公司要求编写施工组织设计、方案的编制计划（表4-2），对方案要有预感，要提前组织，特别是一些重大方案，难度大、耗时长。方案的编制审批在满足可行性的前提下要以商务为指导，做到既方便施工又有利润可图。

（1）施工方案：是根据一个施工项目制订的实施方案。其中包括组织机构方案、人员组成方案、技术方案、安全方案、材料供应方案等。

（2）技术交底：是在某一单位工程开工前，或一个分项工程施工前，由相关专业技术人员向参与施工的人员进行的技术性交代。

项目的实施都以方案为指导，所以总工必须严把方案质量关，让方案为项目创效。

××××项目方案编制计划　　　　表4-2

序号	项目名称	方案/专项方案名称	方案等级	是否属于危大方案	是否属于超危大方案	计划编制时间	计划编制完成时间	编制人	计划审批完成时间	审核人	跟踪人	计划专家论证时间	备注
1	××××工程	例:××××工程施工专项方案	—	—	—	—	—	—	—	—	—	—	—
2		混凝土施工方案	—	—	—	—	—	—	—	—	—	—	—
3		模板施工方案	—	—	—	—	—	—	—	—	—	—	—

4.2.1　一进场如何做好抢工管理

1. 抢工产生的原因

（1）项目建设前期各类手续办理延迟，造成后续紧张。

（2）项目图纸、勘察原因导致项目启动延迟。

（3）开发商预售节点限制。

（4）项目实施中受外部各种环境影响，导致工期延误，如疫情、资金不到位等原因。

（5）项目管理失当造成了工期损失，导致后期赶工。

（6）其他原因。

2. 如何做好抢工管理

抢工的概念，就是用钱换时间，一般而言，常规施工，一块钱可以干一块钱的事情，抢工的话，一块钱只能干五毛钱的事情，但是可以节约时间。如何把握这个临界点，在有效控制成本的情况下，进行预售节点抢工，成了项目管理的重难点，作为总工应该从以下几个方面进行考虑，为抢工保驾护航。

1）方案先行，全局把控

总工进场后一定要落实好方案先行工作，让现场施工有理有据，让方案为施工保驾护航。方案是项目实施的核心，包括在各种施工组织设计尤其是投标施工组织设计中，人、料、机等资源需求的正确估测与计算是整个施工组织设计过程的基础。

方案方面应该做好以下几方面工作：

（1）根据图纸、地勘、公司及地方要求，并结合项目实际情况，进场内梳理项目方案编制计划，尤其是前期开工急需的方案，并且要定人、定时间，同时做好过程指导和检查，避免因检查不到位引起的损失。

（2）方案编制一定要具备指导性、可操作性，切勿方案高大上，而现场无法执行。

（3）其他。

2）计划指导，实时把控

项目进场后一定要做好图纸梳理工作，统计各部位工程量，并根据工程量结合施工效率及现场条件，编制进度计划、物资需求计划、人员及设备投入计划，同时做好过程统计纠偏，根据现场情况增加或减少现场资源投入，让现场施工更加高效。

（1）确定现场施工人员的组成

不同项目规模不同，工期长短不同，项目完成标准不同，管理模式不同，如项目总承包、施工总承包、单项或阶段性项目管理，不同的管理模式，其现场人员不仅组成不一样，而且所占比例也各不相同，但施工总承包单位通常由下列人员组成：

① 生产工人，如钢筋工、木工、架子工、混凝土工等；

② 管理人员，如项目经理、项目总工、施工员、技术员、工长等；

③ 服务人员，如项目财务人员、项目食堂工作人员、门卫、设备维修人员等；

④ 临时劳动力，如为赶工期临时增加的施工人员等。

（2）熟练掌握所用各工种的单人技术水平

① 人员不同，生产效率不同

每个人从事建筑行业的时间不同、接受技能培训的能力不同、个人素质不同、身体状况不同，技术水平不同等，导致了不同人员从事同一项工作的生产效率不同。

② 时间不同，生产效率不同

天气情况不同，气候不同，如冬季与夏季、旱季与雨季，都会影响到工人的技术水平的发挥，即便是同一个工人，在同一天的上午和下午、白天和晚上的技术水平也是不一样的，这就导致了生产效率的不同。

③ 工程不同，生产效率不同

不同工程，不同结构，不同规模，不同难易程度，也是影响生产效率的重要因素。如普通住宅与别墅、框架结构与剪力墙结构、超高层与低层建筑、地上工程与地下工程等。

3）做好准备工作

（1）做好各项施工准备工作，是确保工程施工顺利、加快工程施工进度的有效途径。

① 施工准备工作要有计划、有步骤、分阶段进行，要贯穿于整个工程项目建设的始终。准备工作不充分就仓促开工，往往出现缺东少西、时间延误、窝工、停工、返回头来补做的现象，影响工程施工进度，因此要尽量避免。

② 做好施工前的调查研究，做到心中有数、有的放矢。实地勘察，搜集水文地质资料、气象资料、图纸、标准及其他有关的资料。

了解现场及附近的地形地貌、施工区域地上障碍物及地下埋设物、土层地质情况、交通情况、周围生活环境、水电源供应情况、图纸设计进度情况等及其他相关要求，以便进行施工组织。

③ 做好施工组织设计与主要工程项目施工方案编制和贯彻工作，使其真正成为工程施工过程中的依据性文件。要避免工程临近完工时才编制完成，只能应付差事而不能指导工程施工的现象。

④ 做好现场施工准备，为施工进度计划按期实施打下良好的基础。

a. 现场三通一平；

b. 临建规划与搭设；

c. 组织机构进驻现场；

d. 组织资源进场。

⑤ 做好冬、雨期施工准备工作，以确保施工进度计划的实现。工程面临冬、雨期施工时，要提前做好准备，从技术措施到物资准备，要满足工程施工进度计划的要求。

⑥ 做好安全、消防、保卫准备工作，确保施工进度计划顺利实施。

a. 组织机构设置；

b. 防护措施准备；

c. 物资准备。

（2）避免施工过程中发生事故，是确保施工进度计划顺利实施、加快施工进度的有效保障。

① 安全文明工地创建工作要从进驻现场开始，按标准要求创建，并始终保持，避免报检前返工整改所进行的重复工作，影响工程施工进度。

② 及时做好技术交底，使员工明确安全生产、工程质量标准和目标要求，避免因交

底不清而引起影响工程施工进度的事件发生。

③ 及时发现专业工种配合不当和施工顺序、时间发生变化等问题，采取措施进行调整，消除因此给工程施工进度带来的影响。

④ 及时与资源供应单位或部门签订供需合同，明确责任，减少纠纷，避免因此而影响工程施工进度。

⑤ 及时核对工程施工进度完成情况和工程款拨付情况，避免因工程款不到位而影响工程施工进度。

4）采取科学有效的保证措施

（1）对于施工期长、用工多的主要施工项目的关键工序，可优先保证其人力、物力投入等相应措施，在保证安全、质量的前提下加快工程施工进度，以达到按期或提前完工的目的。

（2）查找施工进度计划关键线路间或非关键线路间的主要矛盾，分析相互间的关系所在，采取交叉作业或改变施工顺序、时间等方式，有效地缩短控制线路。

（3）积极采用和推广"四新"技术（新技术、新工艺、新材料、新设备），以提高工效来缩短施工时间，如采用铝模代替传统模板。

（4）将进度控制工作进行责任分工，同时加大组织协调力度，及时解决好工程施工过程中发生的工种配合、工序穿插作业问题，及时处理好各单位间的工作配合问题，以达到工程顺利施工的目的。

5）用好 PDCA，做好进度纠偏

（1）施工进度计划的检查与调整

① 定期进行施工进度计划执行情况检查，为调整施工进度计划提供信息，检查内容包括：

a. 检查期内实际完成和累计完成情况；

b. 参加施工的人力、机械设备数量及生产效率；

c. 是否存在窝工，窝工人数、机械台班数及其原因；

d. 进度偏差情况；

e. 影响施工进度的其他原因。

② 通过检查找出影响施工进度的主要原因，采取必要措施对施工进度计划进行调整，调整内容包括：

a. 增减施工内容、工程量；

b. 持续时间的延长或缩短；

c. 资源供应调整。

③ 调整施工进度计划要及时、有效，调整后的施工进度计划要及时下达执行。

（2）组织措施

① 落实项目经理部的进度控制人员，细化具体控制任务和管理职能分工；

② 进行项目分解，如按项目进展阶段分为总进度、各阶段进度、分部分项进度；

③ 确定进度协调工作制度，包括进度协调会开会时间、参加人员等；

④ 建立进度计划审核制度和进度计划实施中的分析制度；

⑤ 建立图纸审查、工程变更和设计变更管理制度。

（3）技术措施

先进、合理的技术是施工进度的重要保证，采用平行流水作业、立体交叉作业等施工方法以及先进的技术手段、施工工艺、新技术等可以加快施工进度。

（4）合同措施

有效的合同措施也可以为加快施工进度服务。例如：为加快土方开挖进度，可将开挖土方划分为几个工作段，分别招标；同时，使各分包单位的工期与进度计划工期相互协调等。

（5）经济措施

经济措施是用经济利益的增加或减少作为调节或改变个人或者组织行为的控制措施。其表现形式包括以价格、资金、罚款、奖励等经济杠杆来为建设单位的工期要求服务。比如提高班组承包单价，再比如开展项目劳动竞赛，对于按时完成或者超额完成的队伍、班组进行奖励，提高积极性。

6）进度纠偏

项目管理人员应实时掌握现场工程进度计划中各个分部、分项的实际进度情况，收集有关数据，如每日投入的人、材、机数量及时间，尤其是涉及突击队人员的管理。可设专人进行管理，做好花名册、影像资料，并对数据进行整理和统计后对计划进度与实际进度进行对比分析和评价，根据分析和评价结果，提出可行的变更措施，对工程进度目标、工程进度计划和工程实施活动进行调整。例如，召开进度分析会、每日碰头会，及时解决现场遇到的各类问题，加快施工进度。

工程进度的调整一般是要避免的，但如果发现原有的进度计划已落后、不适应实际情况时，为了确保工期，实现进度控制的目标，就必须对原有的计划进行调整，形成新的进度计划，作为进度控制的新依据。而调整工程进度计划的主要方法有：

（1）压缩关键工作的持续时间：不改变工作之间的顺序关系，而是通过缩短网络计划中关键线路的持续时间来缩短已被延长的工期。

具体采取的措施：组织措施，如增加工作面、延长每天的施工时间、增加劳动力及施工机械的数量等；技术措施，如改进施工工艺和施工技术以缩短工艺技术间歇时间、采用更先进的施工方法以减少施工过程或时间、采用更先进的施工机械等；经济措施，如实行包干奖励、提高资金数额、对所采取的技术措施给予相应补偿等；其他配套措施，如改善外部配合条件、改善劳动条件等。在采取相应措施调整进度计划的同时，还应考虑费用优化问题，从而选择费用增加较少的关键工作为压缩对象。

（2）不改变工作的持续时间，只改变工作的开始时间和完成时间。采用这种调整方式的情况有：对于大型工程项目，如小区工程可调整的幅度较大，这是由于它包含多项单位工程，而单位工程之间的制约比较小，因此比较容易采用平行作业的方法来调整进度计划；对于单位工程项目，由于受工作之间工艺关系的限制，可调整的幅度较小，通常采用搭接作业的方法来调整进度计划。

当工期拖延得太多，或采取某种方法未能达到预期效果，或可调整的幅度受到限制时，还可以同时采用这两种方法来调整进度计划，以满足工期目标的要求。调整的同时还需要注意到无论采取哪种方法，都必然会增加费用，故施工单位在进行施工进度控制时还应该考虑到投资控制的问题。

4.2.2　如何做好第三方飞检迎检工作组织和策划

1. 飞检目的

飞检，也就是传闻中的第三方评估，评估中拿到一个好的分数，对甲方来说对内会受到集团表扬，对外会一定程度地得到外界，甚至客户的认可，年终奖也会多一些；对总包来说意味着工程干得不错；对于监理来说意味着监督管理到位，都会获得可观的奖金和行业口碑。第三方服务机构有别于施工单位和业主方，它是一个独立的单位。该机构与监理单位既有共同点又有异同点，共同点是它们都是由专业人士构成的具有国家资质的单位，与监理单位不同的是，对于房屋产品来说，前者是工程总控协助查验问题，而后者是对房屋产品在整个生产全过程中的监督，减少问题的发生率，提高产品的合格率、满意率。

2. 飞检组织与策划

1）项目进场后应根据合同约定，进行日常质量、安全策划，为后续飞检做好准备工作。

2）做好飞检策划方案。

（1）根据评分表，预估季度飞检分。

（2）确定迎检领导小组，并明确岗位职责，责任到人。

（3）建立良好的沟通机制，对备检过程中遇到的问题及时沟通处理，落实好 PDCA 闭环管理，切不可积压问题，遇到本岗位无法决策、处理的事宜及时向上汇报。

（4）定期召开碰头会议，如交底会、检查会、过程沟通会等。

① 组织全员包括劳务人员进行检查评分表控制指标学习、研究。对于施工过程中的技术难点、重点，迎检小组要进行深入的调研、分析，做出有效、可行的技术方案。

② 各小组责任人对难以控制的指标要完全弄清楚怎么做，怎么控制，关键点何在，难点何在，强化过程验收，切实落实工程建设全过程验收。同时，做好对下交底，如施工班组的交底。

③ 加强对工人的技能培训，提升工人的技能水平和质量意识；组织项目管理人员对飞检工程检查评分表控制指标的学习、考核，使每个施工人员弄懂飞检标准的要求，清晰明白施工过程中哪些关键点的完成能够满足标准的要求，明白自己在过程控制中的规定作为，加强过程控制，避免施工过程中问题的集中凸显。可采取现场交底、反交底、样板领路等措施，如图 4-6 所示。

图 4-6　样板领路及现场交底

④ 飞检课题小组根据项目情况，针对项目施工过程中不能达到飞检标准要求的质量问题，进行专题攻关，改进材料、工艺和技术方案，如 QC、课题、工法等技术攻关。

⑤ 动员、督办千遍，不如问责一次。严格考核、明确奖惩、任务到位、问责跟上，干部队伍就会行动起来。按飞检标准管理项目各项工作，实现动态化、常态化管理。我们的项目现场整理后一般保持三天，之后就散漫无序了。现场安全、文明施工，现场布置、材料堆放、围合等，均能体现一个项目管理者的思路、格局。严格现场管理制度，实行专人负责，奖罚到位。

3) 关注重点得失分项，并制订措施。

(1) 房间开间、进深问题：

主要原因：

① 施工单位技术人员及甲方工程师对房间实际抹灰层厚度不了解，报错抹灰厚度；

② 墙体砌筑定位放线不准确；

③ 墙体垂直度偏差较大，造成抹灰层变厚，从而造成开间进深与设计值偏差较大。

提升措施：加强工序验收，从源头把控；加强过程管控，紧随工序进行实测实量，不合格的立即要求停工整改，未整改合格前不允许去新的工作面施工，避免等到大面积完成后才进行实测实量。对于产品合格率较低的工人及时要求总包进行更换。

(2) 抹灰层大面积空鼓开裂，且砂浆强度不足：

主要原因：

① 未严格按照抹灰施工工艺提前浇水；

② 甩浆质量差；

③ 过量使用砂浆王；

④ 水灰比偏大（图 4-7）。

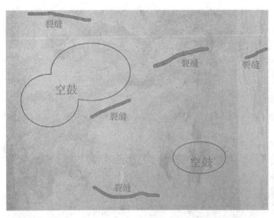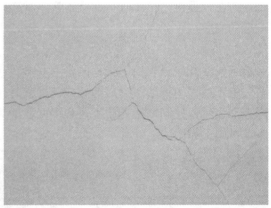

图 4-7 空鼓、裂缝检查图

提升措施：砂浆拌合料应严格按照配合比配置，严禁使用砂浆王，并严格按照抹灰施工工艺执行。

(3) 户内门洞尺寸偏差：

主要原因：门洞宽度偏差原因为放线不准确，门洞侧面砌体垂直度、平整度偏差大；门洞厚度偏差原因为抹灰层厚度过大，将影响后期的门套线安装。

提升措施：外门窗洞口尺寸控制是二次结构实测实量的控制难点。第一步，定位放线，控制洞口定位与宽度。第二步，砌筑过程中组织人员验收。确保施工质量。第三步，对不合格品进行拆改。外门窗洞口高度控制采用最原始的方法，但是却是最有效的方法。按照门窗实际高度制作定尺钢管，窗台压顶及飘窗浇筑期间使用该钢管比对，确定门窗洞口高度。为加强过程控制，在施工过程中进行检查，主抓砌体垂直度，不合格的立即要求停工整改，未整改合格前不允许去新的工作面施工（图4-8）。

图 4-8　门洞检查图

（4）阴阳角方正。

主要原因：

① 抹灰前没有事先按规矩找方、挂线、做灰饼和冲筋。

② 冲筋用料强度较低或冲筋后过早进行抹灰施工。

③ 冲筋离阴阳角距离较远，影响了阴阳角的方正。

提升措施：

① 抹灰前按规矩找方，横线找平，立线吊直。

② 先对墙面进行平整度及垂直度的检查，以便于确定抹灰层的厚度。先在墙的两端贴好饼，并通过拉线进行中间冲筋，且要待冲筋达到一定强度后方可抹灰。

③ 在抹灰过程中经常检查修正抹灰工具，避免刮杠变形后再使用，影响墙面的平整度。

④ 在抹灰过程中，要随时对阴阳角的垂直度、方正性及抹灰面的平整度进行检查，对不合格处要立即修正。

⑤ 为了使在抹灰结束后，开间尺寸偏差在可控范围以内，在抹灰过程中要随时对开间尺寸进行监测，如超过偏差应立即进行修整。对所有新进场人员进行交底，每日跟踪测量，坚决执行"爆点必改"，对不合格的阴阳角坚决返工重做（图4-9）。

装修阶段阴阳角方正误差较大的处理方法：在每个竖向阴阳角处用线坠放垂直线进行弹线处理，并以阴阳角垂直线为基准向两边500mm分别放一条平行于阴阳角垂直线的平行线，以此为"阴阳角标准线"。墙面批刮腻子前用粉刷石膏对阴阳角两边500mm以内进行找平，找平至用2m靠尺在垂直方向进行检测误差不超过2mm为标准，阴阳角向两边500mm以外用粉刷石膏或白水泥或腻子找顺平。

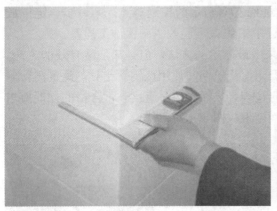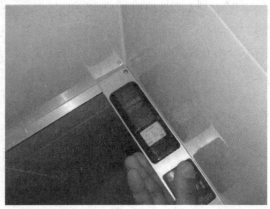

图 4-9　阴、阳角方正检查

（5）房间方正性。

主要原因：过程控制不到位，未及时发现问题并纠偏。

提升措施：在放砌体线的同时用激光投线仪将砌体及抹灰的 200mm 控制线弹出，其方法为在墙体线的基础上向房间内四周弹出线，必须确保控制线方正偏差为±5mm。根据控制线贴灰饼（打点），做冲筋，然后抹灰。墙体砌筑及抹灰完成之后采用激光投线仪进行跟踪测量（图 4-10）。

图 4-10　房间方正检查

（6）楼板厚度。

主要原因：楼板厚度不足。

提升措施：

① 采用定制水泥马凳或其他新型混凝土保护层工具。马凳既能代替钢筋马凳，起到架立钢筋的作用，又能充当楼板厚度控制块。

② 混凝土浇筑过程中作业人员与管理人员一起插钎控制楼板厚度，此种方式最为有效。插钎需要进行三次，第一次插钎在抄平之前进行，目的是确定混凝土量的多少；第二次插钎在简单抄平之后，目的是再次确定混凝土量；第三次插钎在工人刮平尺之后。经过三次插钎最终控制楼板厚度（图 4-11）。

图 4-11 楼板厚度控制检查

3. 飞检迎检策略

1）人员策划。

第一组，实测实量组：各项目迎检小组组员；

第二组，质量风险及安全文明组：各项目迎检小组执行组长；

第三组，资料组：各项目迎检小组组员。

2）提前策划好迎检路线。

根据迎检层数，各项目迎检小组现场拟定好路线进行迎接检查。如，路线 1（主体）：选择较好的楼栋楼层参加主体混凝土结构实测实量；路线 2（砌体）：选择较好的楼栋楼层参加砌体实测实量；路线 3（装修）：选择较好的楼栋楼层参加装修实测实量；路线 4（质量风险及文明施工）：选择安全文明施工较好的线路和楼层。根据以往经验，测量小组一般先测主体、后测量装修。

3）在飞检检查组到项目之前，确定检查路线，并且将所有需要用到的工具准备齐全，并对工具进行检查。

4）在现场实测实量之前的会议上，有意识地引导检查组到成绩较好的楼层进行测量。

5）现场陪同人员积极响应检查组所提出的各种要求，对所测爆点处如有疑义及时对检查组成员提出，如图 4-12 所示。

图 4-12 迎检

4.2.3　总工如何做好危险性较大分部分项工程管理工作

1. 危险性较大分部分项工程认知

《危险性较大的分部分项工程安全管理规定》（住房城乡建设部令第 37 号）中第一章第三条规定，危险性较大的分部分项工程，是指房屋建筑和市政基础设施工程在施工过程中，容易导致人员群死群伤或者造成重大经济损失的分部分项工程。

危险性较大分部分项工程专项施工方案，是指工程项目部在编制施工组织设计的基础上，针对危险性较大分部分项工程单独编制的安全技术措施文件。

《危险性较大的分部分项工程安全管理规定》对危险性较大的分部分项工程、超过一定规模的危险性较大的分部分项工程的范围作出了详细的规定。

2. 危险性较大分部分项工程管理工作

项目部进场后通过对最新法规、公司相关文件的学习，结合图纸及现场情况，快速有效地识别出危险性较大分部分项工程，使项目技术、工程、安全、质量体系等基层管理人员增强意识和管理能力，使之满足危险性较大分部分项工程管理的要求，有效指导现场危险性较大分部分项工程安全管理，参考表 4-3。

危险性较大分部分项工程识别表　　　　　　　　　　　表 4-3

序号	识别原则	具体内容
第一类	《危险性较大的分部分项工程安全管理规定》中列出的危大及超危范畴	深基坑类，模架类(工具式、高大、承重支撑)，起重吊装及起重机械安装拆卸工程，脚手架类，拆除工程，暗挖工程，幕墙类，钢结构类，人工挖孔桩，水下作业，装配式安装，一些尚无国标、行标的新技术、新材料、新工艺、新设备
第二类	施工工况与设计不符可能带来的隐患	在地库后浇带未封闭、结构未形成整体且未在后浇带内设置刚性传力杆件的工况下进行的肥槽回填、顶板堆载及回填、设计底板整体受力平衡而施工塔楼先行的组织工况、阳台或飘窗等悬挑构件固定爬架、挑架、支模等

1) 危险性较大分部分项工程管理流程

（1）危险性较大分部分项工程识别；

（2）编制危大及超危大方案编制计划；

（3）项目经理组织编制方案及内部论证；

（4）方案审核（公司、监理、业主、设计）；

（5）对超危大方案进行专家论证；

（6）方案交底及实施；

（7）方案验收。

2) 危大、超危大分部分项工程方案编制管理

（1）编制计划表

项目总工程师应根据《危险性较大的分部分项工程安全管理规定》、省住建厅及公司规定、要求，结合项目招标文件、工程设计文件，正确识别项目危险性较大分部分项工程内容，编制危险性较大分部分项工程清单，超危险性较大分部分项工程及危险性较大分部分项工程专项施工方案编制计划表，并报公司进行审批。

（2）方案核心点

方案中应包括但不限于表 4-4 所示内容。

危大、超危大分部分项工程方案主要内容　　　　表 4-4

1	工程概况	危险性较大分部分项工程概况和特点、施工平面布置、施工要求和技术保证条件
2	编制依据	现行国家及地方相关法律、法规、规范性文件、标准、规范及施工图设计文件、施工组织设计等
3	施工计划	包括施工进度计划、材料与设备计划
4	施工工艺技术	技术参数、工艺流程、施工方法、操作要求、检查要求等
5	施工安全保证措施	组织保障措施、技术措施、监测监控措施等
6	施工管理及作业人员配备和分工	施工管理人员、专职安全生产管理人员、特种作业人员、其他作业人员等
7	验收要求	验收标准、验收程序、验收内容、验收人员等
8	应急处置措施	
9	计算书及相关施工图纸	

（3）超危大工程专项施工方案的专家论证

超危大方案经公司总工程师审批完成后，由公司科技部组织对专项施工方案进行专家论证，并形成论证报告。

论证报告应作为专项施工方案的附件，在方案实施过程中，各方不得擅自修改经过专家论证审查通过的专项施工方案。

参加专家论证会人员：

① 专家（一般为5名）；

② 建设单位项目负责人；

③ 有关勘察、设计单位项目技术负责人及相关人员；

④ 项目所属公司和项目分包单位技术负责人或授权委派的专业技术人员、项目负责人、项目技术负责人、专项施工方案编制人员、项目专职安全生产管理人员及相关人员；

⑤ 监理单位项目总监理工程师及专业监理工程师。

（4）危大及超危大专项施工方案交底及实施

专项施工方案实施前，项目技术负责人应当向施工现场管理人员进行方案交底，施工现场管理人员应当向作业人员进行安全技术交底，并由双方和项目专职安全生产监督管理人员共同签字确认。

项目部应当严格按照专项施工方案组织施工，不得擅自修改、调整专项施工方案。

因规划调整、设计变更等原因确需调整的，修改后的专项施工方案应当按照要求重新审核、审批和论证。

（5）危大及超危大专项施工方案验收

项目部与监理单位应当组织相关人员对危大及超危大工程进行验收，验收合格的，经项目技术负责人及项目总监理工程师签字确认后，方可进入下一道工序。项目部应做好验收会议人员的签到工作和验收会议纪要等相关记录。

危险性较大分部分项工程验收人员应当包括：

项目所属公司和分包单位技术负责人或授权委派的专业技术人员、项目负责人、项目技术负责人、专项施工方案编制人员、项目专职安全生产管理人员及相关人员。

监理单位项目总监理工程师及专业监理工程师。

有关勘察、设计和监测单位项目技术负责人。

（6）做好危险性较大分部分项工程档案管理

① 施工组织设计；

② 危险性较大分部分项工程专项施工方案编制计划表；

③ 危险性较大分部分项工程专项施工方案；

④ 危险性较大分部分项工程专项施工方案审批表；

⑤ 超过一定规模的危险性较大分部分项工程专项施工方案专家论证报告；

⑥ 危险性较大分部分项工程专项施工方案交底记录；

⑦ 危险性较大分部分项工程安全技术交底记录；

⑧ 超过一定规模的危险性较大分部分项工程专项施工方案审批论证监督检查记录表；

⑨ 危险性较大分部分项工程安全监管台账；

⑩ 危险性较大分部分项工程专项施工方案实施验收表；

⑪ 危险性较大分部分项工程专项施工方案实施验收会议人员签到表及会议纪要；

⑫ 危险性较大分部分项工程检查整改通知单及整改回复。

4.2.4 施工组织或方案编制存在的问题

1. 各类文件的意义

施工组织设计是施工过程中各项生产活动的指导性文件，它是施工项目管理与施工技术相结合的产物，是工程开工后施工活动能有序、高效、科学合理进行的保证。

施工组织设计是施工项目科学管理的重要手段，是施工资源组织的重要依据，具有战略部署和战术安排的双重作用。

施工方案，是较重要分部（分项）工程施工的具体安排和生产、技术、质量、进度、安全等具体要求的目标文件。

专项施工方案，是"超过一定规模的危险性较大的分部（分项）工程"的质量、安全的详细实施并报审查和专家组论证通过的文件。

技术交底，是指技术人员按照施工方案中特定工艺、安全、质量要求，向操作班组或操作者本人100％提交的工艺与操作指导文件。

2. 存在的问题

1）编制人员能力不足或存在应付差事的心态，直接网上下载或者使用以前项目的施工组织设计或者方案，使得编制的文件不具备指导性和实施性。

2）技术性措施介绍不详，类似于投标阶段的技术标书：

（1）实施性施工组织设计编制的目的是指导施工，追求施工效率和经济效益。

（2）投标施工组织设计编制的目的就是为了投标，取信于业主（投其所好、标新立异），以中标和达到签订承包合同为目的。

所以，必须结合施工现场实际情况，编制可操作、可实施的施工组织设计用于指导项目实施。

3）施工准备工作计划不详尽。

4）缺少施工成本计划。

5）缺少施工质量计划及保证措施。

6）缺少合理的施工部署，质量、环境、职业健康、安全管理及施工方案重点不突出。

7）制订的施工质量、环境、职业健康、安全管理目标、指标不合适。

8）缺少施工风险防范措施。

9）缺少项目信息管理规划。

10）缺少新技术应用计划。

11）缺少主要技术经济指标。

12）编制的依据不齐全，或者引用旧规范。

13）编制、审批流程不符合程序要求，人员签字混乱。

14）不能执行动态管理。

15）参与者不够，仅有技术人员，对资源支配能力弱，可实施性不强。

16）对重大技术方案研究不够细，导致执行过程中施工组织的重大调整。

17）大项目，施工组织的系统性差，整个项目组织不均衡、不协调。

18）未能"源于投标施工组织，高于投标施工组织"。

19）常规作业没有形成标准，同一工序五花八门，施工组织的基本支撑能力差。

例如，我司新中标某项目，因近期公司中标项目较多，该项目前期人员配置不足，导致该项目为了完成业主和公司指令，东拼西凑完成了施工组织及部分方案编制，但编制质量惨不忍睹，遭到监理单位通报，并质疑项目管理团队能否顺利完成本项目，使得项目各项工作变得被动，同时也使公司形象严重受损。

4.2.5　方案如何落地

1. 项目现状

项目实际执行中，因为方案编制人员经验不足或现场条件不具备等因素，造成项目或多或少存在着方案与现场脱离，方案是方案，施工是施工，二者关联性不强，失去了方案本身的意义，更有甚者，报公司一套方案，监理一套方案，现场执行一套方案，这样容易引起项目管理混乱，相互扯皮推诿，很容易发生事故，造成不可挽回的损失，所以作为总工必须抓好方案管理工作。

2. 如何确保方案有效落地

（1）方案编制前，认真熟悉公司、地方对方案编制的要求，做好第一步工作。如格式、内容要求，以及对危险性较大分部分项工程的管理要求。

（2）认真熟悉图纸，把握施工内容及工程量，对施工工艺、设备有初步规划，做到心中有数。

（3）召开编制会，组织人员进行讨论，确保方案中施工进度计划、方法、安全措施具备可操作性，确保顺利落地。一般邀请施工队伍参加，让方案落地更顺畅。

（4）方案编制完成后，组织召开方案会审。

（5）将施工方案进行交底，让每一位人员了然于心，指导怎么做，怎么管。对于一些重要工程可执行反交底，这样更能有效保证施工方案落地。

（6）做好过程检查、指导，切莫马后炮，发现偏差及时纠偏，做好过程服务和检查。

（7）落实好样板先行或首件制，每一家新进队伍必须进行首件施工，各方对成品验收合格后方可进行大面施工。

（8）做好动态管理，根据现场条件和作业环境变化及时进行方案修改，确保方案的指导性。

（9）做好过程资料收集，对施工方案执行进行总结，为后期同类工程施工提供指导。

4.3 质量管理工作

建设项目施工的质量管理是一项系统工程，涉及面广而且复杂，其影响质量的因素很多。比如设计、材料、机械、地形、地质、水文、工艺、工序、技术、管理等，直接影响着建设项目的施工质量，容易产生质量问题。所以，建设项目施工的质量管理就显得十分重要。建设项目的现场施工管理是形成建设项目实体的过程，也是决定最终产品质量的关键。因此，现场施工管理中的质量管理，是工程项目全过程质量管理的重要环节，工程质量在很大程度上取决于施工阶段的质量管理。切实抓好施工现场质量管理是实现施工企业创建优良工程的关键，有利于促进工程质量的提高，降低工程建设成本，杜绝工程质量事故的发生，保障施工管理目标的实现。

4.3.1 总工如何做好质量管理工作

1. 项目质量管理机构的建立

建立以项目经理为组长，项目总工程师、现场专业施工经理和安装经理为副组长的质量管理组织结构，设置专职质检人员，明确各级管理职责，建立严格的考核制度，将经济效益与质量挂钩。

施工项目质量管理必须选择适合本工程的管理机构组织形式，配好项目班子，项目经理是企业在项目上的全权代理人，是项目质量的第一责任人和质量形成过程的总指挥。因此，选好项目管理机构组织形式、配好项目班子是项目质量管理成败的关键，也是企业管理层的职责。项目班子（包括项目经理）由技术人员和管理人员组成，既是履行质量职能的骨干力量，又是执行质量计划、实行全过程控制的实际工作者，选配项目班子要注重总体功能。

2. 质量管理工作的开展

1）做好技术管理工作，用技术提升质量管理，例如方案编制优化施工工艺，做好技术交底，让作业人员知道怎么做，管理人员知道怎么管。

2）组建科技攻关小组，为现场质量保驾护航，如开展 QC 活动，工艺优化，设备、工器具改造等科研工作。

3）质量监控事先预防，施工操作事前指导。

主要做好以下两个方面的控制：第一是人的控制。要配备好"三大员"，即施工员、材料员、质检员，他们必须责任心强、坚持原则、业务熟练、经验丰富、有较强的预见性，有三大员的严格把关，项目经理就可以把更多的精力放到偶然性质量因素方面。此外是人员的使用。工程施工与其他产业相比机械化程度低，大部分劳动靠人来完成，所以应发挥各自的特长，做到人尽其才。人的技术水平直接影响工程质量的水平，尤其是技术复杂、难度大的操作应由熟练工人去完成，必要时还应对他们的技术水平予以考核，实行持证上岗。对于新型施工工艺，要引入"样板工程"。第二是材料的控制。材料是工程施工的物质条件，材料供应及时可防止偷工减料。材料质量是工程质量的基础，材料质量不符合要求，工程质量也就不可能符合标准。所以，加强材料的质量控制，是提高工程质量的重要保障。要求施工单位在人员配备、组织管理、检测程序、方法、手段等各个环节上加强管理，明确对材料的质量要求和技术标准。对用于工程的主要材料，进场必须具备正式的出厂合格证和材质化验单，如不具备或对检验证明有疑问时，应查明原因。

4）做好现场过程质量检查工作。现场质量检查是施工作业质量监控的主要手段，包括以下内容：

（1）开工前检查：是否具备开工条件，开工后能否连续正常施工，能否保证质量。

（2）工序交接检查：对工程质量有重大影响的工序，在自检、互检的基础上，还要组织专职人员进行工序交接检查。

（3）隐蔽工程检查：凡是隐蔽工程均应在检查合格后才能进行隐蔽。

（4）停工后复工前检查：因处理质量问题或某种原因停工后需复工时，亦应经检查认可后方能复工。分项、分部工程完工后，应经检查认可，签署验收记录后，才允许进行下一工程项目施工。

（5）成品保护检查：检查成品有无保护措施，或保护措施是否可靠。

现场质量检查的方法有：

① 目测法：即凭借感官进行检查，也称感官质量检验，其手段可归纳为看、摸、敲、照。

a. 看，就是根据质量标准进行外观检查。例如，清水墙面是否洁净，喷涂的密实度和颜色是否良好、均匀，工人的操作是否正常，内墙抹灰的大面及阴阳角是否平直，混凝土外观是否符合要求等。

b. 摸，就是通过触摸手感进行检查、鉴别。例如，油漆的光滑度，浆活是否牢固、不掉粉等。

c. 敲，就是运用敲击工具进行音感检查。例如，对地面工程、装饰工程中的水磨石、面砖、石材饰面等均应进行敲击检查。

d. 照，就是通过人工光源或反射光照射，检查难以看到或光线较暗的部位。例如，对管道井、电梯井等内部管线、设备安装质量的检查，对装设在吊顶内的设备安装质量的检查等。

② 实测法：就是通过将实测数据与施工规范、质量标准的要求及允许偏差值进行对照，以此来判断质量是否符合要求。其手段可概况为靠、量、吊、套。

a. 靠，就是用直尺、塞尺检查诸如墙面、地面、路面等的平整度。

b. 量，就是用测量工具和计量仪表等检查断面尺寸、轴线、标高、湿度、温度等的偏差。例如，大理石板拼缝尺寸、摊铺沥青拌合料的温度、混凝土坍落度的检测等。

c. 吊，就是利用托线板以及线坠吊线检查垂直度。例如，砌体垂直度、门窗安装等的检查。

d. 套，就是以方尺套方，辅以塞尺检查。例如，对阴阳角的方正、踢脚线的垂直度、预制构件的方正、门窗及构件的对角线进行检查。如图 4-13 所示。

图 4-13　现场验收

③ 试验法：指必须通过试验手段，才能对质量进行判断的检查方法，主要包括理化试验和无损检测。工程中常用的理化试验包括物理学性能方面的检测和化学成分及化学性质的测定两个方面，物理学性能方面的检测包括抗拉强度、抗压强度、抗弯强度、密度、含水率等；化学成分及化学性质的测定包括钢筋中磷、硫的含量，混凝土中粗骨料的活性氧化硅成分，以及耐酸、耐碱、抗腐蚀性等。此外，根据规定有时还需进行现场试验，如二次结构钢筋的拉拔试验、对桩或地基的静载试验、排水管道的通水试验、压力管道的耐压试验、防水层的蓄水或淋水试验等，如图 4-14 所示。

图 4-14　试验检测

5）做好建章立制工作，如建立质量通病预防手册、样板手册、标准化手册等标准性文件。

（1）周质量例会制度。

项目质量例会应每周召开一次，重要工序质量分析会应根据施工需要不定期召开。当出现质量事故（或质量有较大的倒退趋势）时，项目技术负责人应召开质量研讨会，分析原因，提出处理办法（或应采取的纠正措施）。项目质量例会由项目经理（或项目技术负责人）主持召开，项目部质量安全员、施工员、材料员、仓库管理员、施工机械操作员、施工班组长等应参加会议。

（2）制定质量标准控制和预防制度。

施工组织设计是施工质量控制的重要技术手段，施工质量管理措施是施工组织设计最重要的组成部分，对施工质量管理起到超前指导作用，应采取预控措施，严格控制施工质量以及有关各种技术措施。施工质量管理需分层次逐步细化。施工组织设计必须报公司总工程师审批。在施工准备阶段，要根据当地市场和环境条件与工程特点，以及建设单位的要求，还有公司和项目部投入的技术、装备情况，编制切实可行的施工方案。根据施工合同要求，提出项目施工质量目标、各分部工程质量目标和落实分部工程质量目标的责任人。

（3）样板领路制度。

当前建筑施工一线作业人员操作不规范，技能水平不高，采取口头、文字等方式进行技术交底和岗前培训往往不能达到应有的效果。为解决这一问题，推行工程质量样板引路，根据工程实际和样板引路工作方案制作实物质量样板，配上反映相应工序的现场照片、文字说明，以及直观的质量检查和质量验收的判定尺度，从而有利于消除工程质量通病，如图 4-15 所示。

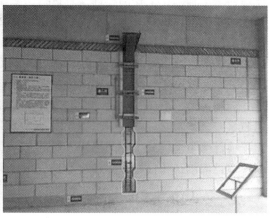

图 4-15　实体样板

（4）三检制及检查验收制度。

在施工过程中要严格执行工序交接"三检"制度。遵从上道工序不经检查验收不准进行下道工序的原则，每道工序完成后，先由施工单位自检、互检、专检并签字送交监理，然后会同甲方、设计、勘察经过现场检查或获取试验报告后签署认可意见方可进行下道工序。特别是隐蔽工程应严格执行检查验收会签制度，钢筋工程、悬挑工程、防水工程、给水排水管、暗配电气线路等必须先由施工单位自检、互检、专检并签字送交监理。

（5）挂牌制度。

技术交底挂牌：在工序开始前对施工中的重点和难点现场挂牌，将施工操作的主要要求，例如屋面防水设计要求、规范要求等写在牌子上，既有利于管理人员对工人进行现场交底，又便于工人自觉阅读技术交底，达到了理论与实践的统一。

施工部位挂牌：现场施工部位挂"施工部位牌"，牌中注明施工部位、工序名称、施工要求、检查标准、检查责任人、操作责任人、处罚条例等，保证出现问题时可以追查到底，并执行奖罚条例，从而提高相关责任人的责任心和业务水平，达到锻炼队伍、造就人才的目的。

操作管理制度挂牌：注明操作流程、工序要求及标准、责任人，管理制度应标明相关的要求和注意事项等。例如钢筋弯曲机安全操作规程。

半成品、成品挂牌：对施工现场使用的钢筋原材料、半成品、水泥、砂石料等进行挂牌标识，标识须注明产品名称、使用部位、规格、品种、数量、产地、进场时间以及检验状态等，必要时须注明存放要求。

（6）问题追溯制度。

对施工中出现的质量问题，追溯制度可按以下程序严格执行：会诊，查原因，严格实行质量"一票否决"制，找根子→追查责任人→限期整改→验收结果→写总结、立规矩。

（7）施工工序质量管理制度。

在每道工序施工前，现场施工主管（技术负责人）、施工员（质量员）等应熟悉有关的质量计划，向施工班组人员做好技术、安全、质量交底，并记录。在每道工序完成后，对工程质量管理实行"奖优罚劣，违规必罚"制度。对公司内部工作人员由工程分管副总经理、总工程师、工程部经理每月进行一次集中考核检查，评价各责任人员的质量管理工作成绩，依据评价结果进行奖罚。考核检查按照各责任人员先行自查，工程技术部经理作出初步评价，总工程师考核，工程分管副总经理审查认定的程序进行。对考核检查结果在工程例会上进行讲评，对严格执行制度和取得显著成绩的人员进行表扬、表彰或给予奖金奖励。对违反制度、工作失职、发生质量缺陷和事故的责任人员进行处罚。同时，执行质量基金制，每一个工程项目均收取工程承包款一定比例的质量基金。该基金用于每季度公司质量安全检查时，根据工程施工质量等级进行奖罚，达到公平、公正、奖罚分明，激发工程项目部争创优质工程的热情。对创市、省、国家级优质工程实行重奖制，这样做可提高各项目部创优积极性，并最终达到公司建筑工程施工质量水平大幅度提高的目的。

4.3.2 质量管理重点管哪些方面

影响质量的因素有很多，如设计、材料、机械、地形、地质、水文、气象、施工工艺、操作方法、技术措施、管理制度等，均直接影响施工项目的质量。

1. 解决制约质量控制因素的对策

（1）以人的工作质量确保工程质量，工程质量是人（包括参与工程建设的组织者、指挥者和操作者）所创造的。人的政治思想素质、责任感、事业心、质量观、业务能力、技术水平等均直接影响工程质量。

（2）严格控制投入品的质量，任何一项工程施工，均需投入大量的原材料、成品、半成品、构配件和机械设备，对投入品的订货、采购、检查、验收、取样、试验均应进行全面控制，从组织货源、优选供货厂家，直到使用认证，做到层层把关。

（3）全面控制施工过程，重点控制工序质量，工程质量是在工序中所创造的。为此，要确保工程质量就必须重点控制工序质量。

（4）贯彻"以预防为主"的方针：以预防为主，防患于未然，把质量问题消灭在萌芽状态，这是现代化管理的观念。要从对质量的事后检查把关，转向对质量的事前控制和事中控制；从对产品质量的检查，转向对工作质量的检查、对工序质量的检查、对中间产品质量的检查。

2. 可从以下几方面着手

（1）无方案不施工，无交底不施工。

（2）每月组织一次现场质量分析会。

（3）每月组织一次现场质量综合大检查。

（4）用好公司职能部门、监理、甲方。

（5）明确施工各个工序控制要点及责任人。

（6）认真熟悉和审查图纸，发现问题及时向设计单位提出。

（7）在施工组织设和冬、雨期施工方案，以及对新技术、新材料的应用中，制订保证质量的技术措施。

（8）逐级进行技术交底，包括口头和书面交底，必要时要进行样板交底。

（9）对施工队组的成员进行技术考核。

（10）检查施工机具和施工工艺是否符合按质量标准完成任务。

（11）根据质量标准，对各种进入现场的建筑材料、建筑构配件及建筑设备进行检查验收，保证以合格的产品用在工程上。

（12）在施工组织上实行岗位责任制，加强全面质量控制，严格队组自检、互检、交接检。

（13）设立专职质量检查机构，进行施工过程中的检查、监督和质量评定工作，把好工程质量关。

（14）拿出进场建筑材料、建筑构配件和建筑设备的检验记录，现场分部、分项工程检查记录，施工试验记录，隐蔽工程验收记录和竣工图纸，作为建设单位验收和鉴定施工质量的依据。

如在某项目实施中，因材料检测报告未出，造成项目现场停工等待钢筋原材料检测报告，使目混凝土浇筑推迟三天。此类教训也告诫我们总工，进场后一定要做好原材料检测工作，要想做好这些工作，我们总工必须掌握材料检测周期，确保现场顺利施工。

4.4 资料管理工作

工程技术资料的编制、收集、整理，是建筑施工管理中的一项重要内容。齐全的工程技术资料，是建设工程竣工验收的必备条件，也是对工程进行检查、维护、管理、使用、改建和扩建的原始依据。工程技术资料的编制、收集、整理和验收归档管理工作，贯穿整个工程项目的施工建设过程，牵涉到参建的方方面面，是一项繁杂的系统工程，也是项目精细化管理的一项重要内容，因此企业应该认真做好这项工作，如图 4-16 所示。

图 4-16　日常资料管理

4.4.1　总工如何做好资料管理工作

1. 资料管理的意义

建筑工程资料是单位工程施工全过程的原始资料，是反映工程内在质量的凭证。随着单位工程施工的持续开展会形成种类繁多的项目文件资料，如施工前期的筹划资料、施工过程的记录、竣工验收的资料等。这些资料全面反映了整个工程建设的详细情况。它们对工程质量的评定，工程竣工后的收尾工作以及对新建工程的准备等都具有重要的利用价值。

2. 资料管理工作的开展

1）制定工程资料管理制度，制订工程资料编制方案

制度是执行路线的保证，坚持持证上岗，实施岗位责任制，明确各施工管理人员记录的工程资料内容，以便资料员收集整理。工程资料编制方案是工程资料整理的依据，如在方案中明确施工检验批的划分数量、各种材料的检验批次和检查点数、各施工工序的检查部位，以便工程资料整理记录与工程实际相符。

2）及时做好工程资料记录和收集工作

工程资料是施工质量情况的真实反映、真实记录。因此，要求各资料必须与施工同步，及时收集整理。要指定专人负责管理工程资料，负责对质保资料逐项跟踪收集，并及时做好分部分项质量评定等各种原始记录，使资料的整理与工程形象进度同步，杜绝工程收尾阶段再补做资料现象的发生。

3）确保工程技术资料的真实性和准确性

（1）真实性是做好工程技术资料的灵魂。

不真实的资料会把我们引入误区，工程一旦出现质量问题，不真实的资料不仅不能作为技术资料使用，反而会造成工程技术资料混乱，以致误判，同时也不能为提高工程质量等级提供事实依据，因此要求资料的整理必须实事求是、客观准确。

（2）准确性是做好工程技术资料的核心。

分部分项划分要准确，数据计算要准确，不可随意填写，所用资料表格要统一、规范，文字说明要规范，表格不可出现涂改现象。各工程的质量评定应规范化，符合质量检验评定标准的要求。

4）确保工程技术资料的完整性

不完整的技术资料将会导致片面性，不能系统、全面地了解工程的质量情况。不仅资料内容要完整，而且所涉及的数据要有据可循，现场原始资料要完整。一份完整的施工资料不仅要有施工技术资料，还要有相应的实验资料和质量证明材料，确保资料的完整性。除此之外，施工日志、测量资料也同样重要，也是质量评定表上数据的重要依据。

5）职责分明，签认齐全

《建筑工程质量验收评定标准》规定了"质量检验评定程序及组织"，各级质量验收人员都应明确职责，不可越级评定，马虎过关。资料上要有各方责任主体会签并盖章齐全。

6）做好技术资料的整理保管工作

由于现场的技术资料分散在很多人手中，因此要求由专人负责把资料收集回来进行统一的分类整理。同时，做好施工过程中各种影像资料的收集归档工作，如施工过程中隐蔽验收的电子版照片、各种验收照片、检验检测照片等。

资料保管要求有专门的资料柜,同时要有防潮、防虫、防高温的措施。

7)有爱岗敬业、勇于奉献的精神

资料员要尽职尽责,认真做好每一项资料的收集与整理,勤于到现场实地查看工程进度情况,勤于了解质检、安全、材料方面的事,勤于及时地通过三方见证、报验、送检,勤于及时地填写各种隐蔽工程资料并及时地找相关方签证,勤于到现场落实工程施工情况,比如柱配筋是否与图纸相符等,力求做到资料与施工同步,真实记录施工全过程。

8)加强设计图纸绘制工作

对变更进行规范标注,要求采用仿宋黑字体,并注明变更编号、时间,注写变更员姓名等。对变更内容超过总内容 1/3 的图纸重新绘制,按规范折叠,并盖竣工图章,以降低工程档案保存难度,方便查阅、检索。

4.4.2　每月检查资料重点目录

1. 工程资料的重要性

(1)工程资料作为工程项目建设的依据,其汇整进展情况直接影响到工程的竣工验收及结算。

(2)工程资料的完整性直接影响到项目的开工、施工过程、竣工验收等各道环节、工序的进展,为此必须按相关规范、规定将资料编制到位、收集齐全,并且要分门别类地整理归档保存好。

(3)工程资料签字盖章(各参与单位)的及时性非常重要,在项目上监理、业主很可能会口头上(或电话里)交代,在这个时候,有变更的或者有增加的地方,必须让他们签字盖章,为以后竣工验收及结算提供依据。

(4)工程资料的及时性会直接影响到项目的进度及付款,为此,每个项目从施工队伍进场到结算,工程资料的报审必须与施工同步。

2. 工程资料划分

1)工程技术资料

按照《建筑工程施工质量验收统一标准》GB 50300—2013 和城建档案竣工资料归档标准的要求,可以将其划分为以下十大类:

(1)工程管理资料;

(2)工程技术资料;

(3)工程测量记录;

(4)工程施工记录;

(5)工程试验检验记录;

(6)工程物资资料;

(7)工程质量验收资料;

(8)工程竣工图;

(9)工程竣工验收文件资料;

(10)工程管理声像资料。

2)工程资料管理

内容包括:施工管理资料的管理、施工技术资料的管理、工程质量控制资料的管理。

（1）施工管理资料的管理包括：工程概况、工程项目施工管理人员名单、施工现场质量管理检查记录、施工进度计划分析、项目大事记、施工日志、不合格项处置记录、工程质量事故报告、建设工程质量事故调查（勘察）笔录、建设工程质量事故报告书及施工总结等资料的管理。

（2）施工技术资料的管理包括：工程技术文件报审表、技术管理资料、技术交底记录、施工组织设计、施工方案、设计变更文件、图纸审查记录、设计交底记录及设计变更、洽商记录等资料的管理。

（3）工程质量控制资料的管理包括：工程定位测量及放线验收记录、各原材料出厂合格证及进场检验报告与复验报告、混凝土及结构强度评定报告、各隐蔽工程验收记录、预埋件、钢筋等拉拔试验报告、墙面材料（保温、瓷砖等）拉拔试验报告、防水蓄水试验验收记录、幕墙及外窗的三性检验报告、建筑物沉降观测记录、建筑物垂直度标高全高测量记录、土建工程安全和功能检验资料、节能保温检测报告、室内环境检测报告、单位（子单位）工程质量竣工验收记录、单位（子单位）工程质量控制资料检查与核查记录、单位（子单位）工程安全和功能检验资料核查及主要功能抽查记录、单位（子单位）工程观感质量验收记录、各分部分项工程及检验批验收记录等资料的管理。

3）资料检查要点

（1）基本质量要求：

① 归档的工程技术资料应为原件，在工程开工时就应同建设单位约定归档文件整理的份数。

② 工程文件内容及其深度必须符合国家有关工程勘察、设计、施工、监理等方面的技术规范、标准和规程。

③ 工程文件内容必须真实、准确，与工程实际相符合。

④ 工程文件应采用耐久性强的书写材料，如碳素、蓝黑墨水，不得使用易褪色的书写材料，如红色墨水、纯蓝墨水、圆珠笔、复写纸、铅笔等。

⑤ 工程文件应字迹清楚，图样清晰，图表整洁，签字盖章手续完备。

⑥ 工程文件中文件材料幅面尺寸规格宜为A4幅面（297mm×210mm）。图纸宜采用国家标准图幅。

（2）项目关键内容要统一：每个项目的工程名称、结构类型、建筑面积、层数等关键内容一定要统一。上述内容应在工程开工时根据建设单位的报建资料，确定好统一正确的内容，并在第一次监理例会中由资料整理单位提出来以会议纪要的形式加以明确，并要求各资料编制、整理单位按确定的内容填写工程资料。

（3）表达部位要统一、准确：对于工程资料的表达部位填写要统一，不要有的写标高，有的写层数，有的分区，有的分轴线，最好既注明层数，又注明标高轴线及构件名称，而且要具体到构件，不要写主体或地下室等大部位，文件和表格记录中表达的部位必须和图纸部位一致。

（4）有多个单位工程时工程资料整理的要求：对于有多个单位工程的工程资料，应按单位工程划分，分开整理，特别是隐蔽工程检查记录、试水记录，验收资料绝对不能合并，即使有少量的管理、技术和物资资料合并，也应统一归入一个单位工程中，其他单位工程在工程资料整理时应注明存放处。

（5）试验报告的数量和检测内容要符合规范的要求。

试验报告检验结论要明确，试验报告的代表部位至少要具体到层数及构件，不能简单地填写基础或主体。如果有不合格报告时，一定要加倍送检，并有加倍取样合格报告，如果没有，要查明具体原因。

（6）盖章要严谨：哪些资料可以盖项目章，哪些资料必须盖上级单位行政公章，在工程资料整理前应了解明确。如图纸会审纪要、开竣工报告、分部工程验收记录、单位工程竣工验收记录、备案表、验收会议纪要、自评报告、评估报告都要求盖单位行政公章。施工过程中形成的工程技术、质量验收资料可以盖项目公章。特别应引起注意的是项目公章也不能随意加盖，如由我们单位分包的资料可以盖我们项目公章，但甲方分包单位的工程资料整理，即使由我们配合管理，也不能随意盖我们项目的公章，应盖分包单位自己的公章。

（7）签字要正确：例如分部工程验收表中勘察单位要在地基与基础分部中签字；设计单位要在地基与基础、主体分部中签字。地基与基础、主体分部的质量、技术负责人应填写施工单位的质量、技术负责人，其他分部可填写项目质量、技术负责人。地基验槽时应由勘察单位派人参加，地基验槽记录需要勘察单位技术人员签字，并加盖勘察单位公章。

4.4.3 总工必须知道的项目管理法律效力优先级的几个点

工程施工合同管理，建设工程一般法律优先级如下：

①合同协议书；②中标通知书；③投标函及投标函附录；④专用合同条款；⑤通用合同条款；⑥技术标准和要求；⑦图纸；⑧已标价工程量清单；⑨其他合同文件。

项目施工中会遇到一些争议，通常遵循以下原则进行协商解决：

1）专用合同条款是发包人和承包人双方根据工程具体情况对通用合同条款的补充、细化，除通用合同条款中明确专用合同条款可作出不同约定外，补充和细化的内容不得与通用合同条款规定的内容相抵触。

2）工程竣工日期：

如对竣工日期有争议的，按如下方式处理：

（1）经竣工验收合格的，以竣工验收合格之日为竣工日期。

（2）承包人已经提交竣工验收报告，发包人拖延验收的，以承包人提交验收报告之日为竣工日期。

（3）建设工程未经竣工验收，发包人擅自使用的，以转移占有建设工程之日为竣工日期。

3）开工日期争议确定：

（1）开工日期为发包人或者监理人发出的开工通知载明的开工日期。

（2）发出后，尚不具备开工条件的，以开工条件具备的时间为开工日期。

（3）因承包人原因导致开工时间推迟的，以开工通知载明的时间为开工日期。

（4）承包人经发包人同意已经实际进场施工的，以实际进场施工时间为开工日期。

4.5　测量管理工作

4.5.1　测量工作

一个工程开工，工程测量先行。工程测量员必须进行工程测量中控制点的选点和埋石，进行工程建设施工放样测量、工业与民用建筑施工测量、线型工程测量、桥梁工程测量、地下工程施工测量、水利工程测量、地质测量、地震测量、矿山井下测量、铁路（高速铁路）测量、建筑物形变测量等专项测量中的观测、记簿，以及工程地形图的测绘；检验测量成果资料，提供测量数据和测量图件等。

项目部进场后首先对业主提供的施工定位图进行图上校核，以确保设计图纸的准确性。其次是与业主一道对现场的坐标点和水准点进行交接验收，发现误差过大时应与业主或设计院共同商议处理方法，经确认后方可正式定位。

现场建立控制坐标网和水准点。现场平面控制网的测设方法见后文。水准点由永久水准点引入，水准点应采取保护措施，确保水准点不被破坏。

工程定位后要经建设单位和规划部门验收合格后方可施工。

4.5.2　测量工作的管理

1) 建立工程测量管理制度、仪器设备管理制度、测量人员管理制度等制度，让制度为测量工作指引方向。

2) 在建设单位的主持下，单位技术部、项目总工程师、测量组、现场测量负责人和专职测量员会同勘察、设计单位现场做好交接桩手续，并及时进行复验和签收。

3) 测量人员及时妥善保护好各种标桩，认真复测并书面报技术部测量组复验，定期巡视标桩保护情况。

4) 测量放线遵循"先整体后局部"的原则，楼层测量放线先放控制轴线，经检查准确无误后再放轴线、墙柱边线、模板控制线及门窗洞口线；高程测量先从±0.000 或 +0.500m 线处利用经检定的钢卷尺沿铅直线往上量距，利用水准仪复核无误后再将此标高放样。

5) 坚持测量复核的方法和步步有校核的工作原则，楼层测量、高层测量及所有测量内业计算资料必须两人复核，同时流水线施工时必须复核段与段之间的轴线与高程以使之符合。平面控制除校核轴线间距外还应检查对角线及 90°直角。

6) 测量误差遵循"平均分配"的原则，楼层测量放线、标高抄测在确保其误差在规定的范围内后进行平均分配，避免误差积累。

7) 特殊部位坚持打通线，外窗安装时，窗外阴阳角从上往下弹控制线，贴外墙砖时挂通线并用经纬仪校核。

8) 使用有检定证书的测量仪器，测量人员必须熟悉和掌握并严格遵守施工测量操作规程，精密仪器雨（雪）天、烈日下测量应打伞以防误差。

9) 施工准备阶段，要认真熟悉图纸，根据移交的测量资料做好复测、方案编制等工作；施工阶段，要严格控制测量精度，并做好测量记录；工程竣工阶段，做好竣工测量，及时准确地提出测量成果，以满足竣工验交的需要。

10）测量工作必须做好原始记录，坚持复核和签字制度，不得随意涂改和损坏，工程测量资料和测量成果资料应妥善归档保管，装订成册。

11）建立测量日志制度。工程测量是先导，测量工作必须有序，坚持填写测量日志，做到一天一总结，一天一计划，有利于安排工作，提高工作效率和质量，如图4-17所示。

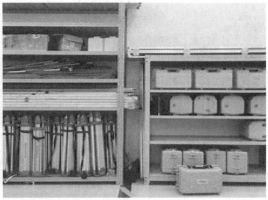

图 4-17　测量管理图

12）作为项目总工，我们应做好以下测量管理工作：

（1）定期检查测量相关资料，如仪器设备校订合格证、管理台账、测量放样记录等资料。

（2）检查公司各项测量制度落实情况，如双人双机、原始记录管理等。

（3）做好人员思想动态管理，如经常谈心，帮助员工解决工作、生活中的问题。

4.6　试验管理工作

在经济快速发展的情况下，建筑工程逐渐得到了重视，建筑工程已经成为经济发展不可缺少的重要砥柱，逐渐提升建筑工程管理质量不光可以有效提升建筑工程施工的整体水平，还能降低施工耗损，保证后期建筑物使用质量，为企业带来更多的收益。建筑施工建设品质把控的最有效途径为工程检验测查，并且都是为了借助勘测施工任务或者特殊项目，依照测试成果科学合理地辨别特殊商品品质或者施工品质是否满足现行技能标准。建筑试验检测任务对其施工建设品质有重要意义。一方面，建筑施工建设测验项目的顺利展开有利于材料选取，从而使建筑材料的作用充分发挥出来。从源头杜绝不合格的原料以免产生质量问题，应用到建设中的原材料应从采购开始，对材料的采购人员和原材料的提供商进行有效的监督，并对材料的运输、保管、存储、使用途径等进行严格的管理。另一方面，施工测验检查工作在新的工艺、建材和技术等方面的拓展及使用上发挥着非常关键的促进意义。

4.6.1 常见试验不合格项有哪些

1. 常见的试验检测

1）水泥物理力学性能检验。

2）砂、石常规检验。

3）混凝土强度、抗渗能力、配合比检验。

4）砂浆强度、配合比检验，干粉砂浆、聚合物水泥防水砂浆、水泥基结晶防水涂料检验。

5）混凝土外加剂、粉煤灰、矿渣粉、硅粉检验。

6）墙体材料检验，包括烧结普通砖、烧结多孔砖、烧结空心砖和空心砌块、混凝土多孔砖、普通混凝土小型空心砌块。

7）防水材料检测（沥青防水材料、高分子防水材料、防水涂料、建筑密封材料）：

（1）沥青防水材料：可溶物含量、不透水性、耐热度、拉力、最大拉力时延伸率、低温柔性、撕裂强度。

（2）高分子防水材料：拉伸强度、拉力断裂伸长率、热处理尺寸变化率、低温弯折性、不透水性、尺寸偏差、剪切下的粘合性、硬度。

（3）防水涂料：拉伸强度、断裂延伸率、低温柔性、不透水性、固体含量、加热伸缩率、涂膜表干时间、涂膜实干时间、耐热性、粘结性。

（4）建筑密封材料：密度、耐热性、低温柔性、拉伸粘结性、浸水后拉伸粘结性、表干时间、下垂度。

8）工程其他检测：水玻璃、陶瓷砖、耐酸砖、建筑用石灰、普通用砂、建筑用砂、胶粘剂等。

2. 常见的不合格项

（1）混凝土强度问题：近几年频频曝出楼盘因混凝土强度不足，整体进行拆除的事件；而且身边也经常遇到部分构件混凝土强度不足而采取各类补强措施的情况。所以，一定要从源头抓起，控制好混凝土施工质量。

（2）钢筋直螺纹套筒试验：需提前进行，防止影响后续施工。

（3）钢筋原材检测：防止瘦身或不合格材料进场。

（4）防水卷材：预防贴牌造成质量问题。

4.6.2 预防措施

（1）对业主、监理工程师、设计、质监部门或政府有关部门提出的质量问题，要及时进行处理，并及时报告处理结果。

（2）对施工过程中检查出现的问题或不合格报告，按"三不放过"的原则处理，并记录检查和纠正结果。

（3）项目技术负责人组织有关人员查明不合格品产生的原因，判定不合格的严重程度，制订措施。各专业施工技术人员负责组织实施，并记录纠正结果，质量检查员跟踪检查，验证实施。

（4）预防措施由各级技术负责人组织工程、技术、质监和工程项目经理部相关部门和人员共同制订，并报上一级技术负责人批准，由工程部门会同项目经理部组织实施。

（5）对于送检材料一定要跟踪检测进度及结果，及时作出反应，降低损失。

（6）制定试验管理制度及建立不合格台账。设专职试验员，以加强施工物资试验管理工作。对进场的钢筋、水泥、砌墙砖和砌块、砂、石、防水材料等按进场的批量取样复试。及时收集原材料、半成品、成品的合格证、检验报告等出厂质量证明文件，做好各种试块、试件和材料的复验工作，并将试验资料及时交资料员整理。

（7）其他相应措施。

4.6.3　标养室的管理

1. 标养室基本规定

1）基本规定

基于政府规定及建筑环境需要，工地标养室已经成为工地上的一个标配。工地标养室应当是单独的房间，由台账登记室（控制室）和独立的标准试件养护室组成。如果考虑经济性，可以周转重复利用，可采用集装箱，集装箱地面做砂浆地面找坡，利于排水；标准试件养护室要进行全封闭处理；养护室门口配有标牌及注意事项，有专人管理，闲人莫入。

2）技术要求

（1）标养室的温度控制范围为 $20\pm2℃$，相对湿度控制在 95％以上。

（2）室内设有试块放置架，试块放在架子上的间隔为 10～20mm。

（3）养护水必须雾化，不能用水直接淋刷试件。

（4）标养室面积不小于 $15m^2$。

如图 4-18 所示。

图 4-18　标养室

2. 标养室管理

1）标养室注意事项

（1）标养室应有明显的用电安全警示标识。

（2）标养室应有满足运送、放置、辨认试件的安全照明条件。

（3）标养室设有电闸（电闸单独控制温湿度仪和室内照明灯并联），室内照明应采用安全电压，照明灯应采用防水照明。

（4）标养室应具有保温性能，四周应密封严实（禁止有窗户，室内应是一种阴暗潮湿的环境），考虑到进出标养室时对室内温湿度环境的影响标养室门应设棉布帘。

（5）标养室应有给水排水设施，四周有排水沟。

（6）标养室试验仪器应按时校验。

（7）标养室应有管理制度，操作间应有操作间工作制度。

（8）为方便居住应考虑标养室的建设位置，为方便放置架的搬运安装应考虑放置架焊制地点。

2）标养室管理制度

（1）标养室温度应为（20±2）℃，湿度应不小于95%；每日应记录标养室温湿度，上午下午各记录一次，记录人签字。

（2）试块成型拆模后应及时放入标养室内养护，间距为10～20mm，试块上应标明时间、部位、编号、强度等级，标养室内不得有空白或编号不齐全的试块。

（3）进入标养室前应切断电源，以免发生触电事故。标养室禁止无关人员进入，工作人员进入需随手关门，确保室内温湿度的稳定。

（4）标养室内通过恒温恒湿全自动设备调节温湿度，使用中要经常检查各状态运行状况，如发现温湿度不满足要求，应及时报相关领导以便及时解决，确保标养室养护条件。

（5）保持标养室的环境整洁，每天当班人员必须清扫室内，保持地面整洁，试件摆放整齐有序，标养室不得他用；如发现温湿度出现异常，应立即采取措施，并上报负责人，并做好记录。

（6）实验人员在本室的停留时间不宜过长，特别是与外界温差较大时，易引起人体不适（尤其夏季）。

（7）谢绝无关人员进入本室。

（8）应建立标养室温湿度专项记录本，指定专人负责记录，每日记3次，时间为7点、14点、21点，发现温湿度超过控制范围时，应及时调整。

（9）标养室最好安装双层门，两门不要直对，应错开1m以上，两层门距离应大于1m，进出标养室应随手关门和帘，搬运试件最好在标养室内进行，以避免因长期开门而引起标养室内的温差变化太大。

4.7 安全管理工作

房建项目施工具有人员流动性大、劳动力人员密集的特点，且施工作业人员综合素质较低、安全意识淡薄，不安全行为造成相应的安全事故时有发生。人员安全管控往往成为项目"最后一公里"的痛点，如何做好分包单位作业人员安全管理，成为打通安全生产"最后一公里"的重点工作。

作为项目的总工，对于风险有哪些、当前风险在哪里，管控状态如何、是否存在隐患，责任人是谁、治理效果怎么样，以及整体安全态势怎么样、存在什么管理问题、下一步管控重点是什么等方面，都需要有一个把控，这样才能确保项目安全有效运行。

4.7.1 如何做好安全管理工作

1. 制订安全管理目标

施工项目安全控制是企业生产经营活动的重要组成部分，是一门综合性的系统科学，也是一项非常严肃、细致的工作。项目安全管理的第一步就是设定安全管理目标。

（1）伤亡事故控制目标：杜绝死亡、避免重伤，一般事故应有控制指标。

（2）安全达标目标：根据工程特点，按部位制订安全达标的具体目标。

（3）文明施工实现目标：根据工程特点，制订文明施工的具体方案和实现文明工地的目标。

2. 安全管理基本术语

1）坚持安全第一、预防为主、综合治理的安全管理方针。

2）安全生产工作实行管行业必须管安全、管业务必须管安全、管生产经营必须管安全，强化和落实生产经营单位主体责任与政府监管责任，建立生产经营单位负责、职工参与、政府监管、行业自律和社会监督的机制。

3）"三违""三宝""四口""五临边"：

（1）"三违"是指"违章指挥，违章操作，违反劳动纪律"，如图4-19所示。

图 4-19 安全三违图

① 违章指挥：主要是指生产经营单位的生产经营者违反安全生产方针、政策、法律、条例、规程、制度和有关规定指挥生产的行为。违章指挥具体包括：不遵守安全生产规程、制度和安全技术措施或擅自变更安全工艺和操作程序；指挥者未经培训上岗，使用未经安全培训的劳动者或无专门资质认证的人员；指挥工人在安全防护设施或设备有缺陷、隐患未解决的条件下冒险作业；发现违章行为不制止等。

② 违章作业：主要是指现场操作工人违反劳动生产岗位的安全规章和制度，如安全生产责任制、安全操作规程、工人安全守则、安全用电规程、交接班制度等以及安全生产通知、决定等的作业行为。违章作业具体包括：不遵守施工现场的安全制度，进入施工现场不戴安全帽、高处作业不系安全带和不正确使用个人防护用品；擅自动用机械、电气设备或拆改、挪用设施和设备；随意攀爬脚手架和高空支架等。

③ 违反劳动纪律：主要是指工人违反生产经营单位的劳动规则和劳动秩序，即违反单位为形成和维持生产经营秩序、保证劳动合同得以履行，以及与劳动、工作紧密相关的其他过程中必须共同遵守的规则。违反劳动纪律具体包括：不履行劳动合同，不遵守考勤与休假纪律、生产与工作纪律、奖惩制度、其他纪律等。

（2）"三宝"是建筑工人安全防护的三件宝，即：安全帽、安全带、安全网，如图 4-20 所示。

图 4-20　安全三宝图

（3）"四口"：预留洞口、楼梯口、安全通道口、电梯井口，如图 4-21 所示。

图 4-21　洞口防护图

① 预留洞口（边长或直径小于 250mm 称为口，大于 250mm 称为洞）：

a. 边长或直径 20～50cm 的预留洞口，可用钢筋混凝土板或固定盖板防护。

b. 边长或直径 50～150cm 的预留洞口，可在浇捣混凝土前用板内钢筋贯穿洞径，不剪断网筋，构成防护网，网格以直径 15cm 为宜。

c. 边长或直径 150cm 以上的预留洞口，四周应设防护栏杆两道，护栏高度分别为 40cm 和 100cm，洞口下张设安全网。

② 楼梯口：

a. 凡楼梯均必须设置安全防护栏杆，并根据施工现场的具体情况张设安全网。

b. 栏杆，可选用钢管或质量合格的毛竹搭设，当楼梯跑边空间距离较大时，应张设安全网或设两道防护栏杆，其高度分别为 40cm 和 90cm，并牢固可靠，必要时可增挂密目网，如图 4-22 所示。

图 4-22　楼梯口防护图

③ 安全通道口：

通道防护棚宽度应大于出入口宽度，长度应根据建筑物的高度设置，建筑物高度在 20m 以下时长度不应小于 3m，建筑物高度在 20m 以上时长度不应小于 5m，棚顶采用不小于 5cm 厚的木板或强度相当的其他材料铺设。安全通道口在外脚手架两侧必须用栏杆、密目网严密封闭。栏杆要搭设在防护棚的保护范围之内，通道两侧和非出入口处必须封闭，如图 4-23 所示。

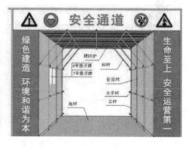

图 4-23　安全通道口防护图

④ 电梯井口：

a. 电梯井门洞安装 1800mm 高立式钢筋防护门，钢筋直径为 14～16mm，竖向钢筋间距不大于 160mm。

b. 底部安装 200mm 高、1mm 厚钢板作挡脚板，刷间距为 400mm 红白相间的警示油漆。

c. 钢筋防护门的四个角焊接 5mm 厚 150mm×150mm 钢板，用直径 8mm 膨胀螺栓与电梯井固定。

d. 电梯井井道内搭设满堂操作架，架体步距小于 1800mm，在作业层下一步距处挂设安全平网，作业层以下每隔 10m 设置硬质全封闭，每两层全封闭层中间设置一道安全平网。

e. 在四口的边口均应铺设与地面平齐的盖板或设置可靠的挡板及警告标示，如图 4-24 所示。

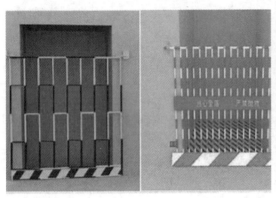

图 4-24　电梯井口防护图

（4）"五临边"：未安装栏杆的阳台、平台周边；无外架防护的屋面及深基坑周边；框架工程楼层周边；楼梯、斜跑道两侧边；井架平台的外侧边等。

① 楼层、屋面临边防护做法（图 4-25）：

a. 楼层、屋面临边防护应符合《建筑施工高处作业安全技术规范》JGJ 80—2016 的规定。

b. 当临边、窗台或屋面女儿墙高度不大于 800mm，外侧高差大于 2m 时，需要搭设临边防护。

c. 楼层临边防护栏杆采用直径 48mm 钢管搭设，水平杆设置 3 道，立杆间距 1800mm，防护栏杆下部设置 200mm 高挡脚板。栏杆和挡脚板必须刷间距为 400mm 红白相间的警示油漆。控制所有水平杆伸出立杆外侧 100mm。

d. 立杆与建筑物必须有牢固的连接。有结构柱处采用钢管抱箍方式拉结，其余部位采用冲击钻钻孔，打入一根直径 18mm 钢筋，深度不小于 200mm，外露 150mm；与立杆焊接，并每隔 2 根立杆设置一斜拉杆，底部打入一根直径 18mm 钢筋与拉杆焊接，深度不小于 80mm，外露 150mm。也可利用原有外架连墙杆预埋的短钢管与立杆用旋转扣件连接。

e. 作业层的防护栏杆高度不低于 1200mm；屋面层的防护栏杆高度不低于 1500mm，第一道离地 200mm，第二道离地 850mm。

② 楼梯临边防护做法：

a. 楼梯临边防护应符合《建筑施工高处作业安全技术规范》JGJ 80—2016 的规定。

b. 楼梯及休息平台临边采用直径 48mm 钢管搭设防护栏杆，水平杆 2 道（需要挂设安全网的位置设 3 道水平杆）。

c. 防护栏杆的水平杆、立杆必须刷间距为 400mm 红白相间的警示油漆，控制所有水平杆伸出立杆外侧 100mm。

d. 防护栏杆立杆固定方式：采用冲击钻钻孔，打入一根直径 18mm 钢筋，深度不小

图 4-25　临边防护图

于 200mm，外露 150mm，与立杆焊接。

　　e. 建筑物无裙楼的楼梯防护栏杆必须挂设安全网。

　　f. 楼梯间必须设置照明，采用 36V 低压供电，并设置灯罩。

　　g. 已浇筑成型的楼梯踏步的阳角，充分利用施工现场废旧的木胶合板进行保护。将木胶合板加工成角铁形状，两边（防护宽度）各宽 100mm，胶合板板面刷间距为 200mm 红白相间的警示油漆。保护设施与踏步间采用水泥钉进行固定，如图 4-26 所示。

图 4-26　楼梯临边防护图

　　③ 基坑临边防护做法：

　　当基础土方采用放坡开挖，开挖深度超过 2m 时，须搭设基坑临边防护栏杆。基坑临边防护栏杆采用钢管搭设，设置 3 道水平杆，防护栏杆高度 1200mm，立杆间距 1800mm，防护栏杆下部设置 200mm 高挡脚板，防护栏杆的水平杆、立杆以及挡脚板必须刷间距 400mm 红白相间的警示油漆，如图 4-27 所示。

　　④ 阳台、平台临边防护做法：

　　未安装栏板的阳台、料台及各种平台周边、雨篷和挑檐边都需要搭设临边防护，楼层临边防护栏杆采用直径 48mm 钢管搭设，水平杆设置 3 道，立杆间距 1800mm，防护栏杆

图 4-27　基坑临边防护图

下部设置 200mm 高挡脚板。栏杆和挡脚板必须刷间距为 400mm 红白相间的警示油漆。控制所有水平杆伸出立杆外侧 100mm，如图 4-28 所示。

图 4-28　阳台、平台防护图

⑤ 井架防护做法：

a. 井架底面吊笼入口处需搭设安全通道。

b. 井架必须严格按照施工方案要求搭设，架体与外架应完全分开。挡脚板和防护栏杆做法同楼层临边防护做法，均刷间距为 400mm 红白相间的警示油漆，立杆内侧满挂密目安全网。

c. 井架楼层卸料平台进出口处设置钢筋防护门，防护门靠楼层侧安装开关插销及限位器；防护门表面刷中铁蓝油漆，喷楼层标识，防护门外侧中间位置喷施工单位名称，如图 4-29 所示。

3. 项目安全管理

项目安全管理措施是安全管理的方法与手段，管理的重点是对施工生产各因素状态的约束与控制。根据施工生产的特点，安全管理措施带有鲜明的行业特色。

1）注重项目安全生产管理策划工作，计划先行

在整个项目管理过程中，对于安全管理方面只是一笔带过，没有结合项目在各不同施

图 4-29　井架防护图

工阶段存在的特点编制详细的安全管理策划方案，使在安全生产管理过程中没有预见性，管理起来极其被动，因此做好安全管理策划工作是关键。

一要根据项目实际情况制订切实可行的安全管理目标，对目标进行分解并落实到责任人。

二要根据项目安全管理目标分别编写基础项目开挖、主体、装饰施工阶段详细的安全管理技术保证措施。

三要编制项目在整个施工周期中安全专项资金费用投入和分配计划表，确保在安全管理工作中人、财、物的及时投入。这是项目安全管理策划工作的基本条件，如果不能满足，现场安全管理就无从谈起。

四要针对项目创优、创奖目标，进一步优化安全策划，让安全管理更加高效有序。

2) 建立安全管理组织机构，配备足够专（兼）职安全管理人员

项目要建立以项目经理为安全第一责任人，项目技术负责人、安全员及项目班组长（兼职安全员）为成员的项目安全领导小组，负责项目整个施工期间的安全生产监督管理工作。同时，必须根据相关法律法规、管理条例和专职安全生产管理人员配备办法的规定来配备专职安全管理人员。

专职安全人员应具备以下三点基本要求：

(1) 要有一定的专业知识和安全管理技能，能及时发现施工现场存在的安全隐患，对突发事件有一定的应急能力。

(2) 要有较强的责任心，在工作中要勤跑现场、细致检查。

(3) 要以服务的心态对待工作。所谓服务的心态是不要有高高在上的感觉，要和现场工作人员处理好关系，能让作业人员感觉到和他们不是"管理"和"被管理"的关系，而是"合作"关系，体会到安全管理工作最直接的受益者就是他们自己。

3) 建立健全安全生产责任制和各项管理制度

工程项目管理承担着控制、管理施工生产进度、成本、质量、安全等目标的责任。建立完善以项目负责人为首的安全生产领导组织，有组织、有领导地开展安全管理活动，承担组织、领导安全生产的责任。建立健全各级人员安全生产责任制度，明确各级人员的安全责任，抓制度落实、抓责任落实，定期检查安全责任落实情况。项目负责人是工程项目

安全管理的第一责任人，各级职能部门、人员在各自业务范围内，对实现安全生产的要求负责，全员承担安全生产责任，建立安全生产责任制，各职能部门、人员的安全生产责任做到横向到边，人人负责。

严格执行安全生产责任制是项目安全生产管理的核心，简单而言安全生产责任制就是对各职能部门、各级负责人以及各类施工人员在施工过程当中应当承担的责任作出明确的规定。对各级各类人员及部门在安全工作中的责、权、利必须明确界定，必须根据项目管理人员的岗位职责制订并逐层落实签订《安全生产责任状》，做到"谁主管，谁负责；谁在岗，谁负责"，并按要求追究相关责任。项目部还应根据现场实际情况制定各项管理制度，以便项目在日常安全管理工作中做到有理有据，"以章办事"，避免出现"个人意志化"管理。

4）加强教育培训，做好安全技术交底和班组安全活动

施工现场作业工人的文化素质普遍较低，很多都是"昨天在家种地，今天工地干活"的进城务工人员，他们安全意识差，缺乏基本的安全知识和操作技能，"三违"现象时有发生。"兵马未动，粮草先行"，要确保安全，培训须在先，要坚持上岗先培训，未经考试合格不得上岗的原则。尤其是进城务工人员，更要上好安全培训这一课。因此，对新工人进场的安全教育必不可少。安全教育要结合工程实际情况，坚决杜绝"假、大、空"等条款式内容。有些施工项目负责人思想上对安全生产重视不够，往往心存侥幸，得过且过，认为事事"杯弓蛇影"大可不必，施工时认为安全就那么一回事。另外，值得一提的是，现阶段进城务工人员的流动性实在太大，有时一个工人同时在几个施工工地流动作业，没有相对的稳定性，造成了管理上的困难，对新工人进场安全教育工作开展极为不利。所以，本人认为现阶段大力开展现场安全技术交底和班组安全活动是减少"三违"现象的最有效手段。安全技术交底应与班组安全活动相结合，严格按照班组活动制度坚持班前教育，保证天天讲安全，时时刻刻有安全，提高职工安全意识、安全技术水平和应变能力，消除职工麻痹大意思想和侥幸心理，严格按照操作规程操作，按章办事，一丝不苟，才能时时、处处、事事保证安全，营造出"人人讲安全，事事讲安全，时时讲安全"的氛围，使现场的作业人员逐步实现从"要我安全"到"我要安全"的思想转变。

进行安全教育培训，能增强人的安全生产意识，提高安全生产知识，有效地防止人的不安全行为，减少人的失误。安全教育培训是进行人的行为控制的重要方法和手段。因此，进行安全教育培训要适时、宜人，内容合理、方式多样，形成制度，具体要求如下：

（1）临时性人员须正式签订劳动合同，接受入场教育后，才可进入施工现场和劳动岗位。

（2）进行安全教育培训，不仅要使操作者掌握安全生产知识，而且能正确、认真地在作业过程中，表现出安全的行为。

（3）安全教育的内容根据实际需要而确定。

① 新工人入场前应完成三级安全教育。

② 安全意识教育的内容不易确定，应随安全生产的形势变化，确定阶段教育内容。可结合发生的事故，进行增强安全意识、坚定掌握安全知识与技能信心、接受事故教训教育。

③ 受季节、自然变化影响时，针对由于这种变化而出现生产环境、作业条件的变化

进行的教育，其目的在于增强安全意识，控制人的行为，尽快地适应变化，减少人为失误。

④ 采用新技术、新设备、新材料、新工艺之前，应对有关人员进行安全知识、技能、意识的全面安全教育，激励操作者实行安全技能的自觉性。

（4）加强教育管理，增强安全教育效果。

① 教育内容全面，重点突出，系统性强，抓住关键反复教育。

② 反复实践，养成自觉采用安全操作方法的习惯。

③ 使每个受教育的人，了解自己的学习成果。鼓励受教育者树立坚持安全操作方法的信心，养成安全操作的良好习惯。

④ 告诉受教者怎样做才能保证安全，而不是不应该做什么。

⑤ 奖励促进，巩固学习成果。

（5）建立安全培训记录台账。进行各种形式、不同内容的安全教育，将教育培训的时间、内容等，清楚地记录在安全教育记录本或记录卡上，如图 4-30 所示。

图 4-30　安全 VR 和体验图

5）开展安全检查工作，灵活运用规范标准，发现隐患立即整改

建筑施工现场是一个动态、复杂的工作现场，不论项目部对安全多重视，管理制度多严格，安全教育多完善，在日常的施工作业当中依然会存在许多安全隐患及发生"三违"现象，所以安全检查在现场的安全管理工作中是必不可少的一个环节。相关人员必须每天对现场进行细致的检查，检查尺度要"严"和"准"，发现隐患后应立即"按规定"要求提出整改，整改要求应根据有关规范标准并结合现场实际情况进行商定。同时，要对整改负责人进行必要的讲解，避免出现整改后仍无法满足安全生产的情况。

安全检查是发现不安全行为和不安全状态的重要途径，是消除事故隐患、落实整改措施、防止事故伤害、改善劳动条件的重要方法。

（1）安全检查形式：一般性检查、定期检查、专业检查、季节性检查、特殊检查，如图 4-31 所示。

（2）安全检查内容：查思想、查管理、查制度、查现场、查隐患、查事故处理。

（3）安全检查组织：成立由第一责任人任组长，业务部门及人员参加的安全检查小组。

（4）安全检查准备：包括思想准备、业务准备。

（5）安全检查方法：一般检查方法和安全检查表法。

（6）整改"三定"原则：安全检查后，针对存在的问题应定具体整改责任人、定解决与改正的具体措施、限定消除危险因素的整改时间。

图 4-31　安全检查图

6）定期做好现场安全考核

工程施工项目部要成立以项目经理为首的安全考评小组，针对现场层层签订的《安全生产责任书》定期对现场管理人员项目管理情况进行考评，考评内容为管理人员岗位责任的完成情况及安全目标的落实情况，考评成绩可以与物质奖励挂钩以提高管理人员的工作积极性。对班组也可进行相应的考核活动，考核内容要尽可能量化，能如实地反映被考核班组管理人员的安全管理能力，表现好的要进行奖励，反之要进行处罚。目的在于对班组管理人员进行激励和约束，增强其安全管理班组作业人员的意识，最终提高班组管理人员的管理水平和作业班组的整体安全意识，减少"三违"现象发生。

项目部要建立健全奖惩机制，积极开展安全活动，推行产业工人积分制管理，确定基础分，制定加减分细则。如：昆明巫家坝项目部通过定期组织开展"行为安全之星"安全活动，根据安全观察和行为发放安全表彰卡，评选优秀工人发放现金奖励，树立正面典型形象；通过微信、抖音等方式对安全制度进行宣传，对人员违章作业进行警示，变说教为引导，让工人变"被动安全"为"主动安全"，提高人员规范作业意识。

7）加强作业标准化

作业标准化是科学地规范人的作业行为，控制人的不安全行为，减少人为失误。

（1）制定作业标准原则：由技术人员、管理人员、操作人员三者根据操作的具体条件制定作业标准，并反复实践、反复修订后加以确定。尽量减少使用工具，简化操作，避免较强的专业性。作业标准必须符合施工生产和作业环境的实际情况，符合人机学要求。

（2）明确操作程序和步骤：对怎样操作、操作质量标准、操作阶段目的、完成操作后物的状态等作出具体规定。

安全管理（Safety Management）是管理科学的一个重要分支，它是为实现安全目标而进行的有关决策、计划、组织和控制等方面的活动；主要运用现代安全管理原理、方法和手段，分析和研究各种不安全因素，从技术上、组织上和管理上采取有力的措施，解决和消除各种不安全因素，防止事故的发生。

安全管理是企业生产管理的重要组成部分，是一门综合性的系统科学。安全管理是一种动态管理，其对象是生产中一切人、物、环境的状态管理与控制。安全管理，主要是组织实施企业安全管理规划、指导、检查和决策，同时，又是保证生产处于最佳安全状态的根本环节。施工现场安全管理的内容，大体可归纳为安全组织管理，场地与设施管理，行为控制管理和安全技术管理四个方面，分别对生产中的人、物、环境的行为与状态，进行具体的管理与控制。为有效地将生产因素的状态控制好，实施安全管理过程中，必须正确处理五种关系，坚持六项基本管理原则。

8）严把人员进场关，从源头消除不良因素

项目部在分包入场前应严格审核分包单位人员资质，组织编制分包安全管理手册，明确分包单位安全管理任务与职责，从人员配备、安全文明、奖惩制度、机械设备、安全考核等多方面进行规范要求，并纳入分包合同中，要求分包单位在现场施工中严格执行。

项目部应要求分包单位为所有一线作业人员统一购买工伤保险，并缴纳保险费用；统一安排一线作业人员到有资质的医院进行上岗前体检，确保作业人员身体条件良好。

作业人员必须经过入场安全教育，签订人员进场确认书、风险告知书等，并通过"智慧工地"等系统录入人员信息，录入人脸识别门禁系统核查，形成作业人员台账，实时掌控人员信息。并与当地公安系统建立联动机制，提供现场人员台账，通过公安部门系统对人员信息进行审核（如"安家昆明"），待审核完成并确认无误后方可入场作业，确保现场作业人员无犯罪记录，杜绝隐患。

总之，施工现场的安全管理是一项任务艰巨的工作，但是只要我们提高思想认识，完善管理机构，健全安全制度，根据工程的具体情况制订全面的、有针对性的安全措施，树立防患于未然的思想，狠抓落实，那么施工现场的安全事故必将大大减少，不论对于企业还是个人都具有重要意义。安全工作任重道远，我们应时刻在施工过程中给大家敲响安全警钟，唤醒安全意识和责任感。

4.7.2 文明施工细节

1. 安全文明施工

文明施工是指保持施工场地整洁、卫生，施工组织科学，施工程序合理的一种施工活动。一个工地的文明施工水平是该工地乃至所在企业各项管理工作水平的综合体现。由于文明施工涵盖内容比较广泛，不仅要着重做好现场的场容管理工作，而且还要相应做好现场材料、设备、安全、技术、保卫、消防和生活卫生等方面的管理工作。

文明施工的基本要求如下：

（1）施工现场要建立文明施工责任制，划分区域，明确管理负责人，实行挂牌制，做到现场清洁整齐。

（2）施工现场场地平整，道路坚实畅通，有排水措施，基础、地下管道施工完后要及时回填平整，清除积土。

（3）现场施工临时水电要有专人管理，不得有长流水、长明灯。

（4）施工现场的临时设施，包括生产、办公、生活用房，仓库，料场，临时给水排水管道以及照明、动力线路，要严格按施工组织设计确定的施工平面图布置、搭设或埋设整齐。

（5）工人操作地点和周围必须清洁整齐，做到活完脚下清，工完场地清，丢撒在楼梯、楼板上的杂物和垃圾要及时清除。

（6）要有严格的成品保护措施，严禁损坏、污染成品，堵塞管道。

（7）建筑物内清除的垃圾渣土，要通过临时搭设的竖井或利用电梯井或采取其他措施稳妥下卸，严禁从门窗口向外抛掷。

（8）施工现场不准乱堆垃圾。应在适当地点设置临时堆放点，并定期外运。清运垃圾及流体物品，要采取遮盖防漏措施，运送途中不得遗撒（洒）。

（9）根据工程性质和所在地区的不同情况，采取必要的围护和遮挡措施，并保持外观整洁。

（10）针对施工现场情况设置宣传标语和黑板报，并适时更换内容，切实起到表扬先进、促进后进的作用。

（11）施工现场严禁居住家属，严禁附近居民、家属、小孩在施工现场穿行、玩耍。

（12）施工现场应建立不扰民措施，针对施工特点设置防尘和防噪声设施，夜间施工必须经当地主管部门批准。

2. 安全文明施工细节

1）围挡及大门管理

市区主要路段工地周围围挡应高于 2.5m，一般路段工地周围围挡应高于 1.8m；围挡材料应选用砌体、金属板材等硬质材料，禁止使用彩条布、竹笆、安全网等易变形材料，做到坚固、平稳、整洁、美观；围挡必须沿工地四周连续设置，不能有缺口或个别不坚固等问题。

同时，一定要与当地住建系统及其他部门进行对接，确认当地围挡高度要求、形式要求、材质要求以及围挡版面内容要求等方面的规定，避免因与地方要求不符造成的返工，如图 4-32 所示。

图 4-32 围挡样式图

施工现场进出口应有大门，门扇应做成密闭不透式。工地大门高度与围挡相适应，宽度一般不小于 6m（考虑混凝土罐车、泵车或其他大型运输车进出），门头设置企业标志。

出入口处设门卫室，宜采用不锈钢岗亭，值班人员必须穿统一制服，建立值班制度、来访人员登记制度、交接班制度、车辆出入制度，应有专职门卫人员及门卫管理制度，切实起到门卫作用；为加强对出入现场人员的管理，规定进出施工现场的人员都要佩戴工作卡以示证明，工作卡应佩戴整齐，如图 4-33 所示。

图 4-33　大门样式图

2）施工现场工程标牌（五牌二图）

施工现场工地大门左右侧的外墙上或者独立牌面设置醒目的施工标牌，包括"五牌一图"（基本要求，各公司、地区有所不同，按公司或地方要求设置，如有九牌二图），即工程概况牌、管理人员名单及监督电话牌、安全生产牌、消防保卫牌、文明施工牌和现场平面布置图、建筑效果图，如图 4-34 所示。

图 4-34　五牌二图

3）施工场地

工地的道路、材料堆放场地及出入口要进行全硬化处理，并满足车辆行驶要求；工地出入口必须设置车辆冲洗设施及沉砂井、排水沟；场内平整干净，沟池成网，排水畅通，集中清淤，无积水，污水不得外溢场内、场外；施工现场应该禁止吸烟以防发生危险，应该按照工程情况设置固定的吸烟室或吸烟处，吸烟室应远离危险区并设必要的灭火器材，工地应尽量做到绿化，如图 4-35、图 4-36 所示。

为加强企业对建筑工地的监管，规范施工现场作业行为，促进文明施工，提高安全管

图 4-35　道路硬化及分流图

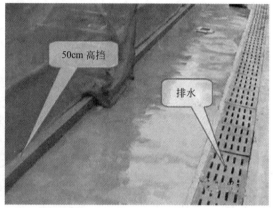

图 4-36　洗车及临时排水系统图

理水平，建筑施工现场应建立视频监控系统，还能起到安保、防火防盗作用，视频监控系统应由专用厂家设计、安装、维护。现场管理人员要制定巡查制度，加强对设备的管理，如图 4-37 所示。

图 4-37　视频监控系统图

4) 材料堆放

(1) 一般要求

① 建筑材料的堆放应当根据用量大小、使用时间长短、供应与运输情况确定，用量大、使用时间长、供应运输方便的，应当分期分批进场，以减少堆场和仓库面积。

② 施工现场各种工具、构件、材料的堆放必须按照总平面图规定的位置放置。

③ 位置选择应适当，便于运输和装卸，应减少二次搬运。

④ 地势较高、坚实、平坦，回填土应分层夯实，要有排水措施，符合安全、防火的要求。

⑤ 应当按照品种、规格堆放，并设明显标牌，标明名称、规格和产地等。

⑥ 各种材料物品必须堆放整齐。现场各种材料应按照施工平面图统一布置，分类码放整齐，材料标识要清晰准确。易燃易爆物品不能混放，除现场有集中存放处外，班组使用的零散的各种易燃易爆物品，必须按有关规定存放；材料的存放场地应平整夯实，有排水措施，如图 4-38 所示。

图 4-38 材料存放图

(2) 主要材料半成品的堆放

① 大型工具，应当一头见齐。

② 钢筋应当堆放整齐，用方木垫起，不宜放在潮湿处和暴露在外受雨水冲淋。

③ 砖应码成方垛，不准超高，并距沟槽坑边不小于 0.5m，防止坍塌。

④ 砂应堆成堆，石子应当按不同粒径规格分别堆成堆。

⑤ 各种模板应当按规格分类堆放整齐，地面应平整坚实，叠放高度一般不宜超高 1.5m；大模板应存放在经专门设计的存架上，应当采用两块大模板面对面存放，当存放在施工楼层上时，应当满足自稳角度要求并有可靠的防倾倒措施。

⑥ 混凝土构件堆放场地应坚实、平整，按规格、型号堆放，垫木位置要正确，多层构件的垫木要上下对齐，垛位不准超高；混凝土墙板宜设插放架，插放架要焊接或绑扎牢固，防止倒塌，如图 4-39～图 4-41 所示。

5) 消防管理

(1) 一般要求

施工现场必须制定消防制度，建立健全消防管理网络，明确各区域消防责任人（按照不同作业条件，合理配备灭火器材。如电气设备附近应设置干粉类不导电的灭火器材；对

图 4-39　钢筋材料存放图

图 4-40　砌块和钢管材料存放图

图 4-41　仓库材料存放图

于设置的泡沫灭火器应有换药日期和防晒措施。灭火器材设置的位置和数量等均应符合有关消防规定），如图 4-42、图 4-43 所示。

（2）消防器材配置原则

① 在施建筑物：施工层建筑物面积 500m² 以内，配置泡沫干粉灭火器不少于 2 个，每增加 500m²，增配泡沫干粉灭火器 1 个。非施工层应当根据实际情况配置。

图 4-42　消防培训及演练图

图 4-43　消防器材配备图

② 材料仓库：面积 50m² 以内，配置泡沫干粉灭火器不少于 1 个，每增加 50m² 增配泡沫干粉灭火器不少于 1 个（如材料仓库存放可燃材料较多，更应相应增加灭火器数量）。

③ 办公室、水泥仓库：面积在 100m² 以内，配置泡沫干粉灭火器不少于 1 个，每增加 50m² 增配泡沫干粉灭火器不少于 1 个。

④ 木制作场：面积在 50m² 以内，配置泡沫干粉灭火器不少于 2 个，每增加 50m² 增配泡沫干粉灭火器 1 个。

⑤ 电工房、配电房、电机房：配备泡沫干粉灭火器不少于 1 个。

⑥ 油料仓库：面积在 50m² 以内，配置泡沫干粉灭火器不少于 2 个，每增加 50m² 增配泡沫干粉灭火器不少于 1 个。

⑦ 可燃物品堆放场：面积在 50m² 以内，配置泡沫干粉灭火器不少于 2 个。

⑧ 垂直运输设备（包括电梯、塔式起重机）机驾室：配置泡沫干粉灭火器不少于 1 个。

⑨ 临时易燃易爆物品仓库：面积在 50m² 以内，配置泡沫干粉灭火器不少于 2 个。

⑩ 值班室：配备泡沫干粉灭火器 1 个及一条直径 65cm、长度 25m 的消防带。

⑪ 集体宿舍：每 25m² 配备泡沫干粉灭火器 1 个，如占地面积超过 1000m²，应按每 500m² 设立 1 个 2m³ 的消防水池。

⑫厨房：面积在100m²以内，配置泡沫干粉灭火器3个，每增加50m²增配泡沫干粉灭火器1个。

⑬临时动火作业场所：配置泡沫干粉灭火器不少于1个和其他辅助消防器材。

6）扬尘管理

建设工程施工的扬尘污染，是指在房屋建设施工、物料运输、物料堆放、道路保洁、泥地裸露等活动及过程中产生的粉尘颗粒物，对大气造成的污染。

施工现场易产生扬尘污染的物料主要有：水泥、砂石、灰土、灰浆、灰膏、建筑垃圾、工程渣土等。

施工现场扬尘治理措施：建设工地施工过程中，要做到"六必须，六不准"（六个百分百），即必须打围作业，必须硬化道路，必须设置冲洗设施，必须湿法作业，必须配齐保洁人员，必须定时清扫施工现场；不准车辆带泥出门，不准高空抛撒建渣，不准现场搅拌混凝土，不准场地积水，不准现场焚烧废弃物，不准现场堆放未覆盖的裸土。确保施工现场扬尘污染总体受控，如图4-44～图4-47所示。

图4-44 扬尘监控、洒水降尘图

图4-45 雾炮、塔式起重机洒水降尘图

图 4-46 车辆冲洗、围挡喷淋洒水降尘图

图 4-47 裸土覆盖及材料场地硬化图

积极开展社会舆论监督，发动群众参与监管，设立施工扬尘举报投诉电话，接受公众对建设工程施工现场扬尘污染的举报和投诉；邀请社会热心人士担任施工扬尘整治义务监管员，对施工工地进行监督和举报。对违规制尘的工地项目名称、相关责任单位、处罚情况，各监督管理单位可以通过网站、报纸、媒体等向社会曝光。

对涉及扬尘问题的作业班组进行专项防止扬尘交底，将扬尘防治工作具体落实到操作层，并建立奖罚制度以推动施工扬尘污染控制过程。项目部与作业班组签订扬尘治理目标责任书，对扬尘治理工作进行目标化管理。

总工的管理建议：

（1）控制人的不安全行为。对施工现场的人和环境系统的可靠性，必须进行经常性的检查、分析、判断、调整，强化动态中的安全管理活动。

（2）控制物的不安全状态。项目部采购、租赁的安全防护用具、机械设备、施工机具及配件，必须具有生产（制造）许可证、产品合格证，并在进入施工现场前进行查验。

（3）改善作业环境。安全生产是树立以人为本的管理理念，保护弱势群体的重要体现。安全生产与文明施工是相辅相成的。

4.8　进度管理工作

项目进度管理是指在项目实施过程中，对各阶段的进展程度和项目最终完成的期限所进行的管理。是在规定的时间内，拟定出合理且经济的进度计划（包括多级管理的子计划），在执行该计划的过程中，经常要检查实际进度是否按计划要求进行，若出现偏差，便要及时找出原因，采取必要的补救措施或调整、修改原计划，直至项目完成。其目的是保证项目能在满足其时间约束条件的前提下实现其总体目标。

根据工程项目的进度目标，编制经济合理的进度计划，并据以检查工程项目进度计划的执行情况，若发现实际执行情况与计划进度不一致，及时分析原因，并采取必要的措施对原工程进度计划进行调整或修正。工程项目进度管理的目的就是为了实现最优工期，多快好省地完成任务。

项目进度管理是项目管理的一个重要方面，它与项目投资管理、项目质量管理等同为项目管理的重要组成部分。它是保证项目如期完成或合理安排资源供应，节约工程成本的重要措施之一。

总工可以从以下几方面进行管理。

1. 施工进度计划的检查与调整

1）定期进行施工进度计划执行情况检查，为调整施工进度计划提供信息，检查内容包括：

（1）检查期内实际完成和累计完成情况。

（2）参加施工的人力、机械设备数量及生产效率。

（3）是否存在窝工，窝工人数、机械台班数及其原因。

（4）进度偏差情况。

（5）影响施工进度的其他原因。

2）通过检查找出影响施工进度的主要原因，采取必要措施对施工进度计划进行调整，调整内容包括：

（1）增减施工内容、工程量。

（2）持续时间的延长或缩短。

（3）资源供应调整。

3）调整施工进度计划要及时、有效，调整后的施工进度计划要及时下达执行。

2. 做好各项施工准备工作

1）做好各项施工准备工作，是确保工程施工顺利、加快工程施工进度的有效途径。

施工准备工作要有计划、有步骤、分阶段进行，要贯穿于整个工程项目建设的始终。准备工作不充分就仓促开工，往往出现缺东少西、时间延误、窝工、停工、返回头来补做的现象，影响工程施工进度，因此要尽量避免。

2）做好施工前的调查研究，做到心中有数、有的放矢。实地勘察，搜集有关技术资料。如：水文地质资料、气象资料、图纸、标准及其他相关资料。了解现场及附近的地形地貌、施工区域地上障碍物及地下埋设物、土层地质情况、交通情况、周围生活环境、水电源供应情况、图纸设计进度等情况及其他相关要求，以便进行施工组织。

3）做好施工组织设计与主要工程项目施工方案编制和贯彻工作，使其真正成为工程施工过程中的依据性文件。要避免工程临近完工时才编制完成，只能应付资料收集而不能指导工程施工的现象。

4）做好现场施工准备，为施工进度计划按期实施打下良好的基础。

（1）现场三通一平。

（2）临建规划与搭设。

（3）组织机构进驻现场。

（4）组织资源进场。

5）做好冬、雨期施工准备工作，以确保施工进度计划的实现。工程面临冬、雨期施工时，要提前做好准备，从技术措施到物资准备，要满足工程施工进度计划的要求。

6）做好安全、消防、保卫准备工作，确保施工进度计划顺利实施。

3. 其他工作

（1）对于施工期长、用工多的主要施工项目的关键工序，可优先保证其人力、物力投入等相应措施，在保证安全、质量的前提下加快工程施工进度，以达到按期或提前完工的目的。

（2）查找施工进度计划关键线路间或非关键线路间的主要矛盾，分析相互间的关系所在，采取交叉作业或改变施工顺序、时间等方式，有效地缩短控制线路。

（3）及时做好技术交底，使员工明确安全生产、工程质量标准和目标要求，避免因交底不清而引起影响工程施工进度的事件发生。

（4）及时发现专业工种配合不当和施工顺序、时间发生变化等问题，采取措施进行调整，消除因此给工程施工进度带来的影响。

（5）及时与资源供应单位或部门签订供需合同，明确责任，减少纠纷，避免因此而影响工程施工进度。

（6）积极采用和推广"四新"技术（新技术、新工艺、新材料、新设备），以提高工效来缩短施工时间。

（7）将进度控制工作进行责任分工，同时加强组织协调力度，及时解决好工程施工过程中发生的工种配合、工序穿插作业问题，及时处理好各单位间的工作配合问题，以达到工程顺利施工的目的。

（8）将成品保护列入进度控制范围进行控制，以减少或避免返工整改现象。

（9）有效地缩短开工准备时间和工程竣工收尾时间，以及对施工过程关键线路的施工进度进行有效控制，是加快工程施工进度的主要途径。

4.8.1 交底如何落地

1. 方案、交底八反问

（1）为什么不按我编制的方案进行？

（2）是我们的方案保守吗？

（3）是我们的方案不切合实际吗？

（4）对方案的落实不切合实际吗？

（5）为什么会出现这么多的安全、质量事故？

（6）为什么会出现这么多的质量缺陷和质量通病？

（7）是工艺不足用方案来弥补吗？

（8）我们的执行力、现场落实的力度够吗？

2. 交底如何落地

1）什么是施工技术交底

技术交底是施工企业极为重要的一项技术管理工作，是施工方案的延续和完善，也是工程质量预控的最后一道关口。其目的是使参与建筑工程施工的技术人员与工人熟悉和了解所承担的工程项目的特点、设计意图、技术要求、施工工艺及应注意的问题。

2）技术交底的作用

使参与施工活动的每一个技术人员，明确本工程的特定施工条件、施工组织、具体技术要求和有针对性的关键技术措施，系统掌握工程施工过程全貌和施工的关键部位。

使参与工程施工操作的每一个工人，通过技术交底，了解自己所要完成的分部分项工程的具体工作内容、操作方法、施工工艺、质量标准和安全注意事项等，做到施工操作人员任务明确，心中有数，达到有序地施工，以减少各种质量通病，提高施工质量的目的。

3）施工技术交底的分类

（1）施工组织设计交底

① 重点和大型工程施工组织设计交底：由施工企业的技术负责人把主要设计要求、施工措施以及重要事项对项目主要管理人员进行交底。其他工程施工组织设计交底由项目技术负责人进行交底。

② 专项施工方案技术交底：由项目专业技术负责人负责，根据专项施工方案对专业工长进行交底。

（2）分项工程施工技术交底

由专业工长对专业施工班组（或专业分包）进行交底。"四新"技术交底：由项目技术负责人组织有关专业人员编制并交底。

（3）设计变更技术交底

设计变更技术交底：由项目技术部门根据变更要求，并结合具体施工步骤、措施及注意事项等对专业工长进行交底。

（4）测量工程专项交底

由工程技术人员对测量人员进行交底。

（5）安全技术交底

负责项目管理的技术人员应当对有关安全施工的技术要求向施工作业班组、作业人员进行交底，如图4-48所示。

4）基本要求

应符合施工组织设计或施工方案的各项要求，包括技术措施和施工进度等要求，对不同层次的施工人员，其技术交底深度与详细程度不同，也就是说对不同人员其交底的内容深度和说明方式要有针对性。技术交底应全面、明确，并突出要点；应详细说明怎么做，执行什么标准，其技术要求如何，施工工艺与质量标准和安全注意事项等应分项具体说明，不能含糊其词。在施工中使用的新技术、新工艺、新材料、新设备，应进行详细交

图 4-48　技术交底及安全交底图

底，并交代如何做样板间等具体事宜。

技术交底应力求做到：主要项目齐全，内容具体明确、符合规范，重点突出，表述准确，取值有据，必要时辅以图示。对工程施工能起到指导作用，具有针对性、指导性和可操作性。技术交底中不应有"未尽事宜参照××××（规范）执行"等类似内容。施工技术交底由项目技术负责人组织，由专业工长和/或专业技术负责人具体编写，经项目技术负责人审批后，由专业工长和/或专业技术负责人向施工班组长和全体施工作业人员进行交底。

施工技术交底应在项目施工前进行。

5）交底内容

（1）施工单位总工程师向项目经理、项目技术负责人进行技术交底的内容应包括以下几个主要方面：

① 工程概况及各项技术经济指标和要求。

② 主要施工方法，关键性的施工技术及实施中存在的问题。

③ 特殊工程部位的技术处理细节及其注意事项。

④ 新技术、新工艺、新材料、新结构施工技术要求与实施方案及注意事项。

⑤ 施工组织设计网络计划、进度要求、施工部署、施工机械、劳动力安排与组织。

⑥ 总包与分包单位之间的互相协作配合关系及其有关问题的处理。

⑦ 施工质量标准和安全技术；尽量采用本单位所推行的工法等标准化作业。

（2）项目技术负责人向单位工程负责人、质量检查员、安全员进行技术交底的内容包括以下几个方面：

① 工程情况和当地地形、地貌、工程地质及各项技术经济指标。

② 设计图纸的具体要求、做法及其施工难度。

③ 施工组织设计或施工方案的具体要求及其实施步骤与方法。

④ 施工中的具体做法，采用什么工艺标准和本企业哪几项工法？关键部位及其实施过程中可能遇到的问题与解决办法。

⑤ 施工进度要求、工序搭接、施工部署与施工班组任务确定。

⑥ 施工中所采用主要施工机械的型号、数量及其进场时间、作业程序安排等有关问题。

⑦ 新工艺、新结构、新材料的有关操作规程、技术规定及其注意事项。

⑧ 施工质量标准和安全技术具体措施及其注意事项。

（3）专业工长向各作业班组长和各工种工人进行技术交底的内容包括以下几个方面：

① 侧重交清每一个作业班组负责施工的分部分项工程的具体技术要求和采用的施工工艺标准或企业内部工法。

② 分部分项工程施工质量标准。

③ 质量通病预防办法及其注意事项。

④ 施工安全技术交底及介绍以往同类工程的安全事故教训及应采取的具体安全对策。

6）施工单位普遍存在的交底问题

（1）项目部主要负责人不重视安全技术交底活动。交底活动文件和记录中找不到项目经理、项目总工等主要领导的签字记录。交底活动流于形式。

（2）组织安全技术交底的干部不懂得安全技术交底是做什么的。

（3）没有建立《安全技术交底制度》或有制度不落实。不能按制度化管理的要求落实交底活动。在交底资料中找不到能证明开展活动和参加活动人员的有关记录。有的制度只是一纸空谈。

（4）有的单位技术负责人或编写资料的人根本不懂安全技术交底活动是怎么回事。由于不懂得安全技术交底的作用，他们将各工种的安全操作规程等安全技术培训用的资料，作为安全技术交底的文件下发、签收，其实，就没有开展安全技术交底活动。其是为了应付检查而编造的资料，无法区分安全教育培训与安全技术交底的情况。

（5）编制的安全技术交底资料没有针对性，不能突出重点。反映在编写的资料中没有工程概况，没有交代清楚施工重点，没有施工工艺和重点工序的点评，没有指出施工存在的难度和危险的内容，没有提出控制安全质量的措施，没有配合质量检查验收提供的条件，没有应对危险的安全技术措施和预防措施，没有应对突发事件的应急措施，没有描述可能发生的事故及预防措施。

（6）交底文件编写存在工程技术部门与安全管理部门各自为政的分工分家问题。具体表现在：交底文件中出现了各有不同的两个文件版本。由于缺乏沟通和往来，两个交底文件多处出现了矛盾的地方。结果，两个部门各开展各的安全技术交底活动，作业人员在接受交底时，感觉到矛盾重重。

施工技术是安全管理的载体。施工技术和安全管理是不可分割的，两者分家了，各做各的，相互不联系和沟通，施工管理很容易出现漏洞，甚至会发生安全事故。

（7）未组织一线作业人员开展安全技术交底活动。交底活动只是将交底文件下发给相关管理部门或某个现场管理干部，只要求接收交底文件的人在文件签收单上签字、签收就行了。安全技术交底活动究竟有没有开展，《安全技术交底制度》怎么落实，没有人过问。交底文件在签字、签收的人员手中"旅游"；真正需要接收交底的人员对交底内容一无所知，交底活动走过场，造成了安全、质量管理的被动局面。

（8）工程技术人员和现场管理人员将安全技术交底活动不当回事，错误认为交底活动是应付上级检查的活动。认为作业人员正确认识、掌握施工技术和安全操作知识与施工安全质量没有关系。

（9）由于施工管理混乱，造成不能正常组织有关施工作业人员开展安全技术交底活动。由于管理不到位，造成了安全技术交底活动确实没办法开展起来。

（10）在企业内部不能实行统一的管理，工程技术部门和安全管理部门各自为政，不能相互沟通。不能正常地开展安全技术交底活动；建立的交底台账混乱。在上级检查时，相互推卸责任。尤其在事故发生，要提供安全技术交底资料依据时，没一个部门能够提供说明问题的资料，造成十分被动的局面。

7）交底落地措施

（1）施工组织设计可通过会议形式进行技术交底，并应形成会议纪要归档保存。

（2）通过施工组织设计编制、审批，将技术交底内容纳入施工组织设计中。

（3）严格落实三级交底制度，由项目经理、项目总工程师召集进行项目部的安全、技术交底，然后由工程部对作业班组进行交底。从项目部、作业班组的新工人三级安全教育、特殊工种等开始。

（4）每一层技术交底必须全面、透彻，务必保证大家都明白，不存在不清楚、疑惑的地方。交底过程中也要指明图纸、方案中的重中之重，减少施工过程中出现错误。

（5）各专业技术管理人员应通过书面形式配以现场口头讲授的方式进行技术交底，技术交底的内容应单独形成交底文件。交底内容应包括交底的日期，由交底人、接受人签字，并经项目总工程师审批。

（6）接收交底人在接收技术交底时，应将交底内容搞清弄懂。各级交底要实行工前交底、工中检查、工后验收，将交底工作落到实处。

（7）技术交底要字迹工整，交底人、接收人要签字，交底日期、工程名称等内容要写清楚。技术交底要一式三份，交底人、接收人、存档各一份。

（8）技术交底要具有科学性。所谓科学性就是指依据正确、理解正确、交底正确。施工规范、规定、图纸、图册及标准是编制技术交底的依据，关键是如何正确理解，并结合本工程的实际灵活运用，必须使班组依据交底文件就能正确地施工。

（9）技术交底要具有针对性。技术交底不具有针对性是编制中常见的问题，它经常是规范、规定的翻版，加上设计施工说明的扩充，其结果是无法指导生产，仅仅成为技术管理资料的一部分。为避免这些问题，必须根据实际情况进行交底，使之真正成为施工的作业指导书。

（10）技术交底要具备操作性。对施工结构的具体尺寸进行交底，建立施工图翻样制度，保证无论施工到何位置，现场施工班组手里都有标注清楚、通俗易懂的施工大样图。

技术交底要以"现场干的，就是交底中写的、画的"为指导思想，不能出现班组施工自由发挥的情况，一旦发生漏项情况，班组应立即通过一定的程序反馈得到解决。

（11）技术交底要具备实用性。技术交底中不允许使用"按照设计图纸和施工及验收规范施工"及"宜按……"等语句，要在大样图的基础上，把设计图纸的控制要点写清楚，把规范的重点条文体现在大样图和控制要点中，同时把要达到的具体质量标准写清楚，作为班组自检的依据，使施工人员在开始施工时就按照验收标准来施工，体现过程管理的思路，使施工人员变被动为主动。

（12）必要时进行反交底。首次采用新技术、新结构、新工艺、新材料时，为了谨慎起见，建筑工程中的一些分部分项工程，常采用样板交底的方法。所谓样板交底，就是根据设计图纸的技术要求，在满足施工及验收规范的前提下，在建筑工程的一个自然间、一根柱、一根梁、一道墙、一块样板上，由本企业技术水平较高的老工人先做出达到优良品标准的样板，作为其他工人学习的实物模型，使其他工人掌握操作要领，熟悉施工工艺操作步骤、质量标准。样板交底，如图 4-49 所示。

图 4-49　使用样板交底图

如某项目涉及的梁柱核心区施工工艺较为复杂，项目在进行技术交底后为确保方案落地，要求班组长及班组成员对核心区施工工艺进行讲解，确保人员熟练掌握交底内容。

4.8.2　遇到工人闹事怎么办

一直以来，"进城务工人员"这三个字在国人心中就是"弱势群体"，每次发生什么事情，国人想到的总是企业和雇主欺压"进城务工人员"，对他们进行最大限度的剥削。政府为了保障进城务工人员的合法权益制定出了严格的法规，相关机构也采取了一系列行之有效的措施，对以前存在的黑心的企业、雇主恶意克扣、拖欠和拒付进城务工人员工资的不良行为进行了制裁，目前这一类现象可以说大幅度地减少了。在政府的维护和国人的热情帮助下，进城务工人员的地位在不断提高，拖欠进城务工人员工资已经成为"高压线"。

1. 遇到工人闹事怎么办

1）对闹事进行原因分析，可能因为以下几点：

（1）因工程结算滞后等业主原因，工程款没有及时结算到施工总承包企业，导致施工企业不能及时将资金结算到分包单位，造成实际意义上的拖欠外协队进城务工人员的工资。

（2）层层分包造成最低施工层单价过低或分包单位管理不善，主要负责人以扣还材料款为由，恶意截留进城务工人员工资款，导致进城务工人员工资不能全额发放，造成有意拖欠进城务工人员工资。

（3）进城务工人员恶意闹事，或者进城务工人员无理由而有组织地闹事多要合同以外的工程款。

近年来，恶意讨薪闹事愈演愈烈，这种工闹主要存在两种情况：

第一种是在工程劳务关系中受雇于施工单位的某些进城务工人员或进城务工人员团体，他们没有按口头或书面合同履行工作内容，却要求索取多于劳动应得的报酬，他们常常故意引发事端怠工，再通过向政府部门上访投诉，影响工期正常开展等方式，向施工企业施压索薪。

第二种是有些具有劳务分包资质的队伍，在拿到劳务分包合同后，施工中因管理不善等原因造成亏损或利润没有达到自己的预期，便组织进城务工人员闹事，利用政府支持进城务工人员追讨欠薪的政策，追讨多于其合同额的或实际劳动所得的报酬。

2）对闹事者进行安抚，同时，告知我们不会拖欠任何一个人的辛苦钱，围堵属于违法行为，要求选派代表进行谈判。

3）及时向上反馈，与劳务公司法人、现场负责人深入沟通了解实际情况，若他们能自行解决，我们也可以派人跟踪并留好相关资料。

4）将双方谈判数据进行分析比对，并作出判断。

5）根据实际情况进行处理。

2. 如何规避

规范管理是减少进城务工人员闹事的主要途径，主要可从以下三个方面加强管理。

1）劳务分包队伍的选择

如今建筑施工企业生产一线实际作业人员有80％～90％为进城务工人员，如何合理有效地选择劳务分包队伍，形成一种合理有效的施工总承包和劳务分包的总分包关系，实施对劳务分包队伍的有效监管，直接决定着建筑施工企业对建设工程项目实施的综合效果。对于原先不是经常合作的队伍，在进场前要进行公开招标，并在选择该队伍时主要做到"四查看"：

第一要查看该队伍的信誉，看在原先的施工中有没有不良记录，有没有恶意拖欠进城务工人员工资的现象，有没有拿到劳务分包的任务后出现层层分包现象。

第二要查看该队伍的人员素质、数量和技术力量，看能否适应高强度的施工和进行规范的管理。

第三要查看该队伍的抗风险能力，要了解其经营管理和财务状况。

第四要查看该队施工完毕的工程情况和业主对其评价，要组织相关人员进行实地考察。

2）劳务队伍的严格管理

在劳务队伍的管理中，要建立如下闭合的管理体系：

第一是领导要高度重视，各职能部门要做到有职有责，超前思考、积极防范，建立处理防范劳资纠纷的组织机构，设立各项应急预案。

第二是健全对劳务分包队伍的信誉评价机制（A、B、C），实行差异化的劳务分包队伍劳动工资发放监管措施，制定劳务分包队伍负责人管理制度，明确约定法定负责人在施工现场的工作日数。

第三是建立外协队伍员工登记备案制度，设置统一表格，定期核查，由劳资员统一备案。

第四是发挥劳资员的指导监督职能，帮助提升外协队伍自身管理能力，遵循合法、公平、平等自愿、协商一致、诚实守信的原则，及时订立适用于进城务工人员的劳动合同。

第五是劳资员要统一劳务分包队伍的进城务工人员工资单和工资报表，并严格上报人事部门。

第六是经营和生产部门要积极帮助劳务分包队伍提高自身的经营生产能力，优化施工方案，合理分析成本，熟悉、掌握分包队伍情况，积极调配资源，使各项工作衔接有序，最大化地避免窝工、损耗的程度。

3）加大对进城务工人员工资发放的监管力度

进城务工人员工资发放中，做实基础资料并按程序监管到位，是进城务工人员工资发放的最好办法。

第一是严格建立进城务工人员工资保证金制度。在单位与劳务分包队伍签订劳务分包协议时，应该有明确约定由劳务分包队伍缴纳进城务工人员工资支付保证金的条款，并在签订合同之日起严格收缴并建立进城务工人员工资保证金专款账户进行管理，保证专款专用。当劳务分包队伍内部发生工资纠纷，经调查属实，证据充分，单位有权直接使用该队伍工资支付保证金垫付，垫付款项应及时从下月结算款中补足。当该队伍工程完工，进城务工人员工资结算发放完毕，不存在工资纠纷时，其工资支付保证金一次性返还。

第二是帮助劳务分包队伍建立和完善内部工资分配制度，按总量或工种、工序制定合理价格，并保证公平、公正、合理、公开，有条件的可采用日清月结的方式，减少工资纠纷。

第三是严格执行进城务工人员工资发放的监管流程，尤其是信誉等级比较差的队伍要全程监管。玉树援建中进城务工人员工资发放的监管有六个流程值得借鉴：

第一道流程是在月初统计进城务工人员人数（利用好实名制通道）。

第二道流程是在月底结算时在进城务工人员营区内公示，让他们知道什么时候可以拿到工资。

第三道流程是由外协队伍给劳资部门提交进城务工人员工资单进行审核，审核以第一道程序中的人数为基础。

第四道流程是工资单审核无问题（有问题回到第三道流程）后在进城务工人员生活区公示三天。

第五道流程是公示进城务工人员无异议（有异议回到第三道流程）后，进行本月第一次结算，直接算进城务工人员工资款，并由外协队组织现场发放，由劳资进行现场录像取证。

第六道流程是结算本月其余工程款并将从第一道到第五道流程的所有资料分队伍分月份统一存档，做到有据可查。

4.8.3 总工必懂的工期滞后原因分析

进度滞后是工程实施过程中的常见现象，各种类型的项目、各个项目阶段都可能出现进度延误。进度滞后的最坏结果是导致项目失败，因此，为了保证项目成功，必须在项目实施过程中全程监控项目的进度状态，在进度发生延误时，及时分析判断滞后的原因，从而采取有效的解决措施，来保证项目顺利完成。同时，由于工程项目进度是一个综合的概念，除工期以外，还包括工作量、资源的消耗量等因素，因此，当项目在执行过程中发生进度滞后时，对滞后的原因分析应该是多角度、综合性的，相应采取纠偏的措施也必须是多方面和综合性的。

1. 影响因素分析

1）影响建设工程施工进度的单位不只是施工单位，事实上，只要是与工程建设有关的单位，如建设单位、监理单位、设计单位、政府部门、物资供应单位、运输单位、通信单位、供电单位，其工作进度的拖后都将对施工进度产生影响，所以各单位应该及时办理相关工程手续，避免因手续不齐全而影响整个工程施工进度。

例如：在某老旧住宅小区增层、改造的施工过程中，在明知建筑物西侧有一根附近博物馆主要供电电缆的情况下，建设单位迟迟没能提供地下管线的详细情况，为了不影响博物馆的正常供电，施工单位不能按时进行基础施工，致使整个工期受到了严重影响。

2）物资供应进度的影响：

施工过程中需要的材料、构配件、机具和设备等如果不能按期运至现场或者是运抵现场后发现其质量不符合有关标准的要求，都会对施工进度产生影响。

如甲供钢筋进场后未经复试就提前加工，后经复试不合格出现退场现象，以及受天气原因或疫情影响等造成材料运输延误。

3）资金的影响：

工程施工的顺利进行必须有足够的资金作保障。一般来说，资金的影响主要来自业主，由于没有及时给足工程预付款，或者是由于拖欠了工程进度款，这些都会影响到施工单位流动资金的周转，进而影响施工进度。

4）施工单位自身管理水平的影响：

施工现场的情况千变万化，如果施工单位的施工方案不当、计划不周、管理不善、解决问题不及时等，都会影响建设工程的施工进度。所以，作为施工单位应通过分析、总结吸取教训，及时改进。

将上述影响建设工程施工进度的因素归纳起来，有以下几点：

（1）在估计工程的特点及工程实现的条件时，过高地估计了有利因素和过低地估计了不利因素。

（2）在工程实施过程中各有关方面工作上的失误。

（3）不可预见事件的发生。

（4）计划时忘记（遗漏）部分必需的作业。

（5）计划值（例如计划工作量、工期）不足，而相关的实际工作量增加；未考虑到资源日历。

（6）出现了计划中未能考虑到的风险或状况，未能使工程实施达到预定的效率，在现代工程项目中，业主方或投资方常常在投标阶段提出很紧迫的工期要求，有时候工期要求几乎不可能达到。

（7）工作量的变化，可能是由于设计的修改、设计的错误、业主新的要求、修改项目的目标及范围的扩展造成的。

（8）外界（如政府等）对项目新的要求或限制，设计标准的提高等，可能造成项目资源的缺乏而无法及时完成。

（9）环境条件的变化，如不利的施工条件不仅造成对工程实施过程的干扰，有时会直接要求调整原来已确定的计划。

（10）发生不可抗力事件，如不利的自然条件、自然灾害等。

（11）计划部门与实施者之间，总包商与分包商之间，业主与承包商之间缺少沟通或者沟通不畅。

（12）项目参与者缺少工期意识，例如设计部门拖延了图纸的供应，施工任务下达时缺少必要的工期说明和责任落实，拖延了工程进度。

（13）其他原因：例如，由于采取其他调整措施造成工期的拖延，如设计的变更、质量问题的返工、实施方案的修改。

2. 纠偏措施

1）施工进度计划的检查与调整。

定期进行施工进度计划执行情况检查，为调整施工进度计划提供信息，检查内容包括：

（1）检查期内实际完成和累计完成情况。

（2）参加施工的人力、机械设备数量及生产效率。

（3）是否存在窝工，窝工人数、机械台班数及其原因。

（4）进度偏差情况。

（5）影响施工进度的其他原因。

2）通过检查找出影响施工进度的主要原因，采取必要措施对施工进度计划进行调整，调整内容包括：

（1）增减施工内容、工程量。

（2）持续时间的延长或缩短。

（3）资源供应调整。

3）调整施工进度计划要及时、有效，调整后的施工进度计划要及时下达执行。

4.9　商务管理

商务管理贯穿于建筑施工项目工程合同管理、投标与招标管理、施工合同签订、施工材料供应方管理、工程造价管理、施工成本管理和建筑工程审核结算管理等。但是，在当前建筑施工项目管理工作中普遍存在商务管理数据有偏差，施工成本管理失控，建筑施工项目审核管理人员的工作能力不足等问题。

项目商务管理在实际工作的开展中，推动了整个工程的发展，并在相关的商务布局、重点问题以及竣工结算等方面作出了专项的策划。其相关的策划有效地推动了相关项目的沟通和发展，进而为企业带来了经济效益。现阶段的项目商务管理不仅为项目的进展起到了一定的推动作用，还在相关的谈判和问题的交涉过程中，尽可能地为企业谋取相关的利润，并由此推动了相关企业实际的发展，更为企业创造了不小的经济效益和社会效益。

一般来说，工程变更和洽商都是由项目总工来主导的，这就要求项目总工要组织研究合同文件，梳理合同工程内容，要从对我方有利的角度来寻求变更索赔，为项目寻求更大的利润空间，做到"节流"与"开源"并举。

想要做好这项工作必须掌握:

(1) 工程联系单、工程洽商记录、工程签证、设计变更及其区别;

(2) 编写工程洽商的技巧;

(3) 工程变更洽商执行流程制度;

(4) 如何做好现场签证以及工程签证。

在洽商管理及变更索赔方面,项目总工要早参与、早研究,实际上很多新工程的项目总工在招标投标阶段就已经参与。对待变更设计的态度方面,项目总工还是要全力去争取,哪怕取得的直接效益并不大,但是通过变更,方便了施工,加强了与业主、设计、监理之间的关系,软化了外部环境,也便于项目管理。

4.9.1　总工如何做好洽商管理工作

1. 工程洽商

工程洽商记录主要是指施工企业就施工图纸、设计变更所确定的工程内容以外,施工图预算或预算定额取费中未包含的,而施工中又实际发生费用的施工内容所办理的书面说明。在施工过程中业主方就工作内容的增减,实质影响到原合同,双方就有新的谈判,于是就有工程洽商记录,洽商记录既可以是新合同,也可以是原合同的附件。

2. 工程洽商开展

工程洽商可以作为结算时调整合同额的依据,所以工程洽商就变成了很多施工单位利润的重要来源,想要利润高就必须学好做工程洽商。有些工程洽商完全可以按照设计变更的形式出具,设计变更的优势在于:因为在各方签字审批的时候,如果是设计方同意的变更,那么业主方和监理方一般都不会有太大的意见;再者,设计变更在结算的时候也更具有分量和说服力。

但是,如果有些工程变更事项不涉及设计方,或者有些工程变更不便让设计方知道,那么施工方就要进行工程洽商的编制了。

1) 常见情形

第一种情景,因为时间比较充分,可以根据变更事项编制专项的施工方案,详细地叙述变更事项中所采用的施工方法、人员配置、材料以及机械的使用情况等。方案编制完以后,通过监理和业主方的签字审批,等到变更事项发生以前,再编制一份工程洽商,这样两者结合的话,更具有说服力,结算的时候也更具有分量。

第二种情景,因为时间比较紧急,如果可以的话,编制一个简单的变更事项措施,把施工方法、人员、材料、机械等进行一下说明,再做一份工程洽商的话,这样就比较完美了。

2) 常规做法

(1) 工程洽商编制以前,要充分地和业主方以及监理方进行沟通,确定了施工方法以及大概的一些成本以后再去制作工程洽商,否则制作完洽商,各方不同意,那就浪费精力和时间了。

(2) 如果前期沟通没有达成一致意见,那就不要轻举妄动,向自己的上级反映情况,不要想着先干完变更事项再要钱,有可能这变更事项就变成了"千古悬案"。

(3) 事中注意的细节

① 编写的工程洽商,一定要详细,最好是文字配图。因为最后的工程洽商是要让造

价人员争取到资金的，所以编写以后一定要让造价人员审核一下，应该使用造价人员能看懂的语言进行表述。

② 编制洽商的人员，一定要注意不要单单局限于工程变更事项本身，不仅要把事项发生所需的人、材、机的费用写清楚，还要考虑到变更事项造成的一些额外影响所形成的费用，比如：变更带来额外的管理费用、变更事项造成的工期影响因素、该事项对于后续施工的影响因素等，这些都是可以写进去的，并可以利用造价语言争取到资金。

③工程变更事项的现场确认，也非常重要。变更事项发生的时候，要让业主方和监理方到现场进行确认，保留影像资料（照片和视频），这个可以作为以后结算的依据，从很多典型的事件来看，这种影像证据还是很重要的。

（4）事后的一些处理技巧：编制完工程洽商，就需要各方签字确认了，这个工作如果单位有专人进行处理那就最好不过，如果没有的话，也要量力而为，向领导请示还是很有必要的，个人经验觉得，很多时候把"难啃的骨头"交给正确的人来处理，效果还是很好的。

工程洽商表，参考表 4-5。

工程洽商记录样表 表 4-5

工程名称		编号	
申请单位		时间	
洽商事宜			
洽商原因			
工程洽商内容： 项目负责人：			
工程参建单位意见			
建设单位	设计单位	监理单位	施工单位
项目负责人： ××××年××月××日	项目负责人： ××××年××月××日	项目负责人： ××××年××月××日	项目负责人： ××××年××月××日

4.9.2 总工如何做好变更管理工作

1. 基本理论

设计变更是工程施工过程中为保证设计和施工质量，而对工程设计进行的完善。设计变更是指设计单位对原施工图纸和设计文件中所表达的设计标准状态的修改。由此可见，设计变更仅包含由于设计工作本身的漏项、错误等原因而修改、补充原设计的技术资料。设计变更费用一般应控制在建安工程总造价的 5% 以内，由设计变更产生的新增投资不得超过基本预备费的 1/3。纠正设计错误以及满足现场条件变化而进行的设计修改工作，一般包括由原设计单位出具的设计变更通知单和由施工单位征得原设计单位同意的设计变更联络单两种。

2. 变更管理

工程变更是建设项目合同管理的重要内容，是影响建设项目进度控制、质量控制和投资控制的关键因素。广义的工程变更包含合同变更的全部内容，狭义的工程变更只包括设计类变更。由于建筑产品的独特属性以及各种主客观因素的影响，工程变更是不可避免的。加强工程变更的管理与控制对实现建设项目合同管理目标具有重要的意义。

工程变更管理的现状已经充分说明了工程变更急需解决的问题，下面就如何高效地对工程变更实施管控，谈几点见解：

（1）将工程变更"一阶段"审批调整为"两阶段"审批。将工程变更分为方案阶段和变更报告阶段进行审批，其中方案阶段通过技术、经济等比选论证后确定变更方案，出具变更方案会议纪要，设计单位据此出具变更图纸，施工单位据此组织施工。变更报告阶段由施工单位申报变更报告，变更报告包括工程量、新增单价、变更费用等内容，并将变更方案会议纪要和变更图纸作为变更报告的附件，变更报告经审批后，由监理签发变更令。变更方案审批阶段由参建各方参加，形成审批会议纪要，变更报告阶段实行逐级审批。由"一阶段"审批调整为"两阶段"审批，将变更审批时间长对现场施工的影响降到最低。

（2）去除冗余审查环节，简化变更审批流程。

首先，对工程变更方案实行分类管理，设定不同的管理权限，避免小变更需要大领导审批的情况，提高审批效率。

其次，优化变更审批流程，对于变更方案实行会议审批，对于变更报告实行部门、分管领导逐级审查，明确各审查岗位职责，压实责任。

最后，对审批时限进行管理，将各环节的审批时限作为员工绩效考核的内容，提高审查效率。

（3）完善合同条款，制定管理细则，对相关人员实行考核评价制度。在合同中设定工程变更管理考核奖金，在不违背合同约定的条件下，制定工程变更考核实施细则，对工程变更处理效率和质量进行考核，必要的时候采取处罚措施，鞭策项目人员对工程变更的投入。

（4）搭建工程变更管理系统，实现工程变更信息化管理。对工程变更方案、变更报告的审查、审批通过工程变更管理系统进行，减少纸质文件报送的时间，避免文件报送过程导致的错乱，同时审查提出的修改要求可以通过管理系统传递，避免了信息传递的失误，通过系统实现变更台账统计，减少多方统计造成的数据不一致。在系统中设定审查时间要求，通过手机短信、微信等方式提醒审查人员及时审查处理，提高审批效率。工程变更资料在系统内归档，可以根据需要从管理系统中导出、打印、签名、盖章。

（5）设置专职工程变更管理岗位，加强组织协调。由于工程变更涉及参建单位各方，并且涉及业主工程管理部和合约管理部，变更内容的审查涉及工程技术、工程经济、工程造价和施工组织等专业知识，为更加高效地开展工程变更管控，需要知识全面、组织协调能力较强的人员统筹工程变更管理工作。

（6）工程变更管理是个系统工程，涉及工程管理的所有组织机构，涉及工程管理的所有专业知识，高效的工程变更管理是项目目标得以顺利实现的基础。由于不同行业各具特色，各项目管理组织机构不统一，专业技术人员配置千差万别，不同行业不同地区规范、合同、审计等规定不同等原因，各建设单位的工程变更管理办法千差万别，尚没有统一的工程变更管理办法和成熟的工程变更管理系统供我们使用。项目可制定符合本工程变更管理实际的管理办法。

（7）在变更设计的切入点方面，要吃透技术图纸和合同文件，总之把握两点，一是"有利可图"，二是方便施工。参考表4-6。

设计变更通知样单 表 4-6

工程名称		设计变更单编号	
建设单位		施工单位	
设计单位		监理单位	
相关图号			
变更内容及简图： 设计人： ××××年××月××日			
涉及单位意见： 签字(公章)： ××××年××月××日		建设单位意见： 签字(公章)： ××××年××月××日	
施工图审查机构意见： 签字(公章)： ××××年××月××日			

4.9.3 总工如何做好签证管理工作

1. 工程签证

施工过程中的工程签证，主要是指施工企业就施工图纸、设计变更所确定的工程内容以外，施工图预算或预算定额取费中未含有而施工中又实际发生费用的施工内容所办理的签证，如由于施工条件的变化或无法预见的情况所引起的工程量的变化。工程签证单可视为补充协议，如增加额外工作、额外费用支出的补偿、工程变更、材料替换或代用等，应具有与协议书同等的优先解释权。

2. 工程签证管理

1）针对可能发生的签证索赔的风险点，商务管理团队在开工之前就应该结合项目的特点，仔细研究项目合同、图纸以及现场实际情况（施工、场地等），对这些可能发生的签证索赔进行一定的规划。

（1）熟悉合同：应特别注意有关成本控制的条款。因为在很多合同中，业主会根据自身的条件和要求约定一些特殊条款，比如，有一个项目要求合同和现场签证必须有总监签字才能生效，无总监签字的现场签证不能作为结算和索赔的依据。

（2）及时处理：一方面，由于工程建设自身的特点，很多工序会被下一道工序覆盖，如基础土方工程，还有一些在施工过程中拆除，如临时设施；另一方面，参加建设的各方人员都有可能变动。因此，现场签证应做到一事一签，一次一签，及时处理、及时审核，并填签证费用审核表，计算费用，上报业主，和业主多沟通，当好业主的参谋。

（3）严格签证：这是施工管理人员必须履行的职责。利用我们的专业知识，严格分析现场签证就能避免违反规定的签证出现，该签证的就签证，不该签证的就不签证。应当有监理工程师的签字，并熟悉定额和有关法律、法规的基本知识，从专业的角度审核签证是否合理、正确，以免最后浪费精力和成本。

2）工作量签证要把握好总体原则：

（1）涉及费用签证的填写要有利于计价，方便结算。不同计价模式下填列的内容要注意：

① 如果有签证结算协议，填列内容要与协议约定计价口径一致。

② 如无签证协议，按原合同计价条款或参考原协议计价方式计价。

③ 签证的方式要尽量围绕计价依据（如定额）的计算规则办理。

（2）各种合同类型的签证内容：

① 可调价格合同至少要签到量。

② 固定单价合同至少要签到量、单价。

③ 固定总价合同至少要签到量、价、费。

④ 成本加酬金合同至少要签到工、料（材料规格要注明）、机（机械台班配合人工问题）、费。

⑤ 如能附图的尽量附图。

⑥ 签证中还要注明列入税前造价或税后造价。参考表4-7。

施工现场签证单 　　　　　　　　　　　表 4-7

施工单位：

单位工程名称		监理单位	
分部工程名称		建设单位	
洽商内容：			
施工负责人：			××××年××月××日
建设单位意见：			
建设单位代表：			××××年××月××日
建立单位意见：			
监理工程师：			××××年××月××日

3. 工程签证要点

（1）签证单一定要详细而简洁，不能说得云里雾里，要让看的人明白签证的内容是什么。

（2）签证单就是乙方对于合同内未规定而增加的部分或者是合同内变更的内容所作的记录，所以要根据现场实事求是地报，不能漏报、多报。

（3）乙方在签签证单时要把价格写上，审计时能够一目了然！签证要说明依据（设计变更、会议纪要等）、计算公式及说明、单价分析，还要附带照片等。

（4）根据施工合同规定首先要明确哪些属于签证的范围，以免糊里糊涂地办理签证给建设单位或监理单位留下不好的印象，以为你是对自己和别人不负责任。在很多时候设计变更和工程联系单都能作为结算依据时，就不能重复办理签证，以免让别人反感，但不能反映结算内容时必须办理签证。

（5）办理签证时工程量怎样签的问题：在很多时候都是通过甲乙双方或多方现场实测作为签量的依据，此时得事先处理好各方之间的关系，以便在现场测量的过程中就能得到对施工单位有利的结果。这很关键，因为现在的签证一般都是多方或多人参与，要是事后就没有多大余地，除非你和各方关系特别好。

（6）签证办理时间的问题：一般情况下都要求及时办理，但在很多时候未必是好事，如属隐蔽的内容，如在施工过程中就急着办理，那只能按实进行，如存在一定的虚量恐怕就没人敢签了，所以时间的问题一定要把握好，不能太早也不能太迟。

（7）能挣钱的签证一般都在隐蔽部分，所以在隐蔽部分得考虑怎样才能多办签证，包括你提出的施工组织设计或方案都要考虑这方面的问题，另外对一些地基处理等问题施工方应多提出对自己有利的建议性的处理方案。

（8）签证最终也还是量的问题，所以没有虚量的签证不叫签证，大家要好好在这上面下功夫。

4. 工程签证需要把握的措施

1）组织措施

现场签证，应处理好以下几点：

（1）现场签证必须有各方主体（业主、监理、施工等）代表签字，同时签证单由几方建设主体各保留一份，结算时由业主亲自交给审计单位，签证单应连续编号。

（2）现场签证的内容、数量、项目、原因、部位、日期、结算方式、结算单价等要明确。

（3）现场签证一定要及时，不要拖延到结算时才补签。对于一些重大的现场变化，还应及时拍照或录像，以保存第一手原始资料。

2）技术措施

技术措施是多方面的，主要是重视抓好以下几个环节：

（1）现场签证应清楚、明确，否则会为结算留下隐患。工程量增加或减少的签证，要具体，数据清晰、明确；发生的措施费用是在施工单位施工范围之外的，签证时要留好证据；发生的项目风险不属于承包商应考虑的范围内的，也要做好记录。

（2）隐蔽工程环节：在实施施工组织设计和施工方案控制过程中，尤其要把好隐蔽工程量签认关。隐蔽工程签证是指施工完以后即将被覆盖的工程部分的签证。此类签证资料一旦缺少将难以完成结算。因此，应特别注意做好以下几方面的记录：

① 基坑换土、材质、深度、宽度记录。

② 孔桩填芯深度。

③ 基槽开挖验槽记录等，签证必须真实和及时，不能事后补签。

3）经济措施

工程施工期间，由于场地变化、业主要求、环境变化等可能造成工程实际造价与合同造价产生差额的各类签证，主要包括业主违约、非承包商原因引起的工程变更及工程环境变化、合同缺陷等。因其涉及面广，项目繁多、复杂，需要切实把握好有关定额、文件规定，尤其要严格控制签证范围和内容。

（1）工期延误赔偿的相关签证：按索赔程序审核索赔的成立条件，分清责任，认可合理索赔，监理签证、业主审定。

（2）材料单价的签证是影响工程造价的重要因素之一，在办理材料单价签证时，应注意弄清哪些材料需要办理签证以及如何办好；对于所签证的材料单价是否包括材料采购保管费、运输费的应注明，避免重复结算；对于需要办理签证的材料单价，最好双方一起作市场调查，如实签明材料名称、规格、厂家、单价、时间等。

4）合同措施

加强合同签订时的管理，若招标文件中对合同主要条款，特别是工程结算方式或价格调整方式描述不够清楚的地方，建议尽可能在合同中明确如下内容：

（1）工程遗漏项目的补充原则。

（2）工程量调整的原则和计算方法。

（3）材料价格调整的原则和方法。

（4）工程保险、履约担保等风险防范的内容。

（5）综合单价调整的原则和计价方法。

（6）措施费用调整的原则和范围。

（7）工期变化对综合单价影响的调整原则等。

4.9.4　签证洽商等甲方不给签字，怎么办

施工管理，素有"低中标，勤签证，高索赔"之说，所以一定要把资料整理和签证做好、做扎实，为后期工作开展做好文章。

1. 原因分析

当遇到甲方等各方不给签字时应进行分析，采取相应措施进行解决，常见的以下几种情况可能造成不签字：

（1）工程签证等文件的内容粗糙、不详细，包括签证的原因（含引用资料的编号）、位置、尺寸、数量、日期、所用材料、结算方式、结算单价等，签证单后未附造成本次签证的原始资料，如技术核定单、设计变更、业主联系单等，造成甲方不予签认。

（2）未经设计及甲方人员书面同意，施工单位自行提高某些材料的用料要求，造成甲方不予签证。

（3）同一工程内容重复签证，造成不予签证。

（4）定额及有关文件中已有规定的项目，造成不签证，如一些东西已包含在包干费、综合费、其他费中，或已包含在定额或综合单价中，但现场人员又另签证此费。

（5）其他原因，如有其他特殊要求，需要管理者见招拆招，灵活应对，确保顺利实现预期目标。

2. 规避手段

（1）在编制签证之前，首先要熟悉合同的有关约定，针对重点问题说明签证理由；同时，应当站在对方的角度来陈述理由和罗列签证内容，这样既容易获得签证，又使签证人感觉不用承担风险，只有这样，对方才会容易接受并签证，否则，对方会不愿意接受并拒签。

（2）如果遇到对方有意不讲道理地拒签，实践中可以采用收发文的形式送达甲方（叫一般工作人员去办理）；不需要强逼甲方在签证单上签字，只需要在收发文本上签字，这样就可以证明已经收到我方的发文，即使甲方不在签证单签字，超过法定时间，签证也自动生效。

（3）工程签证的内容应尽量保证详细，包括签证的原因（含引用资料的编号）、位置、尺寸、数量、日期、所用材料、结算方式、结算单价等，签证单后必须附造成本次签证的原始资料，如技术核定单、设计变更、业主联系单等。

（4）充分考虑各方需求，实现共赢。

4.9.5　总工如何做好一次经营工作

1）项目的一次经营：

（1）投标意图与招标要求的匹配。

（2）不平衡投标方法的科学应用。

（3）项目实施风险的合理预测（成本、市场、质量、进度、安全）。

（4）施工方法与管理方法的合理集成效应。

（5）项目管理目标的实现，合理的技术标的和商务标的。

2）认真学习招标文件及合同文件，梳理出履约要求、预付款条款、变更条款、临建标准要求等，提供给相关负责人员办理相关资料，确保相关工作针对性地开展。

3）参与并建议分包策划，确保便于管理，分包内容合理。参与并对各种协议进行细致审修，确保其条款具有可操作性及严密性，确保条款权责全面、界定清晰。

4）做好施工方案的经济性、工艺的可行性、消耗控制。

5）以施工图预算控制成本支出：在施工项目的成本控制中，可按施工图预算，实行"以收定支"，或者叫"量入为出"。成本控制包括人工费的控制，材料费的控制，钢管脚手、模板、扣件等周转设备使用费的控制，施工机械使用费的控制，构件加工费和分包工程费的控制。

4.9.6　总工必懂的不平衡报价知识点

1. 基本概念

不平衡报价是指一个工程项目总的报价基本确定后，通过调整内部个别部分项目的报价，以期既不提高总报价又不影响中标，还能在结算时得到更加具有经济效益的投标报价的方法。不平衡报价一般正常的具体做法是：能够先期施工及收到工程款（如开办费、土方、基础项目等）以及估计今后会增加工程量的子项目等，其单价可定得高一些，以期尽早、更多地得到工程款，减少资金成本；后期工程的子项目（如粉刷、油漆、电气等）、预计工程量将会减少的子项目等，适当降低报价单价。

2. 常见的不平衡报价

1）调整项目前后期价格引起的不平衡报价

投标人在报价时，汇总报价不变，把施工中先期施工项目的价格调高，后期施工中的项目价格调低。这样，投标人就可提前获得较多的进度款。

这种报价提高价格的项目主要有：土方工程、基础工程和结构部分等。降低价格的项目主要有：屋面工程、装饰工程等。

2）建设单位（招标代理）工程量计算误差引起的不平衡报价

投标单位在审核建设单位（代理机构）的工程量时，发现计算有误，对于有经验的施工单位判断一些工程量将来造成增加的项目，价格适当报高，对于工程量将来减少的项目，价格适当报低，保持报价总价不变。投标单位在结算时，进行变更调整时对增加工程量的，相应就增加了合同总价，减少工程量时，就会减少。

3）建设单位（代理机构）工程量清单项目描述不符引起的不平衡报价

投标单位在审核建设单位（代理机构）的项目时，发现提供的清单中描述项目特征和实际图纸不符，就会对这些问题进行不平衡报价。

例：某项工程，招标方的工程量清单特征描述写的是水泥砂浆地面，而图纸上设计的是瓷砖地面。假定瓷砖地面市场价格是 40 元/m²，而投标却报 20 元/m²，把 20 元/m² 的差价加到别的项目上。结算时，由于实际施工是瓷砖地面，就把 20 元/m² 水泥砂浆地面的费用扣除，对瓷砖地面按实际价格进行重新组价，结果投标企业就多获了 20 元/m² 的工程利润。

4）图纸设计存在问题引起的不平衡报价

投标单位在审核图纸时，发现图纸存在较多问题，预测到在实际施工时肯定要进行修改。投标单位就会将这些出现问题的报价报得很低，把差价不增加到其他报价上，造成结算中施工单位获得相应的利润。

5）因施工方案与现场实际差异引起的不平衡报价

一般建设项目施工工期较长且复杂，施工方案与施工现场实际情况有时候也有一定的差异，就会产生变更或创造条件来变更，就会有利润增加。例如，基础开挖时的施工方案是放坡，但实际施工时，可能会受周边地形的限制，无法放坡，须改为支护，存在这个问题，报价时就有意压低放坡报价，把价差放在别的项目上，结算时将支护报价重新组价，从而获取一定的利润。

6）暂定工程引起的不平衡报价

对于一些暂定的工程，一般由建设单位决定。有些暂定的项目可能做也可能不做，可能由另一家专业队伍来完成，也有可能继续交给现有施工单位，对于投标单位自己做的，就报高价。如做的可能性不大时，就报低价，维持总报价不变。一旦在实际中做这些工程，施工单位就可多获利。如暂定工程今后可能分包给其他施工企业做的，就报出低价。

7）议标引起的不平衡报价

议标过程中，建设单位要求降低报价时，投标单位有意压低工程数量少的报价，工程量大的保持不动或少动，这样报价清单看上去有很多项报价都减了，但实际总报价却降得不多。

由于不平衡报价法没有考虑到实际施工中经常会出现的工程变更问题和投标竞争环境的影响，所以在使用时必须掌握好尺度，否则会弄巧成拙。总之，各施工企业不相同的施工组织设计决定了所采用的施工方法、施工机械设备、材料、人工数量等的不同，有时报价会相差很大，各施工企业管理水平导致了工程成本存在差异，水平高的可以降低工程成本。

3. 常见的不平衡报价经典案例

 案例 4-1： -

某港口码头工程，钢管桩预算价为 9589.94 元/t，施工方投标报价为 11464.99 元/t，超出预算价 16.4%；混凝土桩预算价 1905.88 元/m³，施工方投标报价为 1605.88 元/m³，比预算价低 15.7%。工程开工初期，施工方就以地质勘探不详、地下层石头太多、钻机无法施工为理由，要求变混凝土桩为钢管桩，变更后的单价以投标单价计算，该要求得到了项目业主单位和设计部门的"支持和认可"。

调高工程量清单项目特征内容描述不清（有误）或部分漏项的综合单价，待后期重新组价。

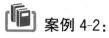 **案例 4-2：** -

某污水管网工程，项目业主单位委托某造价咨询机构编制工程量清单时，由于造价咨询机构的问题，在项目描述时，漏掉了"钢丝网水泥抹带"这一项目，但清单预算价每米

221元中已包括"钢丝网水泥抹带"。施工方在投标时的投标价为每米230元，后期施工时要求增加"钢丝网水泥抹带"项目，按定额计算每米应增加约12元，调整后的单价达到了每米242元。

4.9.7 总工如何做好二次经营工作

1. 基本理念

二次经营是施工企业与另一方签订合同之后为提高项目收益所进行的一种经济活动，也是商务策划的重要内容之一。

对于施工企业来讲，二次经营是项目创效的必由之路。二次经营的特点是充分利用在建项目的各种优势，实现项目的开源节流、降本增效。作为一种管理理念和创效手段，二次经营涉及项目管理的方方面面，对项目管理提出了很高的要求。

对于二次经营，需要提前做好布局工作。首先，要对合同变更提前计量，制订好相关的变更文件；其次，对于工况变更，应提前制订应急方案，随后准备上报签证；再者，伤疤签证要提前策划好，依次做好提意见、准备合同文件、呈递报告、审查协商的工作，并提前与相关的工作人员进行沟通，为未来可能发生的签证索赔作铺垫。

2. 基本原则

1）要合作共赢

有竞争也应有合作，合作是为了在市场上更好地参与竞争。其实良好的合作就是共赢，这种关系同时也体现在项目部与监理、业主以及地方相关行政管理部门关系上，这是从施工企业外部来讲的。对施工企业内部来说，项目部与劳务分包队伍、材料设备供应商也要讲共赢，只有共赢才能共同和谐发展。

2）社会效益与经济效益的结合

企业是以追求合理的经济效益为目的的营利组织，但是要均衡社会效益和经济效益的关系，片面追求社会效益，会使企业本末倒置，项目部也会不堪重负。但是项目必须取得一定的社会效益，才能有力地保障市场的可持续性和就地延伸开拓。

3）要遵守法律法规

只有遵守国家及地方法律法规及各项规定，才能够有效地保障项目管理人员、在建工程、监理、业主等各方利益。当前建筑市场不可否认存在这样那样的灰色地带，但是施工企业不能只专注于此道，不思进取，必须不断提高自己的管理水平。

4）要有利于在建工程

在建项目是基础，必须在做好一次经营的基础上开发二次经营，才能做到施工管理水平在行业领先，才能使企业具有竞争力。片面强调二次经营，就是杀鸡取卵，得到的是短期内的蝇头小利，失去的是信誉，是市场。

3. 措施

1）建立项目成本管理组织机构，提高项目成本管理意识

项目成本管理必须有组织保证，建立必要的机构，配备有工作经验的专业人员抓项目成本管理工作。项目管理人员，既要有专业知识，各负其责，还要具备其他相关专业知识，具有团结协作、敬业精神。明确项目的管理组织有利于对项目成本的职能分工，才能保证对项目成本的控制。

项目中标后，根据投标时的成本测算资料，编制相对准确的项目责任成本预算；项目经理与公司签订项目目标考核任务书后，由项目部编制项目实施策划，明确管理团队人数，限定项目运行费用；确定分包模式，锁定工程及劳务分包、材料设备等工程实体成本。

项目责任成本预算还是项目部与工程及劳务分包方签订分包合同的依据。项目在施工过程中，如发现责任成本因某种原因定得太低或太高，可向责任成本管理小组进行申诉，根据合议结果进行适当调整。

项目在开工前将责任成本目标细化分解后，就要落实到每一名管理人员和劳务分包队伍，并根据岗位职责分工，制订出保证措施，将项目责任成本目标完成情况与项目全体人员的绩效薪酬挂钩，节奖超罚，节余部分享受分成兑现，从而调动项目部员工加强管理和搞好二次经营的积极性。

2）抓设计变更、现场签证，及时办理施工索赔

通过变更设计能否取得效益是考核二次经营成效的一个重要指标。变更设计是一次经营和二次经营的连接纽带。变更设计能否创效，很大程度上决定了项目部能否获利。工程变更设计要做到及时提出、及时计量、及时追加合同造价；在施工过程中完善基础资料和签字手续，不留后遗症，确保能够顺利通过竣工验收，通过项目审计。

变更设计应充分考虑各方的利益，业主、监理、设计和施工单位所处的角度不一样，但是大家的目的都是更好地做好工程。沟通顺畅、合作愉快后，即使是施工企业想不到的变更项目，监理也会善意地提醒。

变更设计项目往往是因为原施工方案考虑不周，或者是施工过程中出现了紧急情况，需要突破常规的施工方法，投入足够的人、财、物，较常规施工往往要增加一定的成本。因此，在变更设计上，更应该先做好施工预算，而且要得到监理、业主认可；预算部门就应该事先深入了解，事中迅速反应。这样在变更设计中才能保持主动，为调整工期及增加经济效益提供有力的后盾。

3）抓分包和材料采购的管理

针对责任成本、材料价格下调空间有限的情况，可以通过内部公开招标，选择劳务队伍，公开采购物资材料，透明化运作程序，从而提高管理效益。

4. 二次经营策略和技巧

（1）二次经营需要主动争取、精心策划、有效实施。在办理签证时，要安排好签证人员，填写好签证内容，注意签证的方式方法。一般来说，工程签证是工程变更的反映，此项签证是否涉及经济变更，业主工程技术人员一时难以判断，此时安排相关的技术人员去业主方办理签证相对会顺利得多。倘若直接由预结算人员出面签证，业主会下意识地认为施工单位来要钱了，这样在审核签证上会谨慎得多，签证就不容易通过，想要创造效益就很困难。只要工程技术签证办好了，经营活动在此基础上就有理有据了。

（2）在项目施工过程中，平时要把进行结算的申请及时报送出去，抓住有利时机，争取单项结算，不要等到最后算总账。对于需要大量采购材料的项目，可以根据工期适当提前申报预付款和材料款，以备工程资金链的良好循环。单项结算事件单一，双方容易达成共识，而且能及时得到支付。最后算总账比较困难：一是时间拖长，问题不易说清楚；二是积少成多，结算金额较大，谈判举步维艰；三是失去了工程制约的有利条件；四是到了

工程后期往往会遭遇业主的"反索赔"，使问题变得更加复杂，所以结算一定要及时。当然，工程施工期间的签证工作就尤其重要了，项目部各级管理人员都要积极配合，友好协商，尽量完整及时地反映项目造价变更的全部情况。

（3）注意整理所有的结算依据，更要注意做到"有礼有节"，不能处处占尽"上风"，让负责结算审核的人员感到处处在让步，使其从专业上产生"抗拒心理"。应该"抓大放小"，合理的大项必须牢牢抓住，模棱两可的小项该放则放。只有让审核人员觉得有得有失、"心理平衡"，施工企业才能适时有理有利，太过斤斤计较反而不利于工程的结算工作。

（4）要做好二次经营工作，必须坚持"合作共赢、全过程经营、深度经营、智慧经营"等理念，平衡好各方利益，超前筹划，精心运作。

（5）二次经营：会干更要会算，要有大智慧、大胆略、高情商，善引势、巧借势、会造势。

（6）找准切入点、抓住关键点、瞄准着力点、选好结合点，使项目二次经营有序开展。

4.9.8　甲方拖欠工程款的几点原因

1. 现状

工程款被拖欠可以说是工程人最痛苦的事情，因为对于实力弱小的承包商来说，弄不好就会有破产的风险！

然而甲方拖欠工程款，在工程行业极其普遍，毕竟每个企业都会有资金困难的时候。但是，对于承包方来说，心里最没底的就是碰到那种见了面就说"好好，快了快了，已经在走程序了，马上款就下来了"之类的敷衍之语，却迟迟不见款项。

对此，提醒承包人，在工程接手之前，一定要对甲方有一个深入的了解！因为作为一个成熟的承包人，在项目承接前应该对发包人的诚信和实力有所调查和侧面了解。但是也不能排除一些表象，让不知情的投标人纷纷入坑。如果，当初只是一味低头投标抢机会而没有去充分了解合作甲方的底细，那么只有在事后来进行补救。

2. 常见的拖欠原因

（1）"工程有质量问题"，毫无疑问是甲方拖欠工程款最常用的理由之一。

（2）甲方恶意拖欠：简单说，就是对方资金充裕，并且也有支付能力，但就是毫无期限地拖，就是遥遥无期。这个时候也可以从其他的同行侧面了解，如果也是口碑很差，这时我们建议一边发书面催款单（注明好日期），一边搜集书面材料证据；同时先协商看是否有其他缓解措施，协商无果就要果断走司法途径。

（3）甲方确实资金紧张：有些时候甲方也会遇到资金问题。比如很常见的就是开发商，在市场遇冷、房子卖不动的情况下，就有很大的资金困境。那么这个时候建议可以与甲方协商先行走借款方式支付一些款项或者获得一些价值相当的固定资产抵债来套现一些款项，解决自己的资金压力。

（4）甲方财务优化需要：

除了恶意/故意拖欠和资金紧张等情形外，还有一种情况也经常出现，那就是甲方为了满足财务报表好看、优化财务成本或者美化报表采取的一种策略，通过延迟支付额，降低财报中的支付额，从而在一定时期内利润提高等。此类压款属于常见的甲方强势操作，计划性/强制性地占用乙方一定的资金时间、价值。

碰到这种情况时，承包方也要强硬起来，当然这种强硬不是乱来，也不是走非法的途径，而是要和甲方协商，并且要求甲方给出一个明确的付款期限。如果回款慢了会给自身造成压力，建议以借款方式预支一部分资金或者在原来约定的进度款额度上申请多次小批量支付，缓解双方的压力。

（5）部分人员需求未得到满足：遇到这样的问题时，一定要均衡各方利益，根据项目实际情况灵活掌握，保证项目有效运行。

4.9.9　回款的几点策略——最难是开口要钱

1. 现状

作为项目管理人员，大家可能都会有一个共同感受，就是项目回款困难，总觉得建设单位、监理单位故意在项目中找一些小问题来搪塞或推诿。有些项目需要好几层领导签字确认，就跟游戏打通关一样，一关关过，项目人员最终搞得很是疲惫，有时还看不到成效。回款成为项目的一大难关，如果催甲方太紧，关系就会变差；催得不紧，公司那关也不好交代。

2. 回款把握点

（1）合同签订时一定要双方约定好付款条件和期限，明确好验收标准。

（2）在项目的执行过程中，如果有异常或者变更要及时和相关方进行沟通协商，在每个项目里程碑处需要相关方签字确认或者邮件确认，防止后期扯皮，每个阶段性成果或者服务产品，在付款到期之前，把双方认可结果提交对方，让对方知晓付款时间。

（3）与相关方的对接需要做好记录和沟通，放到公司资源库中，方便日后与相关方的对接。

（4）项目最后回款，已经处理完一切项目结束过程，就需要把相关信息提交公司高层，等待指示。

（5）日常项目进程中，注意多沟通、多交流，保证项目进程双方特别是对方高层能及时理解和掌握，让对方满意，可以保证回款的效率。

（6）催款理由可以打人情牌。

（7）了解大公司的付款流程，如果确实请款了，可能要等预算安排等，确认了就不要一直催。

（8）明确关键干系人，向关键干系人公关，可能这个关键干系人是接口人，老板听接口人汇报，此时一直催老板也没用。

4.9.10　把握甲方付款流程的几个关键点

工程项目自身的特点，决定了项目控制的工作重点在于项目的进度、成本及质量等指标。作为甲方，就是希望通过对投资项目全过程的有效控制，从组织、技术、经济、合同等方面，降低成本，提高投资效益和社会效益。

施工中应该把握好以下几点：

（1）按照本工程合同中有关工程款申报条款约定的关于申报、审批时间、流程、申报标准表格等各项要求进行工程款申报，确保工程款及时支付，保障工程顺利进行。

（2）提前与建设单位进行沟通，掌握他们的支付流程、审核流程、常规支付时限，争取掌握付款节点核心人物。

（3）做好跟踪，随时掌握付款进展，了解支付延误原因，并采取相应措施。

4.9.11　如何做好财务管理工作

资金是项目的血液，也是让项目保持活力的要素，作为项目管理者一定要注重项目财务管理工作，让项目持续高效运行。可以从以下几方面开展财务管理工作：

（1）认真学习公司财务管理制度，让项目管理者明确财务基本要求和财务红线。

（2）提高从业人员素质、业务能力，建立科学合理的激励机制，提高资金管理的有效性。

（3）建立完善的项目成本核算体系，加强成本监控力度。

（4）结合项目施工的材料管理的特点，通过材料动态平衡表和月末盘点表，建立清晰完善的材料账务体系。

（5）根据项目部实际施工情况和经济活动及发生的各项成本，做好项目资金预测，成本-利润控制，与合作队伍结合中间计量确认中间预付工程款控制的财务分析。

（6）做好项目财务工作的同时，不仅要加强财务的管理和监督力度，还要加强财务工作的服务职能。

4.9.12　总工必懂的可以索赔项

1. 基本概念

建设工程索赔通常是指在工程合同履行过程中，对于并非自己的过错，而是应由对方承担责任的情况造成实际损失向对方提出经济补偿和（或）时间补偿的要求。而业主对于属于承包商应承担责任造成的，且实际发生了的损失，向承包商要求赔偿，称为反索赔。

业主的反索赔一般数量较小，而且处理方便，可以通过冲账、扣拨工程款、扣保证金等方式实现对承包商的索赔；而承包商对业主的索赔则相对比较困难一些。承包商在处理索赔事件时，往往会十分重视索赔依据、证据的收集，组织精兵强将参与索赔谈判和调解，对索赔费用或工期的计算更是不遗余力，往往忽视了索赔报告编写这重要一环。而承包商要取得索赔的成功，组织编写高质量的索赔报告，在索赔事件处理中能起到事半功倍的作用。索赔报告是向对方提出索赔要求的正式书面文件，是承包商对索赔事件处理的预期结果。

工程索赔是建筑工程管理和建筑经济活动中承、发包双方之间经常发生的管理业务，正确处理索赔对有效地确定、控制工程造价，保证工程顺利进行，有着重要意义；另外，索赔也是承、发包双方维护各自利益的重要手段。

2. 建设工程索赔的起因

索赔可能由以下一个或多个方面引起：

（1）发包人违约：包括发包人和工程师没有履行合同责任，没有正确地行使合同赋予的权力，工程管理失误，不按合同支付工程款等。例如，因业主提供的招标文件中的错误、漏项或与实际不符，造成中标施工后突破原标价或合同包价造成的经济损失；业主未按合同规定交付施工场地；业主未在合同规定的期限内完成土地征用、青苗树木补偿、房屋拆迁及清除地面、架空和地下障碍等工作，导致施工场地不具备或不完全具备施工条件；业主未按合同规定将施工所需水、电、通信线路从施工场地外部接至约定地点，或虽接至约定地点但没有保证施工期间的需要，业主没有按合同规定开通施工场地与城乡公共道路的通道或施工场地内的主要交通干道不满足施工运输的需要，没有保证施工期间的畅通；业主没有按合同的约定及时向承包商提供施工场地的工程地质和地下管网线路资料，或者提供的数据不符合要求；业主未及时办理施工所需各种证件、批文和临时用地、占道及铁路专用线的申报批准手续而影响施工；业主未及时将水准点与坐标控制点以书面形式交给承包商；业主未及时组织有关单位和承包商进行图纸会审，未及时向承包商进行设计交底；业主未妥善协调处理好施工现场周围地下管线和邻近建筑物、构筑物的保护而影响施工顺利进行；业主没有按合同的规定提供应由业主提供的建筑材料、机械设备；业主拖延承担合同规定的责任，例如拖延图纸的批准、拖延隐蔽工程的验收、拖延对承包商所提问题进行答复等，造成施工延误；业主未按合同规定的时间和数量支付工程款；业主要求赶工；业主提前占用部分永久工程；因业主中途变更建设计划，例如工程停建、缓建造成施工力量大运迁、构件物资积压倒运、人员机械窝工、合同工期延长、工程维护保管和现场值勤警卫工作增加、临建设施和用料摊销量加大等造成的经济损失；因业主供料无质量证明，委托承包商代为检验，或按业主要求对已有合格证明的材料和构件、已检查合格的隐蔽工程进行复验所发生的费用；因业主所供材料亏方、亏吨、亏量或设计模数不符合定点厂家定型产品的几何尺寸，导致施工超耗而增加的量差损失；因业主供应的材料、设备未按合同规定地点堆放的倒运费用或业主供货到现场后由承包商代为卸车堆放所发生的人工和机械台班费。

（2）合同错误：包括合同条文不全、错误、矛盾、有歧义，设计图纸、技术规范错误等。例如，合同条款用语含糊、不够准确；合同条款存在漏洞，对实际可能发生的情况未作预料和规定，缺少某些必不可少的条款；合同条款之间存在矛盾；某些条款中隐含着较大风险，对单方面要求过于苛刻，约束不平衡，甚至发现某些条文是一种圈套。另外，用词不严谨导致双方对合同条款的理解不同，从而引起工程索赔，例如"应抹平整""足够的尺寸"等，像这样的词容易引起争议，因为没有给出"平整"的标准和多大的尺寸算"足够"。图纸、规范是"死"的，而建筑工程是千变万化的，人们从不同的角度对它的理解也有所不同，这个问题本身就构成了索赔产生的外部原因。

（3）合同变更和设计变更：包括双方签订新的变更协议、备忘录、修正案，发包人下达工程变更指令等。例如，设计变更或设计缺陷引起的索赔，因设计漏项或变更而造成人力、物力、资金的损失和停工待图、工期延误、返修加固、构件物资积压、改换代用以及连带发生的其他损失；因设计提供的工程地质勘察报告与实际不符而影响施工所造成的损失；按图施工后发现设计错误或缺陷，经业主同意采取补救措施进行技术处理所增加的额外费用；设计驻工地代表在现场临时决定，但无正式书面手续的某些材料代用、局部修改或其他有关工程的随机处理事宜所增加的额外费用；新型特种材料和新型特种结构的试制、试验所增加的费用。例如，在某高速公路的施工规范中"清理与掘除"和"道路填方"对路基的施工要求的提法不一致，在"清理与掘除"中规定："凡路基填方地段，均应将路堤基底上所有树根、草皮和其他有机杂质清除干净"。而在"道路填方"中规定：

"除非工程师另有指示，凡是修建的道路路堤高度低于1m的地方，其原地面上所有草皮、树根及有机杂质均予以清除，并将表面土翻松，深度为250mm"。承包商按施工规范中"道路填方"的施工要求进行施工，对有些路堤高于1m的地方的草皮、树根未予清除，而业主和监理工程师则认为未达到"清理与掘除"规定的施工要求，要求清除草皮和树根，由于有的路段树根较多（1000余棵树的树根），为此承包商向业主提出了费用索赔。

（4）工程环境变化，包括法律、市场物价、货币兑换率、自然条件的变化等。

例如，加速施工引起劳动力资源、周转材料、机械设备的增加以及各工种交叉干扰增大工作量等额外增加的费用；因场地狭窄以致场内运输距离增加所发生的超运距费用；因在特殊环境中或恶劣条件下施工所发生的降效损失和增加的安全防护费用；每季度由工程造价管理部门发布的建筑工程材料预算价格的变化；国家调整关于银行贷款利率的规定；国家有关部门关于在工程中停止使用某种设备、材料的通知；国家有关部门关于在工程中推广使用某些设备、施工技术的规定；国家对某种设备、建筑材料限制进口、提高关税的规定；在外资或中外合资工程项目中货币贬值也有可能导致索赔。

（5）不可抗力因素，例如恶劣的气候条件、地震、洪水、战争、禁运及因施工中发现文物、古董、古建筑基础和结构、化石、钱币等有考古、地质研究价值的物品所发生的保护等费用；异常恶劣气候条件造成已完工程损坏或质量达不到合格标准时的处置费、重新施工费等。

3. 建设工程索赔的事件分析

1）因合同文件引起的索赔：有关合同文件的组成问题引起的索赔；关于合同文件有效性引起的索赔；因图纸或工程量表中的错误引起的索赔。

（1）改变了工作时间，合同中按每周6d考虑，而最新版的《中华人民共和国劳动法》规定为每周工作5d，且对加班时间给予总量限制。

（2）提高了加班工资标准，将工作日、星期天及法定假日的加班工资标准从基本工资的100%、150%和200%分别提高到150%、200%和300%，这样既改变了承包商的施工进度安排，又提高了工资支出。为此，承包商提出索赔。任何不正常的变更都可能导致承包商的索赔。施工期间承包商利用一切合理的理由进行索赔而得到经济补偿就是较高管理水平的体现，他们先后多次提出索赔要求，所获得的索赔款是一个不小的数目。

2）有关工程施工的索赔：地质条件变化引起的索赔；工程中人为障碍引起的索赔；增减工程量引起的索赔；各种额外的试验和检查费用偿付；工程质量要求的变更引起的索赔；关于变更命令有效期引起的索赔；指定分包商违约或延误造成的索赔；其他有关施工的索赔。

3）关于价款方面的索赔：关于价格调整方面的索赔；关于货币贬值和严重经济失调导致的索赔；拖延支付工程款的索赔。

4）关于工期的索赔：关于延长工期的索赔；由于延误产生损失的索赔；赶工费用的索赔。

5）特殊风险和人力不可抗拒灾害的索赔：特殊风险，一般是指战争、敌对行动、入侵、敌人的行为、核污染及冲击波破坏、叛乱、革命、暴动、军事政变或篡权、内战等。人力不可抗拒灾害主要是指自然灾害，由这类灾害造成的损失应向承保的保险公司索赔。

在许多合同中承包人以发包人和承包人共同的名义投保工程一切险，这种索赔可同发包人一起进行。

6）工程暂停、中止合同的索赔：施工过程中，工程师有权下令暂停全部或部分工程，只要这种暂停命令并非承包人违约或其他意外风险造成的，承包人不仅可以要求得到工期延展，而且可以就其停工损失获得合理的额外费用补偿。中止合同和工程暂停的意义是不同的。有些中止的合同是由于意外风险造成的损害十分严重，不能继续施工引起的；有些中止的合同是由"错误"引起的，例如发包人认为承包人不能履约而中止合同，甚至将该承包人驱逐出工地。

4. 索赔的管理

（1）由于索赔引起费用或工期增加，故往往为上级主管单位复查对象，为真实、准确反映索赔情况，施工单位应建立、健全工程索赔台账或档案。

（2）索赔台账应反映索赔发生的原因、索赔发生的时间、索赔意向提交时间、索赔结束时间、索赔申请工期和金额、监理工程师审核结果、业主审批结果等内容。

（3）对合同工期内发生的每笔索赔均应及时登记。工程完工时应形成一册完整的台账，作为工程竣工资料的组成部分。

5. 索赔的 51 个机会

1）业主行为的潜在索赔机会

（1）因业主提供的招标文件中的错误、漏项或与实际不符，造成中标施工后突破原标价或合同包价造成的经济损失。

（2）业主未按合同规定交付施工场地。

（3）业主未在合同规定的期限内办理土地征用、青苗树木补偿、房屋拆迁、清除地面、架空和地下障碍等工作，导致施工场地不具备或不完全具备施工条件。

（4）业主未按合同规定将施工所需水、电、电信线路从施工场地外部接至约定地点，或虽接至约定地点但没有保证施工期间的需要。

（5）业主没有按合同规定开通施工场地与城乡公共道路的通道或施工场地内的主要交通干道没有满足施工运输的需要、没有保证施工期间的畅通。

（6）业主没有按合同的约定及时向承包商提供施工场地的工程地质和地下管网线路资料，或者提供的数据不符合真实准确的要求。

（7）业主未及时办理施工所需各种证件、批文和临时用地、占道及铁路专用线的申报批准手续而影响施工。

（8）业主未及时将水准点与坐标控制点以书面形式交给承包商。

（9）业主未及时组织有关单位和承包商进行图纸会审，未及时同承包商进行设计交谈。

（10）业主没有妥善协调处理好施工现场周围地下管线和邻接建筑物、构筑物的保护而影响施工顺利进行。

（11）业主没有按照合同的规定提供应由业主提供的建筑材料、机械设备。

（12）业主拖延承担合同规定的责任，如拖延图纸的批准、拖延隐蔽工程的验收、拖延对承包商所提问题进行答复等，造成施工延误。

（13）业主未按合同规定的时间和数量支付工程款。

（14）业主要求赶工。

（15）业主提前占用部分永久工程。

（16）因业主中途变更建设计划，如工程停建、缓建造成施工力量大运迁、构件物资积压倒运、人员机械窝工、合同工期延长、工程维护保管和现场值勤警卫工作增加、临建设施和用料摊销量加大等造成的经济损失。

（17）因业主供料无质量证明，委托承包商代为检验，或按业主要求对已有合格证明的材料构件、已检查合格的隐蔽工程进行复验所发生的费用。

（18）因业主所供材料亏方、亏吨、亏量或设计模数不符合定点厂家定型产品的几何尺寸，导致施工超耗而增加的量差损失。

（19）因业主供应的材料、设备未按合约规定地点堆放的倒运费用或业主供货到现场、由承包商代为卸车堆放所发生的人工和机械台班费。

2）业主代表行为的潜在索赔机会

（20）业主代表委派的具体管理人员没有按合同规定提前通知承包商，对施工造成影响。

（21）业主代表发出的指令、通知有误。

（22）业主代表未按合同规定及时向承包商提供指令、批准、图纸或未履行其他义务。

（23）业主代表对承包商的施工组织进行不合理干预。

（24）业主代表对工程苛刻检查，对同一部位反复检查，使用与合同规定不符的检查标准进行检查，过分频繁地检查，故意不及时检查。

3）设计变更潜藏着索赔机会

（25）因设计漏项或变更而造成人力、物资和资金的损失和停工待图、工期延误、返修加固、构件物资积压、改换代用以及连带发生的其他损失。

（26）因设计提供的工程地质勘探报告与实际不符而影响施工所造成的损失。

（27）按图施工后发现设计错误或缺陷，经业主同意采取补救措施进行技术处理所增加的额外费用。

（28）设计驻工地代表在现场临时决定，但无正式书面手续的某些材料代用、局部修改或其他有关工程的随机处理事宜所增加的额外费用。

（29）新型、特种材料和新型特种结构的试制、试验所增加的费用。

（30）施工说明等表述不严明，对设备、材料的名称、规格型号表示不清楚或工程量错误等诸多方面的遗漏和缺陷。

4）合同文件的缺陷潜在的自索赔机会

（31）合同条款规定用语含糊，不够准确。

（32）合同条款存在着漏洞，对实际可能发生的情况未作预料和规定，缺少某些必不可少的条款。

（33）合同条款之间存在矛盾。

（34）双方的某些条款中隐含着较大风险，对单方面要求过于苛刻，约束不平衡，甚至发现某些条文是一种圈套。

5）施工条件与施工方法的变化潜藏着索赔机会

（35）加速施工引起劳动力资源、周转材料、机械设备的增加以及各工种交叉干扰增大工作量等额外增加的费用。

（36）因场地狭窄，以致场内运输运距增加所发生的超运距费用。

（37）因在特殊环境中或恶劣条件下施工发生的降效损失和增加的安全防护、劳动保健等费用。

（38）在执行经甲方批准的施工组织设计和进度计划时，因实际情况发生变化而引起施工方法的变化所增加的费用。

6）国家政策法规的变更潜藏着索赔机会

（39）每季度由工程造价管理部门发布的建筑工程材料预算价格的变化。

（40）国家调整关于建设银行贷款利率的规定。

（41）国家有关部门关于在工程中停止使用某种设备、材料的通知。

（42）国家有关部门关于在工程中推广某些设备、施工技术的规定。

（43）国家对某种设备、建筑材料限制进口、提高关税的规定。

（44）在一种外资或中外合资工程项目中货币贬值也有可能导致索赔。

7）不可抗力事件潜藏着索赔机会

（45）因自然灾害引起的损失。

（46）因社会动乱、暴乱引起的损失。

（47）因物价大幅度上涨，造成材料价格、工人工资大幅度上涨而增加的费用。

8）不可预见因素的发生潜藏着索赔机会

（48）因施工中发现文物、古董、古建筑基础和结构、化石、钱币等有考古、地质研究价值的物品所发生的保护等费用。

（49）异常恶劣气候条件造成已完工程损坏或质量达不到合格标准时的处置费、重新施工费。

9）分包商违约潜藏着索赔机会

（50）甲方指定的分包商出现工程质量不合格、工程进度延误等违约情况。

（51）多承包商在同一施工现场交叉干扰引起工效降低所发生的额外支出。

4.9.13　总工必懂的索赔依据

"低中标、勤索赔、高结算"是承包工程的国际惯例，指望通过招标投标获得一个优惠的高价合同是不现实的，通过勤于索赔、精于索赔的先进履约管理，从而获得相对高的结算造价则是完全有可能的。因此，必须切实把索赔作为合同造价履约管理最重要的工作。从某种意义上讲，以造价为中心，就是以索赔为中心，造价管理就是索赔管理，尤其是签订合同时是难以确定合同造价的，履约过程中的增项、工程变更、材料更换、条件变化都只能通过扎实的、有效的索赔才能实现。总之，施工索赔是利用经济杠杆进行项目管理的有效手段，对承包商、业主和监理工程师来说，处理索赔问题水平的高低，反映了他们对项目管理水平的高低。随着建筑市场的建立和发展，索赔将成为项目管理中越来越重要的问题。

为了达到索赔的目的，承包商要进行大量的索赔论证工作，来证明自己拥有索赔的权利，而且所提出的索赔款额要准确，依据要充分，要有说服力。对于所有施工单位而言，索赔才是维护自身权利的有效手段和方法。建设工程索赔的依据包括：

（1）招标文件：招标文件是工程项目合同文件的基础，包括通用条件、专用条件、施工技术规程、工程量表、工程范围说明、现场水文地质资料等文本，这些都是工程成本的基础资料。它们不仅是承包商投标报价的依据，也是索赔时计算附加成本的依据。

（2）投标报价文件：在投标报价文件中，承包商对各子目报价进行了工料机的分析计算，对各阶段所需的资金数额提出了要求等，所有这些在中标签订协议以后都成为正式合同文件的组成部分，也是索赔计算的依据。

（3）施工协议书及其附属文件（包括纪要文件）：在施工过程中，如果对招标文件中的某个合同条款作了修改或解释，那这个纪要就可以作为索赔的依据，例如图纸会审记录。

（4）来往信件：工程来往信件主要包括工程师发出的变更指令、口头变更确认函、加速施工指令、施工单价变更通知、对承包商问题的书面回答等，这些信件（包括电传、传真资料）都具有与合同文件同等的效力，是结算和索赔的依据。

（5）会议纪要：工程会议纪要包括标前会议纪要、施工协调会议纪要、施工进度会议纪要、施工技术讨论纪要、索赔会议纪要，会议纪要要有书面台账，对于重要的会议纪要建立审阅制度，如有不同意见可在纪要上作修改并标注核签期限（7d），如不回复视为同意，这对会议纪要稿的合法性很有必要。

（6）施工现场记录：施工现场记录主要包括施工日志、施工检查记录、工时记录、质量检查记录、设备或材料使用记录、施工进度记录及工程照片、录像等影像资料，对于重要记录，例如质量检查、验收记录等还应该有现场监理员的签名。

例如：做好建筑师和工程师的口头指示记录，及时以书面形式报告建筑师予以承认。将他们的书面指示按年月日顺序编号存档。

（7）工程财务记录：主要包括工程进度款每月支付申请表，工人劳动计时卡和工资单，设备、材料和零配件采购单及付款凭证，工程开支月报等。

（8）现场天气记录：施工时应注意记录现场天气情况，如每月降水量、风力、气温、河床水位、基坑地下水位状况等。

（9）市场信息资料：对于大中型土建工程来说，工期长达数年，对物价变动应进行系统的收集整理，这对于工程款的调价计算必不可少，对索赔也十分重要。

（10）工程所在地的政策性法令文件：如货币汇兑限制令、调整工资的决定、税收变更指令、工程仲裁规则等，对于重大的索赔事项，遇到复杂的法律问题时，需要法律顾问出面。承包商必须重视保存好施工索赔的原始依据，否则，索赔无依据，一切都是空谈。

4.10 技术管理工作

项目的技术管理工作多而杂，这些工作包括专项方案编制、技术交底及现场指导、测量及试验工作、技术资料的收集整理工作、科技创新工作、贯标工作、图纸会审、竣工验收等。

项目总工要安排好每项技术工作的具体落实，并检查每项技术工作的完成质量。与此同时，培养技术人才也是项目总工的重要职责，现在的技术干部队伍中，年轻人占绝大多数，年轻的技术人员能否物尽其用、尽快成才，项目部承担着主要责任。这就要求由项目总工对项目培训和学习方面进行策划和组织。项目总工要在工作中安排大家学习规范和各种管理知识以及进行各种培训，促进技术人员的快速成长。

主要内容：

（1）技术基础工作的管理，包括：实行技术责任制，执行技术标准与技术规程，制定技术管理制度，开展科学试验，交流技术情报，管理技术文件等。

（2）施工过程中技术工作的管理，包括：施工工艺管理，技术试验，技术核定，技术检查等。

（3）技术开发管理，包括：技术培训，技术革新，技术改造，合理化建议等。

（4）技术经济分析与评价。

4.10.1　作为总工必须知道的管理目标

项目总工是一个行政管理岗位，是项目经理的"军师"，是项目部的"参谋长"，是项目工程技术、质量的主要责任人，是项目执行层的领头人。对项目技术、生产、安全、质量、成本管理等各项工作进行配合服务，对项目整体目标发挥着重要作用。

1. 施工方的项目管理目标

施工方的成本目标、进度目标和质量目标。

2. 管理的任务

与施工有关的三控、三管、一协调。

3. 其他目标

（1）创优目标。

（2）安全、质量目标。

（3）人才培养目标。

（4）科研技术目标。

（5）其他目标。

4.10.2　拿到项目后如何做好组建项目团队工作

团队是为完成某一任务而临时成立的、能进行自我管理的小组。在高效团队中，每个成员为了实现团队目标均愿意且能充分发挥自己的角色作用。

在项目管理中，每个项目经理都希望将自己的项目团队打造成高效的团队，都希望项目员工工作时都能士气高昂，充满热情。但员工的实际表现却远非其所想。而项目最终成功的关键是"让员工众志成城，调动员工的积极性与潜能，为企业创造绩效"。因此，如何打造一个高效团队，在项目建设管理过程中显得尤其重要。

合理地设置组织机构和岗位：根据组织设计原则和组织目标，合理设置组织机构和岗位，既要避免机构人浮于事，又要防止机构不全、缺人少物的情况出现；明确每个机构和岗位的目标职责和合理的授权，建立合理的责权利系统；根据项目组织目标和工作任务来确定机构和岗位的目标职责，并根据职责建立执行、检查、考核和奖惩制度；建立规章制度，明确各机构在工作中的相互关系；通过制度明确各个机构和人员的工作关系，规范工作程序和评定标准。

1. 项目团队类型

对于组建项目团队，根据不同公司内部组织架构的不同，大致可以分为：

（1）矩阵型结构：同一个资源可以在不同的项目之间流动，这在人力资源外包的公司比较常见，也是企业提高效率和产出的一种主要方式。

（2）项目型结构：项目团队资源相对稳定，在项目里的时间从项目的开始到结束。

2. 项目团队组建

（1）根据项目特点设立组织机构框架：每个工程项目都是一次性的，而每个项目的组建也都有其特点，根据项目内容、建设单位要求、公司要求来确定项目的组织模式，如项目部领导班子设置有项目经理、总工、生产副经理，而职能部门设置了工程部、合约部、物资部、综合部等。

（2）进行组织分工：在组织模式建立的基础上进行各个部门的组织分工，而很多项目只是将各个部门或主要岗位的岗位职责上墙，并没有给大家进行明确，这是远远不够的。在项目组建后，开工前应由项目经理进行组织开会，明确每个部门的职责范围，明确对于需两个或几个部门共同完成的交叉任务划分，只有在各自的定位清楚的状态下，才能更好地开展工作。

（3）明确工作职责、工作标准、工作要求、进度计划、奖罚措施及目标。

（4）团队磨合。

3. 高效团队组建

1）加强项目团队领导

组建一支基础广泛的团队是建立高效项目团队的前提，在组建项目团队时，确保团队队员优势互补、人尽其才。项目经理要为个人和团队设定明确而有感召力的目标，让每个成员明确理解他的工作职责、角色、应完成的工作及其质量标准。设立实施项目的行为规范及共同遵守的价值观，引导团队行为，鼓励与支持参与，营造以信任为基础的工作环境，尊重与关怀团队成员，视个人为团队的财富，强化个人服从组织、少数服从多数的团队精神。

2）鼓舞项目团队士气

项目团队的士气依赖队员对项目工作的热情及意愿，为此，项目经理必须采取有效措施激发成员的工作热情与进一步发展的愿望，创造出信任、和谐而健康的工作氛围，让每个成员都知道，如果项目成功了，每个人都是赢家，提倡与支持不断学习的气氛，使团队成员有成长和学习新技术的机会。灵活多样且丰富多彩的团队建设活动，是培养和发展个人友谊、鼓舞团队士气的有效方式。

3）提高项目团队效率

建设高效项目团队的最终目的是提高团队的工作效率，项目团队的工作效率依赖于团队的士气和合作共事的关系，依赖于成员的专业知识和掌握的技术，依赖于团队的业务目标和交付成果，依赖于依靠团队解决问题和制订决策的程度。加强团队领导，鼓舞团队士气，支持队员学习专业知识与技术，鼓励队员依照共同的价值观去达成目标，依靠团队的聪明才智和力量去制订项目计划、指导项目决策、平衡项目冲突、解决项目问题，是取得高效项目成果的必由之路。

4. 总工如何进行技术团队建设

（1）关注每个人的特点及特长，定期、不定期地动态明确岗位、工作职责，明确工作目标及预期达到的效果。

（2）关注技术人员的思想动态，必要时谈心、做思想工作，帮助遇到困难的同事。

（3）关注各技术人员的工作状态，责任心、工作质量、工作效率，必要时给予建议或帮助。

（4）定期召开技术学习、技术座谈、技术培训会议。技术学习时要适当引入新知识，让大家知道该学的知识还很多，学无止境，以此激发大家自觉学习的积极性。给所有技术人员提供畅言的机会和学习条件。

（5）组织主要管理人员及所有技术人员经常性地开展重大技术方案讨论会议。

（6）创建学习型技术团队，经常组织学习或有趣的活动，营造积极向上、乐观进取的良好氛围。

（7）帮助技术人员规划职业生涯，让每位员工看到希望，按照既定目标奋斗。

（8）想离开单位的技术人员，努力做工作，让他打消念头。若他执意要走，不强求，做到让周边同事尽可能少受影响。

（9）选优秀技术干部，树立榜样，并切实培养。项目总工有建议权。选人（寻找合适的人，正确评价和定位）；提出要求（做合适的事，目标管理和绩效考核）；激励他（提供支持，用机制和管理环境激发潜能，让他做得高兴）；培养他（开发和提供发展机会）。使其他技术人员受启发，进而努力跟上。

（10）确保让下属做正确的事，正确地做事。让大家自觉地认真去做事，用心地做好事。

（11）关心每位技术干部的技能提升和岗位晋升，给技术干部创造技能提升和岗位晋升的有利条件，参与技术总结、撰写论文、科研创新、各种汇报资料的编制等工作。

（12）建立技术团队台账，及相关活动记录。如图 4-50 所示。

图 4-50 项目技术比武及外部观摩学习图

4.10.3 总工必须熟知的技术经济指标

1. 建筑常用指标

（1）用地面积：项目用地红线范围内的土地面积，一般包括建筑区内的道路面积、绿地面积、建筑物所占面积、运动场地等。

（2）总建筑面积：在建设用地范围内单栋或多栋建筑物地面以上及地面以下各层建筑面积之总和。

（3）建筑密度：建筑物底层占地面积与建筑基地面积的比率。

（4）绿地率：指项目规划建设用地范围内的绿化面积与规划建设用地面积之比。

（5）日照间距：前后两排南向房屋之间，为保证后排房屋在冬至日底层获得不低于一小时的满窗日照而保持的最小间隔距离。日照间距的计算方法：以房屋长边向阳，朝阳向正南，正午太阳照到后排房屋底层窗台为依据来进行计算。

2. 施工常用指标

对施工组织总设计进行主要技术经济指标分析将直接决定工程乃至企业的经济效益。主要技术经济指标分析的任务即是通过科学的计算和分析比较，论证其在技术上是否可行，在经济上是否合算，选择一套技术经济效果最佳的方案，使技术上的可能性和经济上的合理性达到统一。主要技术经济指标如下：

（1）项目施工工期：包括建设项目总工期、独立交工系统工期及独立承包项目和单项工程的工期。

（2）项目施工质量：包括分部工程质量标准、单位工程质量标准及单项工程和建设项目的质量水平。

（3）项目施工成本：包括建设项目总造价、总成本和利润，每个独立交工系统的总造价、总成本和利润，独立承包项目的造价、成本和利润，每个单项工程、单位工程的造价、成本和利润及其产值（总造价）利润率和成本降低率。

（4）项目施工消耗：包括建设项目总用工量，独立交工系统用工量，每个单项工程用工量，以及它们各自的平均人数、高峰人数、劳动力不均衡系数和劳动生产率；主要材料消耗量和节约量；主要大型机械的使用数量、台班量和利用率。

（5）项目施工安全：包括施工人员伤亡率、重伤率、轻伤率和经济损失。

（6）项目施工其他指标：包括施工设施建造费比例、综合机械化程度、工厂化程度和装配化程度，以及流水施工系数和施工现场利用系数。

4.10.4 总工如何做好项目经理的助手

项目经理好比是这个工程的总司令，总工就好比是参谋长，项目经理抓工程的全面，技术总工要在施工技术方面全力保驾护航，提醒项目经理各阶段的工作重点，提前谋划，两人步调要一致，不能各唱各的调。总工在制订方案及进度时，应将材料计划和施工人员计划提前排出来，让项目经理打有准备之仗，认真学习招标文件及合同文件，梳理出履约要求、预付款条款、变更条款、临建标准要求等，提供给相关负责人员办理相关资料，确保相关工作具有针对性地开展。

项目总工是项目经理部的领导之一，不是一个单纯的技术人员，总工的职责更多地要放在管理上，而不是非常具体的业务上，总工既要自身过硬，以身作则努力地工作，更要能带动大家共同负责。要会当领导，团结同事，支持项目经理的工作，并能带领全体施工技术人员做好质量技术工作。

可从以下几方面开展相关业务：

1）主持编制施工组织、专项方案、交底、应急预案等，并评审。

（1）组织技术人员编制实施性施工组织设计及开工报告需要的各种资料（原材料调查及确定来源、试验配合比、人员设备配置及进场计划等）。

（2）认真组织编制施工方案，并组织对方案的学习及讲解。

（3）组织技术人员编写各种专项方案（临电、临建、深基坑支护、降水、塔式起重机安拆、模板、钢筋、混凝土、外架等），需要专家评审的及早进行评审。

（4）明确各种用表样式。各种施工记录、检验批、试验、测量交底、监测记录、安全巡查、技术交底、培训记录、会议记录等，当地政府有要求的必须统一。

（5）组织技术人员进行图纸核对，将发现的问题及时与设计沟通（确保向有利于我方的方向沟通），做好设计优化策划工作。

（6）组织人员现场调查和测量，确定临建方案和平面布置及临建标准。

2）业务开展过程中召集相关人员（技术、安全、操作人员）讨论。

（1）组织人员进行危险源辨识、环境因素识别，列出危险源清单、环境因素清单。编制安全管理措施、环境保护措施；编写应急预案、重大环境因素管理方案。

（2）原材料调查、取样、试验，及早确定好开工需要的配合比。

（3）认真梳理出各种边界条件，并进行认识、分析、评估。

（4）编制项目策划（掌握各种边界条件，分析项目特点、重难点及对策，明确项目区段划分及总体施工顺序、各种资源需求、工期目标、临建规划、二次经营策划等）。要求：深度策划、巧妙规划、细心计划、严格执行。

3）在编制、讨论、讲解、实施的过程中总结，提高水平。

项目总工要加强项目科技创新工作管理（科研、工法、专利），注重 QC 活动，重视技术总结。

施工中总结：各工序在不同工况下的进度指标，各工序在不同进度指标、不同施工条件下的基本资源配置，主要机械设备的功率、消耗、生产效率，各种工序在不同工艺条件下对应的材料消耗量，各工序可能存在的质量通病及预防措施等。

4）及时果断地处理施工中遇到的技术、质量、安全问题。

（1）敢于负责的原则。

（2）坚持标准、规范的原则。

（3）灵活变通的原则。

（4）保护企业利益的原则。

总工坚持首件工序或关键部位旁站制：首件工序、关键部位或工序转换时易遇到预想不到的困难或问题，总工旁站便于及时提供技术支持，使遇到的困难快速、有效地现场解决，确保为后步施工打好基础。

5）认真做好培训工作。

（1）内部培训：法律、法规、规范、管理制度、图纸、方案、案例、经验、人生感悟等。

（2）外部培训：参观交流、专家讲课、（安全、资料、试验）资格证培训。

6）把好工程量收方计量关。

（1）以合同为依据，以实物工程量为参考，对提交的收方计量再次把关（要有底气质疑任何一项数据）。

（2）坚持原则，敢于得罪任何人（不是故意刁难），维护企业利益。

7）要善于创造性地开展工作。

（1）对工作要有超前想法和对策。

（2）要积极主动地与项目班子成员沟通交流，相互达成共识。

（3）积极主动工作，达成目标。

8）要善于为项目经理冲锋陷阵。

（1）做好工作、生活中的表率（工作态度、工作效率、生活作风、为人处世、遇到困难的态度等）。

（2）敢于负责，勇于承担责任（一旦遇到责任问题，要勇于客观分析，要勇于承担或分担他人的责任）。

（3）在安全、质量、进度、验工计价等方面，勇于坚持原则，为正职预留协调处理的空间。

（4）带好项目技术队伍，促使项目部技术人员健康成长。

项目总工一定要使用各种高招，创建优秀的学习型技术团队，营造有激情、积极向上的良好氛围，使所有技术人员团结一心、努力工作。充分展示你的人格魅力及管理艺术，使所有技术人员跟着你得到快速提高，使所有技术人员都以跟你干为荣，使所有技术人员在以后的工作、生活中都能称你为师。要争取让项目多出人才、多出技术成果，为企业争取更大利润，使公司技术管理水平得到持续提高，使公司技术队伍不断壮大，才能成为一名好的项目总工，走上更高的平台。

4.10.5　总工如何做好技术管理

项目内部技术管理是基础，我们经常讲夯实基础，对项目来讲，就是要将技术管理工作做扎实。项目总工要做好内部技术管理工作，然后以充沛的精力去处理对外关系及变更洽商。

在实施性施工组织设计编制及项目重大技术方案的确定上，项目总工既要有自己的独到见解，还要虚心听取别人的意见和建议，必要时组织评审，避免出现重大技术方案的失误。在干过同类工程，已有一定经验的基础上，还要根据具体情况，有创新精神和创新意识，避免生搬硬套、墨守成规。

在技术人员的培养方面，项目总工要多组织方案研讨及技术交流活动和各种培训工作，并及时将公司培训内容下传，以促使技术人员尽快成才。

1. 技术管理的定义

施工项目的技术管理是对各项技术工作要素和技术活动过程的管理。①技术工作要素包括技术人员、技术装备、技术规程、技术资料。②技术活动过程是指技术计划、技术运用、技术评价。

技术作用的发挥除取决于技术本身的水平外，在很大程度上还依赖于技术管理水平，没有完善的技术管理，再先进的技术也是难以发挥作用的。

2. 施工项目技术管理的任务

（1）正确贯彻国家和行政主管部门的技术政策，贯彻上级对技术工作的指示与决定。

（2）研究、认识和利用技术规律，科学地组织各项技术工作，充分发挥技术的作用。

（3）确立正常的生产技术秩序，进行文明施工，以技术保工程质量。

（4）努力提高技术工作的经济效果，使技术与经济能够有机地结合起来。

3. 项目技术管理的内容

1）设计文件的学习和图纸会审

图纸会审是施工单位熟悉、审查设计图纸，了解工程特点、设计意图和关键部位的工程质量要求，帮助设计单位减少差错的重要手段。它是项目组织在学习和审查图纸的基础上，进行质量控制的一种重要而有效的方法。会审图纸由三方代表共同参加，即建设单位或其委托的监理单位、设计单位和施工单位。可由监理单位（或建设单位）主持，先由设计单位介绍设计意图和图纸、设计特点及对施工的要求。然后，由施工单位提出图纸中存在的问题和对设计单位的要求，通过三方讨论与协商，解决存在的问题，写出会议纪要，交给设计人员，设计人员将纪要中提出的问题通过书面的形式进行解释或提交设计变更通知书。图纸审查的内容包括：

（1）是否是无证设计或越级设计，图纸是否经设计单位正式签署。

（2）地质勘探资料是否齐全。如果没有工程地质资料或无其他地基资料，应与设计单位商讨。

（3）设计图纸与说明是否齐全，有无分期供图的时间表。

（4）设计地震烈度是否符合当地要求。

（5）几个单位共同设计的，相互之间有无矛盾；专业之间平、立、剖面图之间是否有矛盾；标高是否有遗漏。

（6）总平面与施工图的几何尺寸、平面位置、标高等是否一致。

（7）防火要求是否满足。

（8）建筑结构与各专业图纸本身是否有差错及矛盾；结构图与建筑图的平面尺寸及标高是否一致；建筑图与结构图的表示方法是否清楚，是否符合制图标准；预埋件是否表示清楚；是否有钢筋明细表，如无，则钢筋混凝土中钢筋构造要求在图中是否说明清楚，如钢筋锚固长度与抗震要求是否相符等。

（9）施工图中所列各种标准图册施工单位是否具备，如无，如何取得。

（10）建筑材料来源是否有保证，所要求条件及企业的条件和能力是否有保证。

（11）地基处理方法是否合理；建筑与结构构造是否存在不能施工、不便于施工，容易导致质量、安全或经费等方面的问题。

（12）工艺管道、电气线路、运输道路与建筑物之间有无矛盾，管线之间的关系是否合理。

（13）施工安全是否有保证。

（14）图纸是否符合监理规划中提出的设计目标描述。

2）施工项目技术交底

技术交底的目的是使参与施工的人员熟悉和了解所担负的工程的特点、设计意图、技术要求、施工工艺和应注意的问题。应建立技术交底责任制，并加强施工质量检验、监督和管理，从而提高质量。

（1）技术交底的要求

技术交底是一项技术性很强的工作，对保证质量至关重要，不但要领会设计意图，还要贯彻上一级技术领导的意图和要求。技术交底必须满足施工规范、规程、工艺标准、质量检验评定标准和建设单位的合理要求。所有的技术交底资料都是施工中的技术资料，要列入工程技术档案。技术交底必须以书面形式进行，经过检查与审核，有签发人、审核人、接收人的签字。整个工程施工、各分部分项工程，均须作技术交底。特殊和隐蔽工程，更应认真作技术交底。在交底时应着重强调易发生质量事故与工伤事故的工程部位，防止各种事故的发生。

（2）设计交底

由设计单位的设计人员向施工单位交底，内容包括：

① 设计文件依据：上级批文、规划准备条件、人防要求、建设单位的具体要求及合同。

② 建设项目所处规划位置、地形、地貌、气象、水文地质、工程地质、地震烈度。

③ 施工图设计依据，包括初步设计文件，市政部门要求，规划部门要求，公用部门要求，其他有关部门（如绿化、环卫、环保等）要求，主要设计规范，甲方供应及市场上供应的建筑材料情况等。

④ 设计意图，包括设计思想，设计方案比较情况，建筑、结构和水、暖、电、通、煤气等的设计意图。

⑤ 施工时应注意事项，包括建筑材料方面的特殊要求、建筑装饰施工要求，以及广播音响与声学要求、基础施工要求，以及主体结构设计采用新结构、新工艺对施工提出的要求。

（3）施工单位技术负责人向下级技术负责人交底的内容

① 工程概况一般性交底。

② 工程特点及设计意图。

③ 施工方案。

④ 施工准备要求。

⑤ 施工注意事项，包括地基处理、主体施工、装饰工程的注意事项及工期、质量、安全等。

（4）施工项目技术负责人对工长、班组长进行技术交底

应按工程分部、分项进行交底，内容包括：设计图纸具体要求；施工方案实施的具体技术措施及施工方法；土建与其他专业交叉作业的协作关系及注意事项；各工种之间协作与工序交接质量检查；设计要求；规范、规程、工艺标准；施工质量标准及检验方法；隐蔽工程记录、验收时间及标准；成品保护项目、办法与制度；施工安全技术措施。

（5）工长向班组长交底

主要利用下达施工任务书的时机进行分项工程操作交底，如图4-51所示。

3）隐蔽工程检查与验收

隐蔽工程是指完工后将被下一道工序所掩盖的工程。隐蔽工程项目在隐蔽前应进行严密检查，作好记录，签署意见，办理验收手续，不得后补。有问题需复验的，须办理复验手续，并由复验人作出结论，填写复验日期，如图4-52所示。建筑工程隐蔽工程验收项目如下：

图 4-51　项目技术交底图

（1）地基验槽，包括土质情况、标高、地基处理。

（2）基础、主体结构各部位的钢筋均须办理隐检，内容包括：钢筋的品种、规格、数量、位置、锚固或接头位置长度及除锈、代用变更情况，板缝及楼板胡子筋处理情况，保护层情况等。

（3）现场结构焊接。钢筋焊接包括焊接形式及焊接种类；焊条、焊剂牌号（型号）；焊口规格；焊缝长度、厚度及外观清渣等；外墙板的键槽钢筋焊接；大楼板的连接筋焊接；阳台尾筋焊接。

钢结构焊接包括：母材及焊条品种、规格；焊条烘焙记录；焊接工艺要求和必要的试验；焊缝质量检查等级要求；焊缝不合格率统计、分析及质量保证措施、返修措施、返修复查记录等。

（4）高强度螺栓施工检验记录。

（5）屋面、厕浴间防水层下的各层细部做法，地下室施工缝、变形缝、止水带、穿墙管做法等，外墙板空腔立缝、平缝、十字缝接头、阳台雨罩接头等。

图 4-52　项目隐蔽验收图

4）施工的预检

预检是工程项目或分项工程在未施工前所进行的预先检查。预检是保证工程质量，防止可能发生差错造成质量事故的重要措施。除施工单位自身进行预检外，监理单位应对预检工作进行监督并予以审核认证。预检时要作好记录。建筑工程的预检项目如下：

（1）建筑物位置线、现场标准水准点、坐标点（包括标准轴线桩、平面示意图），重点工程应有测量记录。

（2）基槽验线，包括轴线、放坡边线、断面尺寸、标高（槽底标高、垫层标高）、坡度等。

（3）模板，包括几何尺寸、轴线、标高、预埋件和预留孔位置、模板牢固性、清扫口留置、施工缝留置、模板清理、隔离剂涂刷、止水要求等。

（4）楼层放线，包括各层墙柱轴线、边线和皮数杆。

（5）翻样检查，包括几何尺寸、节点做法等。

（6）楼层50cm水平线检查。

（7）预制构件吊装，包括轴线位置、构件型号、构件支点的搭接长度、堵孔、清理、锚固、标高、垂直偏差以及构件裂缝、损伤处理等。

（8）设备基础，包括位置、标高、几何尺寸、预留孔、预埋件等。

（9）混凝土施工缝留置的方法和位置，接槎的处理（包括接槎处松动石子清理等）。

（10）各层间地面基层处理，屋面找坡、保温、找平层质量，各阴阳角处理。

5）技术措施计划

技术措施是为了克服生产中的薄弱环节，挖掘生产潜力，保证完成生产任务，获得良好的经济效果，在提高技术水平方面采取的各种手段或办法。它不同于技术革新。技术革新强调一个"新"字，而技术措施则是综合已有的先进经验或措施，如节约原材料，保证安全，降低成本等。要做好技术措施工作，必须编制、执行技术措施计划。

（1）技术措施计划的主要内容

① 加快施工进度方面的技术措施。

② 保证和提高工程质量的技术措施。

③ 节约劳动力、原材料、动力、燃料的措施。

④ 推广新技术、新工艺、新结构、新材料的措施。

⑤ 提高机械化水平、改进机械设备的管理以提高完好率和利用率的措施。

⑥ 改进施工工艺和操作技术以提高劳动生产率的措施。

⑦ 保证安全施工的措施。

（2）施工技术措施计划的编制

① 施工技术措施计划应同生产计划一样，以进度与指标为依据，按年、季、月分级编制，并应符合生产计划要求。

② 编制施工技术措施计划应依据施工组织设计和施工方案。

③ 编制施工技术措施计划时，应结合施工实际，公司编制年度技术措施纲要；分公司编制年度和季度技术措施计划；项目经理部编制月度技术措施。

④ 项目经理部编制的技术措施计划是作业性的，因此在编制时既要贯彻上级编制的技术措施计划，又要充分发动施工员、班组长及工人提合理化建议，使计划有群众基础。

⑤ 编制技术措施计划应计算其经济效果。

（3）技术措施计划的贯彻执行

① 在下达施工计划的同时，下达到栋号长、工长及有关班组。

② 对技术措施计划的执行情况应认真检查，发现问题及时处理，督促执行。如果无

法执行，应查明原因，进行分析。

③ 每月底施工项目技术负责人应汇总当月的技术措施计划执行情况，填写报表上报、总结、公布成果。

6）施工组织设计工作

施工组织设计是一项重要的技术管理工作，也是施工项目管理规划。

4. 项目技术管理的意义

1）技术管理的意义

技术管理贯穿于工程项目实施的全过程（施工准备阶段、施工阶段、竣工后阶段）：从内容来看，技术管理内容与项目其他方面管理内容相互衔接、相辅相成，共同为工程项目管理的顺利实施而服务，是实现项目管理目标的重要手段之一。

技术管理是从技术角度保证实现对工期、成本的有效控制：从前期施工准备阶段的原始资料调查分析、编制合理可行的施工组织设计、全面的图纸会审等环节，到对项目施工过程中合理的施工方案的编制及实施、为减少返工和返修损失对施工过程及过程产品而进行动态控制、合理工程变更的提出、进行"四新"项目应用等环节，都是以降低成本、加快进度为中心来进行技术组织管理。

良好的技术管理是施工组织设计实施的技术保障，特别是在施工条件困难、环境差、结构复杂、技术难度大、工期紧的工程施工中，所选择的施工技术方案是否经过经济技术分析、是否经过优化等对其施工进度、工程成本控制更是起到关键作用。良好的技术管理能促进项目管理目标的实现，确保项目的进度、质量、成本在可控范围内，有效避免因技术管理不当造成的损失。管理作为永恒的话题，关系到企业的成败兴衰。要提高企业的竞争能力，提高经济效益，必须抓好"管理"这个关键。而技术管理是企业管理的重要组成部分。通过技术管理，才能保证施工过程的正常进行，才能使施工技术不断进步，从而保证工程质量，降低工程成本，提高劳动生产率。通过技术管理，可以逐步改变施工企业的生产和管理面貌，改变施工企业的形象，提高企业的竞争能力。

2）技术管理的作用

（1）保证施工遵循科学技术发展规律的要求，确保正常施工程序的进行。

（2）通过技术管理，不断提高企业管理水平和员工技术业务，从而能预见性地发现和处理问题，把技术和质量事故隐患提前消灭，保证工程施工质量。

（3）能充分发挥施工人员及材料、设备的潜力，在保证工程质量的前提下，努力降低工程成本，提高经济效益和提升市场竞争能力。

4.10.6　总工如何做好方案比选工作

对于重难点及控制性工程，在开工前必须编制施工方案，对施工生产要素、节点工期进度、安全质量措施、交叉作业等进行统筹规划和布局，是指导工程项目组织实施的纲领性文件，是实现工程项目安全、质量、成本、进度等管理目标最重要的技术资料。施工方案的合理性，不仅关系着施工组织的顺利进行，也直接关系到项目的盈利水平。

1. 基本概念

项目方案比选所包含的内容十分广泛，既包括技术水平、建设条件和生产规模等的比选，同时也包括经济效益和社会效益的比选，另外还包括环境效益的比选。因此，进行投资项目方案比选时，可以按各个投资项目方案的全部因素，进行全面的技术经济对比，也可仅就不同因素，计算比较经济效益，进行局部的对比。

2. 方案基本性质

（1）超前性：施工方案是一种事前策划和预控，要使生产要素投入符合现场需求，施工组织趋于合理，就必须首先对现场充分调查、对措施反复论证、对节点工期合理安排，根据调查及按情况对生产要素进行超前谋划，对施工现场平面进行预先布局，这就涉及方案比选理念。

（2）动态性：施工方案是在开工前的一种超前预控，编制方案时有很多条件是隐蔽、不可预见的，在施工过程中，必须对施工方案进行动态跟踪，根据现场条件的动态变化，对施工方案进行动态调整，这就涉及方案优化理念。

（3）系统性：施工方案不是一项纯粹的技术工作，不仅涉及安全、质量、物资、设备、进度、资金、试验、环保等多个管理部门，而且涉及桥涵、路基、轨道、电力等多个技术专业，如果涉及既有铁路改造施工方案，还涉及工务、电务、供电、运输等多个设备管理部门和技术专业。因此，施工方案的确定，不纯粹是工程部门的事情，而需要多个部门、多项专业的协同配合，需要各级管理单位和部门的审查、审批才能确定出最合理的施工方案。

3. 方案比选

1）方案比选的类型

（1）经济比较：从成本方面进行比较，成本低者作为首选方案。

（2）技术比较：从技术可行、安全风险、工料机、进度等方面进行综合比较，最合理者为首选方案。

2）方案比选原则

方案比选应遵循"先经济、后技术、再综合"的原则，方案确定以综定的结果为准。

（1）一般情况下，首先对参与比选方案的成本进行对比，以经济比选为参考，以成本最低的方案作为初始方案。

（2）对参与比选的方案分别进行技术、安全、工料机及进度等方面的综合分析，采取必要的措施对参选方案提升技术可行性、降低安全风险、完善施工工艺、加快施工进度后，再进行最终成本比较，经最终比较确定成本最低的方案为最合理施工方案。

（3）比选常规原则：

① 实用性。方案必须实用，确保方案能够落地，如方案编制太过高大上，造成现场无法执行，那么这个方案也是失败的。

② 安全性。方案应满足施工及运营阶段的安全需要，能够保证其耐久性和稳定性以及在特定地区的抗震需求。

③ 经济性。在社会主义市场经济体制的今天，经济性是不得不考虑的重要因素。在能够满足设计需求的情况下要尽量考虑是否经济，是否以最少的投入获得最好的效果。

④ 环保性。随着经济的发展，生活水平的不断提高，人们对环境保护提出了更高的要求，在建筑领域，不能以牺牲环境为代价，要在保证顺利完工的前提下尽量避免对环境的破坏，以实现经济的可持续发展。

3）方案比选的组织

对于一般工程施工方案，由项目总工组织、项目工程部长牵头、其他部门及施工技术人员参加，召开施工方案比选论证会；对于重难点及复杂工程施工方案，由公司总工组织、工程部长牵头、其他部门及项目部人员参加，组织召开施工方案比选论证会，有必要的情况下可邀请建设单位、监理单位或其他学术机构专家、学者参加，召开施工方案比选论证会。

4）"方案比选论证会"内容

项目部汇报工程概况，工程难点、特点要特别汇报；与会人员提出各种适合本工程的施工方案；对各种方案按方案比选程序进行经济及综合性比选；最后确定最合理方案。

5）施工方案的编制

项目部根据方案比选论证会确定的方案，负责编制实施性的施工方案。施工方案基本内容包括：编制说明、工程概况、施工组织、施工进度计划、施工方案、施工工艺及方法、工料机计划安排、施工管理措施、应急预案。

4. 方案比选分享

施工方案的选择是施工组织设计的重点，直接影响工程施工的质量、工期和经济效益。施工方案的经济比选可为工程项目施工决策提供依据，保证所选施工方案的科学性、经济性，达到降低施工成本的目的，在工程的整个建设周期中具有指导性意义。

施工方案经济比选的方法一般可分为定性分析和定量分析两类。定性分析只能分析各方案的优缺点，如施工操作上可否利用现有的材料、机械和设备；材料能否多次周转；机械能否一机多用等。这种方法在比选时受评价人的主观因素影响大。定量分析法是对各施工方案的预计投入进行计算分析，如对人工、材料及机械台班消耗、工期等进行计算、比较，用分析数据说话，比较客观，支撑性强，所以定量分析的方法是施工方案经济比选的主要方法。如常见的铝模与木模施工方案比选，参考表4-8。

铝模与木模施工性能指标对比 表4-8

序号	项目	铝模板	木模板
1	面板材料	4mm厚铝膜	15mm厚普通胶合板
2	模板厚度(mm)	65	16
3	模板质量(kg/m^2)	21~25	10.5
4	承载力(kN/m)	30~50	10
5	施工周期(d)	4~5	5~7
6	施工难度	易	难
7	维护费用	低	高
8	施工效率	高	低
9	应用范围	墙柱梁板	基础、墙柱梁板
10	混凝土表面质量	平整光滑	表面粗糙
11	混凝土整体质量	不胀模，水平垂直精度高	胀模，水平垂直偏差较大
12	门窗洞口安装	精度高，可由下往上安装，无须找平点	偏差大，需室外抹灰完才能安装

序号	项目	铝模板	木模板
13	对吊装机械的依赖	不依赖	依赖
14	对外架要求	低	高
15	漏浆情况	不漏浆,不用清理	漏浆多,需要人清理
16	现场安装垃圾清理费用	低	高
17	变更工程造价	较高	较低
18	对混凝土浇筑、钢筋工艺要求	较高	低
19	施工人员要求	技术要求中等,人员少	技术要求高,人员多
20	模板拆除条件	可先拆除板块,再拆除顶撑,可穿插作业	需全部拆除模板后再进入下项工作
21	拆模后现场安全卫生	无水泥浆、废铁钉等垃圾,确保施工现场安全卫生	水泥浆、废铁钉垃圾较多,存在施工现场安全隐患
22	建筑装饰工程成本	免室内外墙体找平、抹灰等费用	需要室内外墙体找平、抹灰等费用

再如某桥梁形式比选方案:

方案一:预应力钢筋混凝土简支箱梁桥,跨径组成为 5m×32m,全桥长 160m。上部结构为单箱单室变截面箱形梁,其主要特点为受力明确,没有多余约束,支座位移对结构内力没有影响,支座反力仅有竖向力,没有水平力;结构在均布荷载作用下跨中弯矩最大,挠度曲线为抛物线形式,支座处剪力最大,弯矩为 0。构造简单,易于标准化设计,易于标准化工厂制造和工地预制,易于架设施工、维修和更换。

方案二:不等跨钢管混凝土中承式拱桥,跨径组成为 30.5m+99m+30.5m,全桥长 160m。拱肋轴线采用悬链线性,拱肋外形为等截面结构,中承式自锚结构,钢管拱肋。由于桥面位置在拱的中部穿过,可以随引桥两端接线所需的高度上下调整,所以适应性强。钢管混凝土结构中钢管对混凝土的套箍作用使钢管内混凝土处于三向受力状态,提高了混凝土的抗压强度和变形能力。采用塔架斜拉索法施工。

拱桥的静力特点是,在竖直荷载作用下,拱的两端不仅有竖直反力,而且还有水平反力。由于水平反力的作用,拱的弯矩大大减少。如在均布荷载的作用下,设计得合理的拱轴,主要承受压力,弯矩、剪力均较小,故拱的跨越能力比梁大得多。由于拱是主要承受压力的结构,因而可以充分利用抗拉性能较差、抗压性能较好的石料,混凝土等来建造。

方案三:采用铁路连续钢箱梁桥,跨径组合为 52m+56m+52m,全长 160m。结构形式为上承式。装配式铁路钢桥采用了模块化设计,就像搭积木一样,可以用其单元模块——桁架单元拼接成龙门式起重机、架桥机、支架等工程设施。装配式铁路钢桥构件简单、架设方便、标准化程度高、互换性强、结构形式多样、承载能力大、适应性好。

方案比选及结果:

第一方案:预应力混凝土简支箱梁桥建造高度较低,易保养和维护,抗震能力强,受力性能好,变形小,伸缩缝少,行车平顺舒适,桥下视觉效果好。会发生体系转换,受力复杂。

第二方案：中承式拱桥，建造高度较低，易保养和维护；抗震能力差。

第三方案：铁路连续钢箱梁桥，行车平稳舒适；抗震能力强。建造高度较高，易开裂，难以维护，受力复杂，是一种充分发挥圬工及钢筋混凝土材料抗压性能的合理桥型。施工工艺复杂，适用于城市桥梁，建造费用较高，维修费用低，受力明确，等截面形式，可大量节省模板，加快建桥进度，简易经济。钢材用量大，强度高，跨越能力强，重量轻，维护费用高，线形简洁美观。

方案一和方案二相比：简支箱梁结构可以降低梁高，节省工程数量，有利于争取桥下净空，并改善景观；其结构刚度大，具有良好的动力特性以及减振降噪作用，使行车平稳舒适，后期的维修养护工作也较少。从城市美学效果来看，连续梁造型轻巧、平整、线路流畅，将给城市增色不少。但连续梁对基础沉降要求严格，特别是由于连续长度较大，梁体与墩台之间的受力十分复杂，加大了设计难度。拱桥的静力特点是，在竖直荷载作用下，拱的两端不仅有竖直反力，而且还有水平反力。由于水平反力的作用，拱的弯矩大大减少。如在均布荷载 q 的作用下，简支梁的跨中弯矩为 $ql^2/8$，全梁的弯矩图呈抛物线形，而设计得合理的拱轴，主要承受压力，弯矩、剪力均较小，故拱的跨越能力比梁大得多。由于拱是主要承受压力的结构，因而可以充分利用抗拉性能较差、抗压性能较好的石料，混凝土等来建造。石拱对石料的要求较高，石料加工、开采与砌筑费工，现在已很少采用。由墩、台承受水平推力的推力拱桥，要求支撑拱的墩台和地基必须承受拱端的强大推力，因而修建推力拱桥要求有良好的地基。对于多跨连续拱桥，为防止其中一跨破坏而影响全桥，还要采取特殊的措施，或设置单向推力墩以承受不平衡的推力。但是其造价较高，不经济，且对地基的要求很高，且施工工艺复杂。故方案一优于方案二。

方案一和方案三相比，钢桥施工便捷快速，结构受力明确，桥梁自重较轻，但是钢材用量很大，造价较高，并且后期维护费用很高，而且经常用于大跨度桥梁较为经济，故方案一优于方案三。

5. 方案与质量、安全

方案优先级：技术方案的可靠性、安全性→施工工艺的熟悉程度→技术方案的经济性→可追溯性与可接受性→技术先进性与创新性。

方案的统一性：设计方案、施工方案、技术交底、现场执行要统一，如果有更优的，需要变更后实施。

方案是大安全，工序质量是小安全，但都是要做好的大事情。

安全：方案安全、管理安全、质量安全、行为安全。

成本包括大成本、小成本，安全包括大安全、小安全。

4.10.7 总工如何开会

在项目管理中，会议是必不可少的，出色的管理者甚至把开会当成了一门艺术。会议是一把"宝剑"，只有掌握了开会的技巧和方法，才能在工作中披荆斩棘、无往不利。

沟通协调最常用的方式就是开会，也正因为如此，会议是否高效会很大程度上影响项目经理的工作效率，所以对于项目经理来说，懂得如何高效开会是非常有必要的。

1. 常见的会议类型

（1）第一次工地会议。

（2）监理例会。

（3）工程例会（质量、安全、进度、交底等各类会议）。

（4）公司部门会议。

（5）项目分析会。

（6）项目职工大会。

（7）碰头会。

（8）其他节点会议。

2. 如何开会

1）开会之前精心准备

古训有云："凡事预则立，不预则废"。开会之前一定要端正态度，认真对待，对会议的内容和可能遇到的问题都要尽量过一遍，查缺补漏，看看是不是有遗漏或者不完善的地方。只有会议内容谙熟于心，才能以不变应万变。

2）会议主题要明确

每个会议都有主题，有要达成的目标，只有主题明确，时刻围绕着主题展开，才能让参会人员留下深刻印象，抓住会议重点，促使会议顺利进行。

3）会议流程环环相扣

会议一般都有若干个环节，管理者在制订会议流程时要注意会议环节的衔接和过渡，环环相扣，过渡自然，浑然一体，让参会人员自然而然地进入会议的氛围。

4）讲话时吐词清晰、准确

开会的艺术从某种程度上来说就是讲话的艺术，管理者讲话讲得好，可以更有效地把自己的想法传递给参会人员，提高会议的成功率。所以，讲话时吐词清晰、准确很重要。

5）语调要抑扬顿挫，富有激情

要杜绝参会人员坐在那里无精打采、昏昏欲睡现象的发生，领导者讲话时就要避免一直一个语调，平铺直叙。语调应该抑扬顿挫，富有激情，情绪是可以传染的，只有领导的情绪高涨，才能带动参会人员的情绪。

6）辅助利用多媒体技术，丰富形式

现代社会是一个多媒体时代，丰富多样的辅助手段使得会议过程更加精彩纷呈，要获得理想的会议效果，可以借助多媒体手段，丰富会议内容的展现过程。

7）给参会人员留出互动交流的时间

参会人员可能会对会议的内容产生疑问，需要询问和交流，为了解决这些问题，也为了增进领导和下属的关系，会议中管理者可以给参会人员留出互动交流的时间。

8）集思广益，善于采纳有建设性的意见

身为管理者，应有广阔的胸怀，持虚怀若谷的态度，在会议过程中，下属可能会针对会议内容提出某些有建设性的意见，这时不要自持身份，要善于接受和采纳这些意见，并表扬提出意见的下属，这样可以极大地提升下属的自信心和工作的动力。

9）跟踪落实，确保会议精神落地

为了让会议发挥应有的作用，一定要定人、定时间、定效果，做好过程跟踪检查，确保会议执行不走样。

10）开短会

有些管理者在开会时总喜欢侃侃而谈，开长会，殊不知大家早已没有心思听，会议流于形式，最后起不到预期效果。所以，作为管理者一定要开短会，把重要事宜安排清楚，所有人提问题、提措施，少说过程，切勿开成了说过程，没问题，让会议起不到该有的作用。

3. 关键点

（1）开短会，精内容。

（2）思考清楚会议目的，并作相应的准备。

（3）会议通知明确，会议目的明确，如时间、地点、参会人员、讨论内容等详细内容应提前告知。

（4）多关注反对的人，一起使方案更优化。

（5）改变思维方式，使合作更顺利。

（6）比会议结论更重要的是会议结论的落实。

4.10.8　如何关注项目管理细节

1. 精细化管理

在现代企业竞争中，"精细"已经成为竞争最重要的表现形式，越来越多的组织和个人都意识到细节的重要性，都认识到把管理或工作做精做细的重要性，精细化管理也就成为决定未来企业竞争成败的关键。

1）项目精细化管理的基本概念

"精细"是一种意识，一种认真的态度，一种理念，一种精益求精的文化。精细化管理是一种管理理念和管理技术，是通过规则的系统化和细化，对于建筑工程项目施工的精细化管理，就是运用程序化、标准化和数据化的手段，使组织管理各单元精确、高效、协同和持续运行。项目的精细化管理，可以从以下几个方面进行理解：

（1）精细化管理首先是一种科学的管理方法。管理是组织将有限的资源发挥最大效能的过程。要实现精细化管理，必须建立科学量化的标准和可操作、易执行的作业程序，以及基于作业程序的管理工具。

（2）精细化管理也是一种管理理念。它体现了组织对管理的完美追求，是组织严谨、认真、精益求精思想的贯彻。

（3）精细化管理排斥人治，崇尚规则意识。规则包括程序和制度，它要求管理者实现从监督、控制为主的角色向服务、指导为主的角色转变，更多地关注满足被服务者的需求。

（4）精细化管理研究的范围是组织管理的各单元和各运行环节，更多的是基于原有管理基础之上的改进、提升和优化。

2）建筑工程项目施工精细化管理的基本特征

精细化管理有三大原则：①注重细节；②立足专业；③科学量化。只有做到这三点，才能使精细化管理落实到位。

那么，如果采用精细化的方式，将怎样来进行进度管理呢？步骤及指标如下：

① 进行网络进度计划的编制，确定一条或几条关键工序。

② 确定各工序的几支专业施工队伍，重点关注关键工序施工队伍的实力。

③ 重大节点的完成率。

④ 月完成工程量与总体工程量的对比。

⑤ 工序交接的时间节点的准点率。

⑥ 施工中的安全隐患排查数量，以及对进度的影响程度。

⑦ 施工中的监理通知单数量和质量整改情况，对进度造成的影响程度。这样就使得施工的进度管理，注重细节，强调"数量"化，不仅能保证工程进度的顺利实现，还能发现影响进度实现的因素，便于下阶段进行总结。

（1）专业化

对建筑企业而言，其承包的施工项目是企业产生利润的中心，项目是生产一线，直接发生产值，是企业利润的源泉。

企业的生产管理必须围绕着项目活动而进行，企业的各职能部门的工作都是围绕项目工作而展开的。对专业的分包队伍和劳务队来说，使用进城务工人员，使队伍不稳定，技术水平低，机械化程度低。社会发展和城市化，可能会使劳动力成本逐渐上升，在竞争加剧的环境里，必须通过提高管理能力、技术水平，使用机械设备，提高生产率，来降低成本。趋于专业化的分包企业，不仅产品质量有所进步，而且由于技术管理水平的提高，将获得更高的生产率和利润率。

（2）系统化

在工程施工管理中，可以逐步形成以三大体系为主线的系统管理，这三大体系为：

① 执行体系（工程施工的实施）。

② 技术保障体系（技术方案、施工方案的支撑）。

③ 监督体系（安全、质量的检查）。

在系统管理的运行过程中，我们会发现，经过不断改进系统内某一个程序或某一个环节，就达到了最佳状态，即实现了我们所说的效率的最大化。这样经过多次反复的实践证明的东西，就可以以一定的方式将其固定下来，这就是我们所说的"固化"。如果系统没有调整，那么这些固化的东西就可以千百次不断地重复使用。这就是系统管理。

（3）数据化

甘特图：作业规划最好的工具是甘特图。

甘特图，也称为条状图，是在 1917 年由亨利·甘特开发的，其内在思想简单，基本是一条线条图，横轴表示时间，纵轴表示活动（项目），线条表示在整个期间上计划和实际的活动完成情况。它直观地表明任务计划在什么时候进行，及实际进展与计划要求的对比。

甘特图使作业计划、控制过程实现了简明化、明确化、精细化，极大地提高了作业过程的管理，至今西方企业依然采用甘特图控制其生产调度过程与项目作业过程。

（4）信息化

信息化来源于计算机技术与现代通信技术。它在企业管理中的应用解决了决策与调度的高效化、沟通与控制的实时化、存储与检索的条理化等问题。

对过程状态的实时掌控沟通与监控的实时化中所说的控制不是监视员工行为的意思，

而是过程控制、状态调查。控制的实时化就是对过程状态的实时掌控，以便于及时了解异常情况，实时进行处理，避免酿成错误。

即时沟通可以提高事务处理的效率。

本工程项目质量检测是重中之重。通过网上相关的制作软件，将现场的细部工程信息通过二维码的形式进行公布，提高了管理效率。

2. 细节管理

工程施工中的细节管理，是防止和杜绝重大工程事故发生的重要方面。大到方案节点，小到端茶倒水，都属于我们应关注的细节。细节问题因其"小"，往往被人忽视，掉以轻心；因其"细"，也常常让人感到烦琐，不屑一顾。小问题导致大事故的发生，1%的错误导致 100%的失败，忽视小的细节问题往往要付出大的代价。

如方案格式不统一，造成外部单位对项目的第一印象差，甚至对公司管理产生怀疑。再比如我们的施工日志，写得五花八门，关键内容缺失，造成追根溯源难度大。再如某市一临街高层建筑阳台板折断砸伤多人，事故原因分析是由于阳台板受力钢筋位置布错而导致的。该阳台板属悬臂结构，受力钢筋要分布在阳台板的上部才能发挥作用，但在施工中由于施工人员不懂结构，错将阳台板受力钢筋布置在了阳台板下部，以至于拆模后阳台板受力钢筋不发挥作用导致阳台板折断。就这么一个小小的细节问题被施工管理人员忽视造成事故太不应该。

工程施工中时有安全及质量事故发生，究其主要原因就是在整个施工管理过程中不用心注重细节问题造成的。

在施工管理过程中不能因为是小问题、小错误而不纠正，不能因为是小细节而不放在心上，千里之堤毁于蚁穴，一旦出现问题，教训将非常惨痛。安全管理无小事，在施工过程中要用心管理，用心注重施工中的细节问题，特别是用心注重关系到施工人员生命安全的细节问题，用如临深渊、如临大敌的态度去对待，把管理工作做细、做好。精细化管理时代已经到来，一定要注重细节，把小事做细。

施工管理是一个不断变化和发展的过程，在施工中要不断地总结经验，不断地改进工作，提高建筑队伍的素质和施工管理水平，抓好细节管理，服务建筑市场。

4.10.9 总工要清楚各方需求

1. 与项目内、外部沟通

项目经理：适应项目经理的管理模式和风格，积极提供合理化建议，为项目二次经营提供支撑。

生产经理：做好现场生产的技术配合（及时性），多交流项目部署和资源组织方案，善于听取意见。

商务经理（或合约部）：前期配合做好项目成本测算，做好项目二次经营策划；施工过程中配合做好工程量验收、技术核定单办理（及时性），配合对内对外工程量结算办理、签证索赔的技术支撑；收尾阶段配合做好结算的技术支撑。

机电经理：协同作战，做好临时水电方案，做好专业、对外关系（质监、设计院、消防、幕墙等）的技术配合。

安全部：配合做好报建程序办理、现场标准化实施方案设计、项目亮点打造等，并及时提供技术支撑。

工程部：做好技术交底，及现场技术指导；加强培训（内容针对性、深度）；人才培养。

材料部：做好材料总计划（准确、及时），配合材料验收（标准、工程量）。

综合办：CI 管理的技术支撑，配合项目行政管理。

技术质量部：项目总工要带头坚持原则，为懂业务、敬业的质检、安全等技术人员撑腰，让现场技术管理人员大胆工作，为现场施工规范化、程序化、标准化打好基础。

明确分工，掌握思想动态，发挥团队优势：项目总工要加强对技术人员的动态分工管理，分阶段明确每位技术人员的岗位职责，使每位技术人员知道自己应该做什么，应该做到什么程度。帮助每位技术人员进行职业生涯规划，帮助每个技术人员明确长远发展方向及近期努力的目标。了解技术人员的思想动态，做好技术人员的思想教育工作。

公司部门：落实公司各项管理制度；配合部门完成其他事宜。

公司领导：为企业树立品牌；配合公司做好人才培养；协助调配项目技术资源。

对外联系首先要讲诚信，其次要讲立场、讲原则，为自己树立形象的同时，也为企业争信誉、赢利润。

2. 各方需求

1）项目员工：认可、提升、收入

在项目中每个员工都有自己的特性，他们的需求、期望、目标等各不相同，项目管理者应根据激励理论，针对员工的不同特性采用不同的方法进行激励。在工程项目中常用的方法主要有工作激励、成果激励、批评激励和教育培训激励。工作激励是通过分配恰当的工作来激发员工内在的工作热情；成果激励是指通过正确评估工作成果给员工以合理的奖惩，从而保证员工行为的良性循环；批评激励是指通过批评来激发员工改正错误行为的信心和决心；教育培训激励是指通过思想教育、技术和能力培训等手段，来提高员工的素质，从而激发其工作热情。

2）公司

（1）完成合同履约。

（2）公司各项制度、流程、标准化手册等落实情况。

（3）项目安全有序运行，成本可控，汇款及时，为公司带来利润。

（4）希望通过项目实施获得外界对项目的肯定，进而提升公司知名度，实现以现场保市场区域滚动发展。

（5）项目获得地方奖励，提高项目知名度，进而提升公司知名度。

（6）为公司培养一批人才。

3）监理机构

（1）施工各方按合同如期履约。

（2）项目安全可控，质量优，进度提前。

（3）按图、按方案施工，施工各类资料齐备。

（4）得到各方认可，相互配合默契。

（5）项目获得地方奖励，提高项目知名度，进而提升公司知名度。

（6）个人提升，知识、收入等。

4）设计机构

(1) 施工现场按图施工，设计理念在现场落地。

(2) 施工现场能够为设计提出一些具有建设性的优化意见。

(3) 无重大设计变更。

(4) 其他。

5）建设单位

(1) 各方按合同如期履约。

(2) 质量优、安全性好、进度快、投资可控。

(3) 各方沟通顺畅，无对立现象。

(4) 如涉及预售期，按时或者提前完成。

(5) 项目获得地方奖励，提高项目知名度。

(6) 各方配合密切，能够顺利完成公司下达的各项任务。

(7) 公司考核或第三方飞检成绩好，得到公司认可。

(8) 其他。

6）外部管理单位

(1) 各方按合同如期履约，人员、组织机构设置完备，人员按合同履约。

(2) 质量、安全满足设计、规范、地方要求。

(3) 项目合规、合法。

(4) 无质量、安全事故，安全文明施工满足要求。

(5) 项目获得国家、省市奖励，提高项目知名度。

(6) 其他。

4.10.10　项目风险管理

1. 风险常识

1）风险管理

项目风险管理是指通过风险识别、风险分析和风险评价去认识项目的风险，并以此为基础合理地使用各种风险应对措施、管理方法技术和手段，对项目的风险实行有效的控制，妥善地处理风险事件造成的不利后果，以最小的成本保证项目总体目标实现的管理工作。风险管理与项目管理的关系：通过界定，可以明确项目的范围，将项目的任务细分为更具体、更便于管理的部分，避免遗漏而产生风险。在项目进行过程中，各种变更是不可避免的，变更会带来某些新的不确定性，风险管理可以通过对风险的识别、分析来评价这些不确定性，从而向项目范围管理提出任务。

2）基本性质

风险的客观性，首先表现在它的存在是不以个人的意志为转移的。从根本上说，这是因为决定风险的各种因素对风险主体是独立存在的，不管风险主体是否意识到风险的存在，在一定条件下仍有可能变为现实。其次，还表现在它是无时不有、无所不在的，它存在于人类社会的发展过程中，潜藏于人类从事的各种活动之中。

风险的不确定性是指风险的发生是不确定的，即风险的程度有多大、风险何时何地有可能转变为现实均是不确定的。这是由于人们对客观世界的认识受到各种条件的限制，不可能准确预测风险的发生。

　　风险一旦产生，就会使风险主体产生挫折、失败，甚至损失，这对风险主体是极为不利的。风险的不利性要求我们在承认风险、认识风险的基础上，做好决策，尽可能地避免风险，将风险的不利性降至最低。

　　风险的可变性是指在一定条件下风险可以转化。

　　3）风险分类（表4-9）。

风险分类表

表4-9

分类	分类属性	类别	典型风险因素
A	风险来源	外部风险	外部环境
		内部风险	工程管理
B	项目目标	工期风险	材料供应拖延
		成本风险	报价不合理
		质量风险	质量不达标
		安全风险	人员伤亡
C	影响范围	局部风险	材料缺陷
		总体风险	不可抗力
D	发生期间	项目前期风险	信息不准确
		投标阶段风险	报价信息错误
		履行合约过程风险	业主延付工程款
		完工后风险	自然破坏
		不可抗力因素	经济形势恶化
E	风险根源	自然风险	气候因素影响
		社会风险	宗教矛盾
		市场风险	材料价格上涨
		政治风险	政治局势不稳定
		经济风险	通货膨胀
		环境风险	公众怀疑态度
		信息风险	信息来源不准
		合同风险	支付条件苛刻
		设计及监理风险	设计方案变化
		管理风险	施工管理落后
		施工风险	工期延长
		业主风险	业主付款能力的弱化

　　4）风险因素（表4-10）。

表 4-10

风险影响因素分析表

风险类别	风险因素	
内部风险	信息风险	信息的可靠度低,代理人不可靠
	合同风险	支付款项不合理,惩罚制度苛刻,工期过短,保护主义条款过多
	设计管理风险	设计资料的可操作性与合法性,设计方案反复变化,设计单位整体素质,监理工程师性格因素
	业主风险	业主结算意愿不强,付款能力有限,工作效率不高,业主的诚信度不高
	施工风险	施工工艺技术落后,技术管理不合理,施工措施、方案不当,没有根据实际的情况进行施工
	管理风险	承包商应变能力差,合同管理不当,施工技术管理水平落后,财务管理、人事管理困难
外部风险	自然风险	不可抗力因素的影响,复杂地质环境
	社会风险	社会秩序混乱,文化素质低,宗教信仰
	市场风险	原材料价格上涨,施工设备费用增加,职工工资提高,施工管理费用上升
	环境保护风险	对环境破坏所造成的罚款,废物处理罚款,公众对施工的意见

5) 风险处理

(1) 风险规避:考虑风险的存在和可能性,放弃或拒绝可能导致风险损失的计划。规避风险具有简单而综合的优点,有可能使风险为零,规避风险也可能放弃获得收益的机会。

(2) 降低风险:有两层含义,一是降低风险发生的可能性,二是降低风险。其次,如果发生危险事件,将其损失降到最低限度。

(3) 风险分散是指增加风险承担单位,以减轻整体风险压力,使项目经理能够减少风险损失。如果建设单位在项目施工中使用商业混凝土,混合混凝土可能会给材料供应商分散风险。但是,这个方法也可能同时分散利益。

(4) 风险转移:为避免风险损失,有意识地将损失转移给其他单位或个人承担。非保险转移管理通常有非保险转移、财务转移和保险转移三种形式。非保险控制权的转移,转移的是法律责任的损失,通过合同或者协议解除或者减少了转让人对受让人的损失责任和第三人的损失责任。财务非保险转移是指转移人通过合同或协议寻求外部资金以补偿损失。投保是经过专门组织,根据有关法律,采用大数法订立保险合同,发生风险后,可以得到保险公司的赔偿。这就需要企业加强合同管理。

(5) 风险保留:这是项目主办单位自行承担风险损失的措施。有时是主动的,有时是被动的。对于承担风险所需的资金,可以通过设立内部应急基金来解决。对于上述风险管理控制,项目经理可以将它们组合使用,也可以单独使用。例如,大型工程项目经常同时使用多种风险控制方法,而使用单一控制方法会增加项目的风险;相反,小型工程项目可能采用单一控制方法。因此,风险管理者不能盲目使用,而要具体问题具体分析。

2. 建筑工程常见的风险及管理

1) 常见的风险

(1) 经营风险

① 建设单位带来的风险:工程项目的顺利实施,自始至终离不开与业主的紧密合作。

有的业主实力较弱；有的业主虽有一定的实力，但信誉较差；有的业主协调能力差，导致征收、拆迁、交通疏导、施工手续办理等无法正常开展。常见的如中标并与建设单位签订了施工合同，但由于地方政府拆迁工作不力，导致项目无法开工，造成已进场的人员、机械等闲置。因此，业主带来的风险，是建筑企业经营生产中的重要风险。

② 项目带来的风险：投标竞争，在很大程度上取决于价格的竞争。因竞争日趋激烈，企业在投标时，容易对成本、利润缺乏科学的分析和预测，不管工程投资多少、规模大小、施工难易等因素，为了中标，竞相压低报价。

③ 合同带来的风险：有些业主，利用企业急于揽到任务的迫切心，在签订合同的过程中，往往附加一些不平等的条款，如工程质量的标准、工程款结算的方式和时间、工程量清单不准确等，致使施工企业在承接工程初期，就处于非常不利的地位，甚至陷入合同陷阱。

（2）管理风险

① 项目经理任用风险：项目经理的管理和创新能力，直接影响和决定着工程质量、安全、效率及成本。项目经理如果缺乏基本的经营管理素质，必然会带来项目施工亏损的风险；过于频繁地更换项目经理，也是造成施工成本无法控制的弊病。如某公路隧道，在建设过程中更换了五任项目经理，加之离任审计工作不到位，造成衔接不力、前后扯皮，成本无法控制，工程后期资金亏空大。

② 项目施工管理风险：有时由于总包项目的规模较大、技术难度大、专业分工多，在管理上难免顾此失彼，一旦发生质量或安全事故，不仅给项目造成直接或间接的经济损失，而且轻则罚款、通报批评，重则停止市场经营活动、资质降级甚至吊销执照，直接关系到企业的生死存亡。

（3）经济风险

要素市场，包括劳动力市场、材料市场、设备市场等，这些市场价格的上涨，直接影响到工程的成本；金融市场，包括利率变动、货币贬值等因素，都影响到施工企业的经济效益，尤其是采用 BT、BOT 的项目就更为敏感；供应影响，主要表现为发包人供应的资金、材料、设备，或质量不合格，或供应不及时；国家政策，如工资、税种、税率的调整等，都会给工程项目带来一定的经济风险。

（4）技术风险

① 地质地基条件：工程发包人提供的地质资料和地基条件，有时与实际出入很大，处理异常地质情况或其他障碍物，都会增加工作量和延长工期。

② 水文气象条件：如出现台风、暴风雨、雪、洪水、泥石流、塌方等不可抗的自然现象，和其他影响施工的自然条件，对野外施工的公路、铁路工程影响非常大。我集团在新疆、秦岭、浙江沿海等地的项目工程，多次发生险情，都发生了工期延误和财产损失，甚至造成人员伤亡。

③ 设计和规范：设计图纸供应不及时或出现设计变更，都会延误施工进度，造成工程项目的经济损失；由于设计单位对规范规定以外的特殊工艺，没有明确借用的标准、规范，在施工过程中，又未能较好地进行协调，影响到以后的验收和结算。

④ 施工技术协调：施工过程中，出现了与自身专业能力不相适应的技术问题，各专业间又不能及时协调；发包人管理水平差，对承包人提出需要发包人解决的技术问题，不

能及时答复；合同履行过程中，发包人工地代表或监理工程师，工作效率低下，不能及时解决遇到的问题，甚至发出错误指令。

2）风险管理

（1）补充人员，提高人员素质

由于各建筑企业缺乏项目风险管理方面的管理人员，在工程项目较多的情况下，人员短缺使得各工程项目缺乏有效的风险管理，直接影响项目风险预防管理的有效性。很多建筑企业所聘请的风险管理人员没有进行专业的教育培训工作，能够直接参与建筑施工风险预防管理的人员较少，无法满足新时期建筑工程安全监督管理的实际需求。因此，建筑企业必须加强风险管理人员培训力度，提高人员专业知识、技能水平和整体素质，能够及时发现、防范施工项目风险，并采取切实有效的措施予以解决，为施工现场提供有效的安全保障。另外，希望建筑企业能够加快实施建筑施工项目风险防范办法，提高施工安全风险防范的水平，确保施工安全监督检查质量得到有效控制。相关部门要督促监管人员积极履行自身职责，端正工作态度，做到有法必依，执法必严。

（2）采取合理措施转移与分散风险

建筑工程项目管理中存在各种各样的风险，只要处理得当，这其中一些风险是可以转移、分散的。在防范、回避风险的时候，必须使用相应的法律手段切实有效地保护自身利益。例如，在工程项目进行之前，可以使用工程保险，将一些单项工程以分包的形式进行风险的转移；另外，承包商也可以在施工技术以及合同方面，寻找一些有利于自身的条款，有效地分散风险。

4.10.11 做好技术管理工作的几点心得体会

技术管理贯穿于整个施工过程，要想做好项目技术管理工作，进一步提升技术管理水平，首先要将技术与生产实际、与项目的经济效益相结合，做好新技术、新材料的推广应用，提升企业的整体技术管理水平。

1. 明确技术管理的职责，注重技术水平的提升

（1）以制度约束，强化落实：建立和健全各级技术管理机构和技术责任制，明确各级人员的权、职、责。组织全体员工，特别是技术干部学习现行规范，尤其是对施工及验收规范的学习，明确施工中各个分项、分部工程的施工技术要求、施工方法和质量标准等，并以此来组织施工、检查、评定和验收。

（2）学习先进的管理方法和管理经验，组织技术学习、技术培训、技术交流。

不断提高企业管理水平和员工技术业务素质，从而预见性地发现和处理问题，把技术和质量事故隐患消灭在萌芽之中，保证工程施工质量。

（3）发扬技术民主，鼓励技术革新、创造发明，开展全员技术比拼活动，通过循环讨论学习，解决技术瓶颈。

（4）通过技术管理、探索、研究与推广新技术的应用，在行业中占据优势地位。

2. 认真贯彻各项技术管理制度

贯彻好各项技术管理制度是搞好技术管理工作的核心，是科学地组织企业各项技术工作的保证。技术管理制度的主要内容有：

（1）施工图的熟悉、阅读和会审制度。

（2）编制施工组织设计与施工场地总平面图。

（3）施工图技术交底制度。

（4）工程技术变更联系单管理制度。

（5）施工质量管理制度。

（6）材料及半成品试验、检验制度。

（7）隐蔽工程的检查和验收制度。

（8）工程质量检验与评定制度。

（9）工程结构检查、验收与竣工验收制度。

（10）工程技术档案与竣工图管理制度。

3. 不断加强对技术工作的管理

技术管理工作需持之以恒，因此，要不断地加强技术管理组织机构和技术责任制，充分发挥好技术人员的才干和作用。

4. 工作重点

（1）依据国家和上级主管部门颁发的各项规范、规程、标准和规定，并针对企业特点，适时地制定、修订和贯彻各项技术管理制度，在生产实践中不断地完善和补充。严格做到技术工作有章可循，有法可依。

（2）对技术管理工作建立定期检查制度，按建制开展施工项目的总结评比，达到肯定成绩，以利再战的目的。

（3）实行行政和经济手段相结合的方法，大力培养和提拔技术业务人员，充分调动技术人员的积极性。

（4）注重人才、培养人才，是提高管理技术水平的基础。

4.10.12　如何做好承上启下的工作

1. 如何做好承上启下工作

项目总工作为中层，承上启下，起着二传手的作用。一个好的二传手，可以使死球变成活球；二传手不到位，好球可能变成臭球。由此可见，当好中层领导，对于做好一个单位的工作是至关重要的。要当好中层领导者，应该处理好以下几方面关系。

第一，责任与权力的关系

有没有责任心，责任心强不强，是能不能当好中层干部的前提和思想基础。中层干部对所担任的工作应该主动负责、敢于负责和善于负责，即"在其位谋其政"；要有解决具体矛盾的勇气和能力；有处理棘手问题的方法和魄力。

第二，与上级领导的关系

要当好中层领导者，除了要在工作上坚持下级服从上级的组织原则外，还必须保持自己独立的工作作风，与上级领导以同志相处，取长补短、相互促进，既可以获得上级领导的尊重，促进上下级关系，又有益于树立良好的作风，促进单位工作健康发展。

第三，接受工作部署与同领导研究工作的关系

接受领导的工作部署与同领导一道研究工作是不同的，应该加以区分。接受领导部署的工作任务时，领导怎么交办就应该怎么执行，不能说我不办，或者说我不能办，如果这样做，就是违反组织原则，这种人就不适合做中层干部。研究工作，是同领导一起商量问

题，或者领导虽然有了一个基本想法，但是还没有最后拿定主意，还想听听卜属的意见，特别是不同的意见。这时候，有什么想法都可以提，反对的意见也可以提。讨论定下来之后，有不同意见可以保留，但在行动上必须服从。

第四，向领导请示工作与汇报工作的关系

请示工作与汇报工作也有区别。请示工作，一是要讲程序，先向直接分管的领导请示，不能越级，经分管领导同意后再向上请示。二是不能搞多头请示，特别是不能利用多头请示搞实用主义。三是不能只讲问题而没有解决问题的办法。四是中层领导中的副职请示工作，应先同正职商量，经正职同意后可以直接向分管领导请示，否则，不符合组织程序。汇报工作也应讲程序，但可以不那么严格，除向分管领导汇报之外，特殊情况下，甚至可以直接向主管领导汇报。但汇报与请示工作兼有时，必须先向分管领导汇报，然后再向主管领导汇报；汇报时，如果主要领导提出了对部门工作的意见，汇报人必须及时向分管领导转达，以利于贯彻落实。

第五，对上级负责与对下级负责的关系

对上级负责与对下级负责是一致的。只对上级负责，不对下级负责，说明对上级负责也不是真的，是有个人企图的。只对下级负责，不对上级负责，那么，对下级负责也不是真的，是假借群众之势，与上级分庭抗礼，实现个人的某种目的。这两种倾向在工作中时有发生，应根据实际情况加以纠正。

第六，会上与会下、当面与背后的关系

中层干部直接面对群众或员工，在其中有一定的影响力，单位的领导意图能否实现，既取决于领导意图是否正确，是否符合实际，也取决于中层干部的思想作风，取决于中层干部能否做到会上与会下、当面与背后表里一致。如果中层干部在会上说得很好，当着领导的面说得很好，而回到自己所领导的部门里，就自觉不自觉地流露甚至公开散布这样或那样的不满情绪，这是很不好的作风，必须纠正，否则就会影响团结、影响工作。

第七，局部与全局的关系

中层干部必须树立全局观念，立足本职，胸怀全局。有些工作从全局看来是可办的，从局部看来是不可办的也得办；从全局看来不可办，从局部看来可办的不能办。这就叫局部服从全局，就是全局观念。牺牲局部利益，服从全局利益，一些职工可能会有意见，可能一时想不通，这就需要中层干部做好思想工作，讲清楚局部与全局的关系，讲清楚根本利益、长远利益与全局利益的一致性。

第八，原原本本地贯彻上级精神与创造性工作的关系

作为中层领导者，必须认真贯彻上级的决定。原原本本地贯彻上级决定是应该的，但不是最好的，最好的应该是创造性地工作，开创工作的新局面。创造性的工作，需要形成创造的思维方式和敢闯、敢试、敢为天下先的精神，要学会运用"方法论"分析问题和解决问题。

第九，工作与学习的关系

要当好中层领导者，既要努力工作，又要善于学习。要善于向实践学习，向群众学习，向书本学习。向实践学习，就是要善于总结实践经验，不但要总结成功的经验，还要注意总结失败的教训。向群众学习，就是要尊重群众的意见，尊重群众的首创精神，坚持"从群众中来，到群众中去"的工作路线。向书本学习，就是要养成良好的读书习惯，结

合工作实际，需要什么学什么，不断提高基本理论水平和文化知识水平。只有善于学习的人，才能善于工作。

2. 做好承上启下工作的要点

1）对下负责

（1）向下属提供他们胜任工作所需的信息，承担起帮助下属成功的责任。特别是在下属遇到挫折或其他困难时，帮助他胜任工作，而不是只责备、控制和命令。

（2）促进团队协作：保证相关的声音能够被倾听，不同的观点能够被讨论，采取措施帮助下属表达观点，并实现团队目标。

（3）主动沟通：不要猜测别人在做什么，要问他们。主动询问下属的观点，并试图了解产生不同观点的根本原因。在采取行动前先找出不同意见，提供条件进行公开诚恳的讨论。对制订的决策作出解释。管理的有效性取决于人们能坦率地表达自己的观点，而不必担心说真话会对自己的工作、薪水、任命或职业生涯产生不利影响。

（4）建立起负责机制：要建立清晰明确的组织机构图，给负有责任的人以相应的权力；给其他人以监督负责人的手段。

（5）鼓舞士气：积极面对挫折，相信员工具备表现不凡的条件。当某个人的表现不像你期望的那样时，一定要在询问并充分了解对方如何看待和描述其状况后，再发表你对此的意见。

2）对上负责

（1）积极工作。

（2）尽力坦率地表达自己的意见，觉察到上司有不同意见时，要进行询问，并本着虚心、开放的精神"寻根问底"。

（3）先征求上司的意见再制订计划：先了解上司的观点与目标再做自己的工作，这与不知道上司的观点就自我行事是截然不同的，上司在潜意识中会以其标准评价下属。

（4）对上司的意见作出积极响应：以上司制订的目标为核心，但在实施目标的过程中采取自己认为对自己和公司有利的行动。

（5）主动询问困扰自己的一切问题和想法。对于靠你自己难以解决的问题，不要全靠自己解决，要取得上司的合作，让他帮助你解决问题。上司的工作包括关注你的发展，为你个人发挥效率和成功提供条件。

4.10.13　超前考虑，预控工作

1. 超前策划基本理论

策划是一种策略、筹划、谋划或者计划、打算，它是个人、企业、组织机构为了达到一定的目的，在充分调查各种相关资源以及相关环境的基础上，遵循一定的方法或者规则，对未来发生的事情进行系统、周密、科学的预测并制订科学、可行的实施方案。

工程策划的分类：就工程本身而言，包括中标前的策划和中标后的策划。中标前策划主要是以中标为目的，多以分公司领导层进行决策、策划为主，这里主要想谈的是项目中标后实施前的策划，这种策划与现场技术人员密切相关。

策划应由项目经理、总工牵头组织项目管理班子、技术骨干人员共同完成，而不是某一个人的事情，在必要时，可申请集团公司的技术人员进行协助。

　　根据上面对策划的理解，策划就是为达到一定的目的所制订的计划，对工程而言，目的就是项目要完成的各种目标，包括安全目标、质量目标、工期目标、成本目标、各相关方的需求等；而充分调查相关资源及相关环境，就是充分考虑集团公司、所在分公司或直属项目部现有的资源优势，工程规模、概况、本身特点、技术难度及相关社会资源等；实施方案是为完成目标而进行的具体详细的策划，包括组织机构、人材机的资源配置、详细的实施步骤等。

　　为什么要进行策划，"凡事预则立，不预则废"，有好的开头，才会有好的结尾，"好的开始就是成功的一半"，应事先对工程进行认真分析，提前把目标制订好，考虑完善，定位准确。

2. 超前策划的要求及内容

1）前期策划要求

（1）将前期策划作为施工准备的重要环节，保证策划的质量和可行性。策划文件中要对项目施工技术、各种资源、经营、财务、安全、质量等管理工作作出战略安排，规避重大风险，杜绝项目管理出现失误。

（2）前期策划文件还应规定项目各个目标（质量安全工期）并应满足顾客、法律法规及集团公司（管理手册、质量安全标准化）的其他要求。

（3）确定项目关键/特殊过程名称，适用的施工技术、质量验收规范等文件，需编制技术文件的层次、深度，所需管理人员、劳动力、设备机具、周转材料、工程用料等资源初步计划。

（4）确定施工中所需开展的重要活动。

以上内容可在前期策划中简述，由后续的施工组织设计、施工方案等文件补充完善。

2）工程策划内容

（1）项目概况及编制依据：基本概况，周边环境，项目的特点、重点及难点。

（2）合同及市场分析：分析合同的主要有利和不利条款，资源市场的分析及配置，后续市场的分析。

（3）工程项目战略及定位：确定项目管理的总体思路，把握项目战略定位，是长远利益还是一次性效益最大化。

（4）工作部署及准备工作计划：识别关键的施工过程和管理过程，抓住工程成败的关键点，围绕关键内容展开策划。

（5）实施方案：主要指关键的施工过程和管理过程，突出重点和难点，提出控制性方案，不必面面俱到。

（6）进度目标计划。

（7）质量管理目标计划。

（8）安全文明环境管理目标。

（9）项目成本管理计划：主要指目标成本的预测、分析。

（10）风险管理计划：项目风险的识别（自然风险、经济风险、技术风险、社会风险、合同风险等）。

（11）项目交竣工及结算计划：结算资料要提前考虑策划，施工过程中同步，尽量在过程中消化完成，工程竣工后可尽快提交。

3. 工程策划关键目标的制订

安全目标：是市级、省级，还是争创国家 AAA 级。

质量目标：是市优质、省优质，还是鲁班奖等。

工期目标：业主合同工期上是否有要求、有奖罚；是否是政府建委督导工程、献礼工程等。

工程是否为政治性的工程、涉及保密的工程，还是业主有特殊要求的工程，要与各方充分沟通，综合考虑以上所有各种因素，也包括项目的自身成本目标、集团公司的社会效益、相关方的需求等，然后再制订切实可行的目标。

策划前需要熟悉设计图纸、工程周边环境、地下管线、邻近建筑物、外电高压线等，要建立工程重大危险源清单，还要考虑工程是否涉及保通、是否需保密等，确定工程的施工重点、难点，以及计划采取的一系列措施等，必要时可依靠集团公司的技术力量。

策划，另一方面，也包括对工程中科技成果的提前策划，包括专利、科技奖、工法、"四新技术"、论文、专著等。根据工程的自身特点、施工技术含量、施工难度等，可提前确定技术攻关题目，施工中着重加强该方面资料的收集、整理，包括影像资料，以便后期可尽快形成科技成果进行申报。

如某工程前期策划时，确定的目标为创省优工程（目标尽量前期策划时确定好，以免造成后期被动），目标前期策划好后，可以按已制订的目标进行部署实施。工程的创优，有必要让工程相关责任方均参与，共同努力，包括建设、监理、设计、监督单位等。因为是共同的荣誉，成立创优领导小组，其中一些关键岗位可以由建设、监理单位负责人担任（有利于后期资源调配、工作协调）等。工程从一开始劳务队的选择上、各种供应商的选择上、质量验收执行的标准上均要高起点、高标准，样板先行、质量标准化、工序标准化，各种申报的奖项工作要提前准备、提前完成备案，影像照片采集要与施工同步、全过程参与，资料整理要同步等。

4. 常见的几种策划

（1）履约策划。

（2）二次经营策划、商务策划。

（3）创优策划、飞检迎检策划。

（4）样板引路策划。

（5）行动学习策划。

4.10.14 总工必懂的几个穿插施工里程碑点

1. 穿插施工的基本理念

穿插施工是一种快速施工组织方法，它是指在施工过程中，把室内和室外、底层和楼层部分的土建、水电和设备安装等各项工程结合起来，实行上下左右、前后内外、多工种多工序相互穿插、紧密衔接，同时进行施工作业。

这种施工方式充分利用了空间和时间，尽量减少以至完全消除施工中的停歇现象，从而加快了施工进度，降低了成本。对于规模大、结构复杂、工序和专业繁多、工期紧的工程，穿插施工尤为必要和重要。

比如，当 N 层在作主体结构施工时，其 $N-6$ 层已在进行铝窗安装，$N-10$ 层已在进行整体浴室安装，N-16 层已在进行墙纸铺贴，N-20 层已在进行保洁……各个施工顺序交叠穿插，最大可能地节约施工时间，实现经济效益最大化。

2. 穿插施工的好处与适用范围

1) 穿插施工的好处

(1) 缩短工期，确保交付：缩短工期是穿插施工最核心的作用，根据不同的项目类型，穿插施工具有不同的应用范围，对一些高层精装修项目，通过穿插施工，甚至可节约半年以上的工期。

(2) 避免额外支出：不少项目因为工期不合理，虽然按期交付，但在过程中为确保交付而付出了巨大的代价。其中，包含了大量为拿到竣工备案表而付出的额外抢工费用，对施工单位不合理要求的妥协，以及大量的政府前期报验公关费用。

工期的缩短可以避免这些额外的支出。

(3) 有效降低工程成本：通过穿插施工，可有效降低塔式起重机、施工电梯等机械设备的使用周期，节约劳动力的使用频次，降低管理费用。施工单位的成本降低，最终也会体现为开发商的工程成本降低。

(4) 促进销售：交付时间对购房者来说至关重要，越早越好。穿插施工节约工期，可实现提前交付，间接促进销售。

2) 穿插施工的适用范围

(1) 在项目整体施工中可通过室外综合管线、道路、景观与建筑单体穿插施工。

(2) 在高层精装修项目中，通过总包单位统一协调、管理，可将安装工程、门窗工程、外墙装饰工程、内装饰工程、市政景观工程等有序穿插、紧密衔接，同时进行施工作业。

(3) 在地下室施工中应用穿插施工，使安装工程与上部主体结构同步进行。

(4) 在室外工程施工中应用穿插施工，结合永久道路，做到市政先行。

3. 穿插施工的重难点及对策

1) 建立组织管理体系

重难点：穿插施工涉及工程各个参建单位，协调工作量将较大。

对策：必须建立完善的组织体系及管理制度，对工程质量、安全、进度、成本进行系统管控，明确实施流程、管理责任及义务，明确分工，责任到人。

2) 安排合理的工序

重难点：穿插施工不仅涉及施工总包单位内部各道工序的安排，更涉及大量总包与分包单位的衔接部署，如何统筹部署、制订切实可行的施工流程是重中之重。

对策：对确定的所有施工内容理顺各专业之间的关系——是平行还是先后，是时间还是空间。明确每道工序的上一道和下一道工序分别是什么，实现最优的小流水施工，最大限度地为下道工序提供条件。

3) 作业面的划分和移交

重难点：在施工过程中往往因为施工作业面划分不清，导致各施工单位相互扯皮，推卸责任，影响工程进度。

对策：需要建设单位在各施工单位进场前合理划分工作面，明确每家单位的施工内容，制订切实可行的移交流程，明确各单位的责任与义务。

4）提前会审施工图纸

重难点：由于设计图纸不完善，往往会造成各工序无法有效衔接，施工过程中出现大量返工，给工程进度造成较大的影响。

对策：设计前置，图纸先行，地下室完成前即已进行了土建、水电、装修图纸会审，将建筑、精装修、景观、安装、幕墙、门窗等图纸有效结合，为穿插施工创造条件。

5）成品保护

重难点：由于穿插施工涉及单位较多，各工序衔接紧密，做好成品、半成品保护措施，避免交叉污染，是保证穿插施工顺利推进的重要条件。

对策：在工程施工前制定切实有效的成品保护管理办法，在施工合同中向各施工单位明确成品保护要求及相应的职责和义务，避免因成品保护不到位造成工序无法有效衔接。

6）主体验收

重难点：目前工程在砌体施工完成后，只能待质监站完成主体结构验收，方能进行室内装修工程施工，这给工程穿插施工带来了较大的影响。

对策：在工程施工过程中需与质监站等行政主管部门进行充分沟通，是否可按分段检测结果进行主体验收，提前隐蔽进行精装修，同时各项隐蔽验收资料需齐全，对于过程验收内容应留存影像资料，以便备查。

4. 穿插施工

1）穿插施工规划

在施工招标阶段明确总分包单位施工界面的划分以及配合事项（如楼层水电接驳、三线移交等），结合项目自身特点明确钢筋工程、模板工程、混凝土工程以及垂直运输、外脚手架等采用新技术、新工艺，同时设定起始时间（固定或相对节点）并对上下工序交接验收、成品保护要求、楼层封闭管理等予以约定，且相应费用单独列支并纳入投标报价。

2）组织与技术措施

组织措施：项目应建立施工管理机构，负责处理、调整穿插施工界面、工序、成本以及过程中遇到的其他问题。同时，施工管理机构应建立周例会制度。

技术措施：应结合建筑设计及各项专业设计，以省工、省时、省力为前提，利用先进的施工技术、材料与工艺对施工工序、细部节点做法进行优化，如爬架与外墙砌体穿插施工、铝模体系与免抹灰工艺等。

3）样板先行

穿插施工管理的重心更多地应该放在工序样板上。工序样板要求施工管理机构成员全程参与并做好记录，发现问题、完善做法、优化工序，以便于对大面开展穿插施工形成作业指导书。工序样板的划分视分部分项工程的施工周期、涉及专业而定。

4）穿插施工进度管理

（1）编制项目整体进度计划，并逐步分解到年、月、周计划。

（2）根据周计划估算施工所需人机料，按日比对现场施工进程。

（3）制订专项计划，按职能可分为采购招标计划、材料设备进场计划、开盘销售计划等。

（4）建立晨会制度，对当日施工进度目标进行交底，及时纠偏。

（5）当现场进度与原计划出现较大偏差时，须召开进度专题会对现状进行分析，挖掘矛盾焦点，采取适当措施进行补救。

（6）制定奖惩机制，设定奖惩节点。

5）穿插施工质量管理

现场施工质量达到交付标准是实施穿插施工的前提与基础，而施工质量讲究的是过程管理。"质量追溯表"是重要的管理方式。

6）穿插施工安全管理

采用定型工具进行防护是主要方式。

另外，现场施工用电安全、高空作业安全以及机具器械使用安全等都是不可忽视的环节。

7）穿插施工成品保护管理

工程在招标阶段应将成品保护相关要求编入招标文件，并针对施工现场的成品、半成品、各类水电气设备设施以及精装修成品，明确各个阶段具体的责任划分和处罚措施。

5. 常见的穿插施工

穿插法施工是一种工序组织管理技术，它的目的在于明确施工全过程从下往上流水的施工工序、组织要求，缩短施工总工期，降低对劳动力数量的需求，提高工程管理的精细化水平。施工项目常见的穿插施工如下。

（1）主体阶段穿插时间计算。

（2）塔式起重机基础施工及塔式起重机安装穿插计算。

（3）砌体插入时间计算。

（4）抹灰插入时间计算。

（5）外窗插入时间考虑。

（6）地库插入时间决策。

（7）封顶后的穿插整体安排。

（8）结构封顶后的大节点穿插。

（9）室外及地库整体穿插。

（10）吊篮安装和外用电梯安装时间。

（11）初装与精装插入的时间。

（12）穿插施工计划跟踪落实。

4. 10. 15 总工如何做好创优工作

1. 创优基本概念

为了促进工程实体质量的提升，我国先后设立了多个奖项来对达标的优秀工程项目进行鼓励，各省市也采用了相同的做法。因此，现行的优质精品工程奖项除中国建设工程鲁班奖（国家优质工程）、中国土木工程詹天佑奖外，还包括全国市政金杯示范工程、中国钢结构金奖等专业类奖项，以及长城杯（北京）、白玉兰杯（上海）、钱江杯（浙江）等地区性奖项。

2. 创优实施

1）建章立制，提前策划

根据项目合同约定或者公司要求，确定创优目标，建立创优制度，成立创优小组，明确岗位职责，然后进行创优策划。

根据创优目标要求，各相关方要谋划好本单位的工程创优工作，要认真做好措施。措施要详细，要有操作性，比如：中间的验收要达到什么水平，过程的关键点怎样去做，尤其是房屋建筑工程中的一些细部做法。特别是要做好深化设计工作，把工程细节的一些要求先规划好，要依照创优不同级别奖项的要求详细地规划出来。同时，搜集整理创优工作的相关资料，做足、做好创优工作的基础工作，确保实现创优工作计划目标。

2）做好宣传工作，对相关方施加影响

（1）做好对发包方的宣传工作：项目部成员应在任何可能的情况下，都要对建设单位做好宣传，让他们从根本上产生创优意识，配合我们的工作。

（2）做好对设计方的宣传工作：工程最后能否创优，设计至关重要。要通过各种渠道向设计方明确本工程的创优计划，强化设计方人员在本项目的创优意识，力争在本工程设计中用最合理、最先进的设计方案。

（3）做好项目部参建人员的宣传、动员工作：项目部要通过各种会议、交底的机会，向本项目部全体参建人员明确本工程的创优目标和创优计划，宣布各种激励措施，激发参建员工的积极性和创造力。

3）做好技术服务工作

拥有过硬的技术是保证工程优质的基础。一方面，施工企业需积极使用新科技技术、新工具、新材料及新工艺，加大创优工程的实现能力；另一方面，也可以加强技术攻关，创新解决工程质量问题的技术手段。

（1）由技术负责人牵头，根据施工图纸、设计交底等文件要求，收集本工程中涉及的施工工艺、质量验收规范、强制性标准条文和施工图集。

（2）由技术负责人牵头，组织全部技术管理人员、班组长认真学习质量验收规范、强制性标准条文，掌握各工序质量控制中的关键环节。

（3）技术负责人组织编制各种施工文件。

（4）由技术负责人组织相应的技术人员和工人等，针对本工程的难点、关键点成立相应的QC小组，编制攻关计划，并将有关的资源占用计划报项目经理批准。

（5）由生产副经理、技术负责人组织相关专业技术人员，认真研究施工图纸和施工方案，编制"五新"和"住房城乡建设部十项新技术"推广应用计划，并报建设单位、设计方等批准。

（6）针对工程中可能出现的质量通病，组织有关技术人员编制相应的预防措施，并将措施中的资源利用计划报项目经理批准。

4）高标准、严要求，做好工程质量安全管理

健全的质量管理系统是工程创优的保障。为实现施工质量标准化控制，施工企业应实施过程管理，围绕创优目标做到事先有措施、事中有监控、事后有检查，并设立班组、项目部、公司等多级的工程质量监督管理制度；亦可实行样板引路制度，通过设置实体样板和工序样板，确保实现创优的有效方法得到践行。

（1）项目部将质量目标进行分解，建立各级质量责任制，并具体落实到每个职能部门及个人。

（2）项目部编制详细的项目质量管理计划，对于施工关键技术要制订出具体、有针对

性的质量控制措施。

（3）加大检查力度。各工序按施工技术标准进行质量控制，每道工序完成后，需进行检查；相关各专业工种之间，进行交接检验，并形成记录，未经监理工程师（建设单位技术负责人）检查认可，不得进入下道工序施工。为确保创优目的实现，工程项目将增大检查监督力度，以保证工程质量在受控状态下进行：公司每季度检查一次，项目部每半月组织检查一次，各专业班组每周组织检查一次，项目质检员每天在现场监督检查。检查应按照质量控制点进行检查，上道工序不合格，下道工序不能接受，要严格工序报验制度。

（4）坚持持证上岗制度。为提高分部、分项工程等施工管理的科学性、严肃性，项目管理人员、特殊工种作业人员都要持有效证件上岗，对无证或证件不合格人员，要坚决清退或培训合格后持证上岗。对此，公司将加大检查、指导、协调力度。另外，对专职资料员、质检员要在岗位中进行培训，使其明确各项创优要求，并按要求工作。

（5）坚持不懈地加强与建设单位、设计单位联系，不断强化精品意识，保证主材、设计作品等符合创优要求。

（6）项目部应坚持"安全第一，预防为主"的方针，自始至终坚持职业健康安全、环境教育，坚持现场职业健康安全和强化作业层的管理，做好安全防护，做好现场标准化、文明施工管理，杜绝事故的发生。

（7）做好最后收尾阶段的细部及外观处理。

（8）在工程竣工验收和保修初期，加强有关职能人员的领导，他们是这项工作的关键，他们的工作质量有时直接反映了公司的对外形象，一方面要参加各类验收、检查、评优工作，捕捉质量特色，征求领导、专家意见，积极协助相关单位形成有效的原始记录；另一方面，在工程交付之时，指导使用单位自觉地保护好工程产品，要将制订的成品保护计划与要求进行实施；尽力为用户服务，并能形成建设单位对工程质量有较高的评价。

5）资料的收集与整理

项目部从前期工作开始即要按创优奖项的要求去安排资料的收集和整理，高标准、严要求。

（1）工程质量保证资料

① 应符合国家《建筑工程施工质量验收统一标准》GB 50300—2013及《智能建筑工程质量验收规范》GB 50339—2013等系列标准规范的要求，工程质量保证资料的内容要齐全。

② 产品、原材料质量保证书的技术数据应完整、清晰、盖有红章。

③ 材料试验的试样应有代表性。材料按每批进料或按同品种、同号、同一出厂日期编号为一个取样单位。

④ 设备安装的主要材料和设备应有质保书和复试报告。

⑤ 其他。

（2）工程主要技术资料

本部分资料主要指工程一般施工记录、图纸变更记录、设备安装记录、预检记录、隐蔽工程检查记录、施工试验记录、工程质量验收记录及开竣工报告等。

① 生产副经理和各专业技术人员每天记载施工日志，内容必须详细、准确。

② 本工程所有的资料表格全部按标准表样输入微机存盘，技术管理人员在整理资料

时直接在微机上书写，签字、盖章部位空出，统一用 A4 纸打出，交有关部门签字盖章后交资料员收藏。

③ 资料员按资料形成日期分类妥善保管，并做好记录。

④ 技术人员在做好施工记录的同时，协同监理形成检验批、分项、分部、单位工程质量验收记录，所有的验收记录与施工记录相对应。

⑤ 隐蔽工程记录必须按施工情况如实填写，如名称、规格、数量、主要工艺等，必要时用简图表示；隐蔽记录上必须讲清楚对应的施工图号或设计变更号，质检员填写检验意见时，要求详细、明确，验收意见填写"合格"或整改意见，出现整改意见的要写清楚整改后的质量情况，切不可出现"符合验收规范"等字样。

⑥ 质量验收记录要齐全、详细，手续签证要完整，表格必须按国家标准样表的要求填写。

⑦ 资料形成一定要与工程同步，生产副经理、技术负责人每天下班前要根据当天的施工情况检查各项资料的形成情况，进行督促，保证当天事情当天完成，决不拖拉，造成漏项。

（3）资料装订

全部资料按 A、B、C、D、E 五类进行汇编，装订成册。

① A 类资料是公用资料。其中包括：设计交底、图纸会审、施工组织设计、专业施工方案审批文件、技术（质量、安全）交底、开工（停工、复工、交工）报告、竣工报告、材质证明书、竣工验收证明书、施工日记等。

② B 类资料是施工过程中形成的资料。其中包括：材料代用单，设计变更单，委托书，施工记录，检验、试验、试压报告，隐蔽工程验收记录，中间交接、验收记录，重大事故调查处理报告等。

③ C 类资料是质量验收资料。具体有：检验批质量验收记录，分项工程质量验收记录，分部工程质量验收记录，单位工程质量验收记录，单位工程质量控制资料核查记录，单位工程安全和功能检验资料核查及主要功能抽查记录，单位工程观感质量检查记录。

④ D 类资料是管理资料。如：安全管理资料和质量管理资料。

⑤ E 类资料是竣工图。图纸应齐全，且盖有竣工图章。

6）其他

与此同时，施工企业应关注评优门槛的地域性及奖项性差异。如不同地区对于参评工程有着不同的规模要求，鲁班奖还要求工业、交通、水利、市政园林工程的技术指标、经济效益及社会效益达到行业领先水平，以及住宅工程的入住率达到40％以上。

对于施工企业而言，工程项目质量管理掌握着公司生存、发展的命脉，事关其形象、口碑和声誉；建设优质工程还将为其带来显著的经济效益和社会效益。因此，施工企业应完善质量管理体制，将创优目标和职责落实到所有项目参与者身上，并将质量管理和创优管理贯穿到整个施工过程中，从而为施工质量和使用安全提供切实保障。

管理的精细化使工程细部质量和外观质量普遍提高，精细化施工管理已成为建设业主和施工企业加强质量管理的重要措施，从根本上改变了传统的粗放型管理，使质量明显提高，特别是工程的细部质量和外观质量上了一个新台阶，工程创优也就水到渠成。品牌已经成为企业竞争的核心，只有拥有品牌，企业才能赢得更广阔的市场，才能不断发展。

4.11　现场管理工作

施工管理是施工企业经营管理的一个重要组成部分，是指企业为了完成建筑产品的施工任务，从接受施工任务起到工程验收止的全过程中，围绕施工对象和施工现场而进行的生产事务的组织管理工作。

施工现场管理主要分为安全管理、质量管理、进度管理、成本管理四方面。

1. 安全管理

安全管理的目标就是保证项目施工过程中没有危险，不出事故，不造成人身伤亡和财产的损失。"安全第一，预防为主"是安全管理必须遵循的原则，安全为质量服务，而质量必须以安全作为保证。

安全管理必须贯穿于整个施工项目的全过程，一是应建立安全生产文明施工保证体系，加强职工安全生产文明施工的教育，并针对分部分项工程的特点，制订有针对性的安全技术措施和专项安全生产施工方案；二是做好班前安全技术交底工作，并突出抓好阶段性的安全工作重点，针对不同阶段的工程特点作重点防范；三是安全措施可靠，施工现场的安全管理责任制明确，安全标语警示牌布置合理，外架搭设、三宝四口五临边的防护安全用电符合规定是文明施工的重要内容，从资料到现场必须按规定做好。

例如：基础施工阶段重点抓好支护及围挡；主体施工阶段重点抓好洞口防护、脚手架的稳定、防高空坠落、高塔电梯防倾倒、防避雷等；装修阶段突出抓好防火工作，而施工全过程必须抓好安全用电管理。

2. 质量管理

质量管理是施工项目现场管理中最为重要的环节，施工质量是施工企业的生命，是企业立足市场的基石，靠质量出信誉，靠信誉争市场，靠市场增效益。

（1）应建立完善的质量管理保证体系和领导体系，强化质量意识，落实质量责任，并强化质量技术管理工作，及时对工人进行技术交底，强化工人的质量责任心，同时层层签订质量责任保证书，明确质量责任，使质量目标的实现落实到每一个人，并按规定建立奖罚制度，与各级工作人员的经济利益挂钩。

（2）应严格执行质量验收制度，对工程质量进行巡回检查，走动管理，对发现的问题必须查明原因，追查责任，并跟踪检查整改措施的落实情况。另外，在全面抓好施工质量的同时，还应针对不同阶段的工程特点有针对性地加大管理措施，严把材料采购和进场质量验收关，杜绝不合格品材料混入现场。

3. 进度管理

进度管理是施工项目现场管理中最主要的环节，是施工项目按照合同工期顺利完成的有力保证，是企业信誉、竞争力、履约能力的有力体现。

（1）在进度管理方面，应严格执行公司各项管理制度，层层落实责任，加大奖罚力度，督促全体管理人员群策群力、克服困难，确保工期目标的实现；分工明确、各负其责，对工期、安全、质量、成本等各项指标进行预控。同时，与业主、监理、设计共同配合，协调一致，对工程实行有效管理。

（2）在进度管理过程中应狠抓"两头工期"：一是加快开工前准备，一旦中标，项目部人员和工人立即进场，以最快的速度组织材料设备进场，搭设临建、布置临时用水用电线路，做好测量定位等工作，建立各类台账，做好管理准备工作，将开工前的准备时间压缩到最短；二是竣工收尾阶段加大管理协调力度，采取强有力措施，防止因各分项工程同时施工可能发生的混乱，使各项工序积极有序地进行。

（3）应运用微机管理和网络技术科学安排各工序和分部分项工程的施工作业计划，以总进度为大纲安排好月、旬、日施工作业计划和主要工期控制点，并以此为依据，合理安排劳力、材料设备进场计划，科学地组织好各工种的配合，实现分段并进、平等流水、立体交叉作业，以创造更多的作业面，投入更多劳力加快施工进度，做到宏观控制好、微观调整活，各关键工期控制点均在控制期内完成；同时，加大协调力度，确保各施工方按计划有序地进行施工，做到各负其责，确保政令畅通，协调有力，确保各分项工程按施工进度计划组织施工。

4. 成本管理

成本管理是施工项目管理中的核心内容，是增加企业利润，扩大企业资金积累最主要的途径。

在成本管理方面，现场管理人员应责任明确，实行归口管理，管好项目控制投入，降低消耗，提高工效，将安全、质量、进度、成本四方面结合起来进行综合管理，并根据成本管理的目标与劳务施工队伍签订劳务施工合同，明确责任与目标，根据施工项目的实际情况编制降低成本的技术组织措施，深入挖掘各分项工程中存在的降低成本利润点，降低成本。

项目部定期定阶段进行成本分析，并对存在的问题进行分析，找出原因并采取措施，控制成本支出，加强成本管理。成本分析既要贯穿施工的全过程，服务于成本形成的过程，又要在竣工后进行整体分析找出成本升降的原因，作出成本管理效果的判断，总结项目成本管理经验，制订切实可行的改进措施，不断提高成本管理水平。

施工项目现场管理是全方位的，要求项目管理者对施工项目的安全、质量、进度、成本等方面都要纳入正规化、标准化、制度化管理，这样才能使施工项目现场管理的各项工作有条不紊地进行。成功的项目管理，能促进项目和企业的发展，能推动建筑市场的不断进步。

4.11.1　总工如何做好汇报工作

1. 汇报工作的基本概念

工作汇报按内容可以分为工作计划汇报、工作进展汇报、工作总结汇报等。

1）汇报工作的步骤

（1）侧重重要的工作内容，往往一份好的工作汇报，一定是有亮点的，这主要是汇报工作是对某项工作的总结，没有重点无法让人看到工作的成果，也无法体现工作成绩，比如针对一周工作总结，那么每天的主要工作内容就必须一一列出来。

（2）把特别交代的事放在首位，很多时候在开展工作之前往往会得到提示哪块内容比较重要，而自己在工作中也是首先处理这一部分。因此，在汇报工作中也是要首先提及这块内容，将重点汇报好，再去汇报剩下的，往往能让听的人更易接受。

（3）汇报解决困难问题的事，困难问题往往是工作中最头疼的，也是想着第一时间去选择的，更是大家比较关注的。因此，在汇报工作时，先汇报解决好的内容，因为人的心理往往喜欢先解决麻烦的问题，紧接着才能更好地接受其他工作内容。

（4）汇报上次工作中遗留的内容，往往每次工作中剩下的问题是比较让人头疼的，因此在下次工作处理中会重点关注，而在汇报工作中也应该首先汇报，解决问题能减少麻烦，避免再次影响工作效率，所以遗留的工作内容也是需要特别对待的。

2）汇报要求

（1）揣摩意图，明确目的

事先一定要思考好：这次汇报应该达到什么目的。这就决定了汇报的主题思想。

在解决汇报目的上，主动汇报问题不大，因为汇报者在萌发汇报意识时，就比较明确汇报意图。被动汇报时要多动脑筋：一是要分析领导听汇报的目的，要把此次汇报放在一个较大的背景下进行分析，比如：为什么在这个时候领导要听汇报？要听的内容与当前中心工作的关系是什么？要听汇报的领导平时的习惯是什么？等等，都要琢磨透彻。二是结合自身的工作情况，怎样才能让领导听后给予肯定的评价，留下好的印象。

（2）条理清晰，突出重点

根据汇报目的和领导的要求，选择重点内容，并找准切入点。不能不分主次，面面俱到。所谓重点，没有固定的规定，应该说适应领导要求汇报的内容就是重点，但也不完全是，要具体情况具体分析。以被动汇报为例，一般来说，选择重点要从三个方面考虑：一是领导最想听、最关心的东西，或者说领导想强调的事，你已经做到位了，领导想说的话你说出来了。二是自己认为最能表现成绩的事迹，或者说最出色的工作。三是有自己特点的东西。如果说汇报的目的是"主线"，那么汇报的重点就是"主干"。

（3）控制时间，不说废话

一是要根据汇报的要求和重点，事先进行认真准备，列出提纲或形成文字材料。汇报时非特殊问题无须过多解释。特别是有时间限制时，更要严格把握，充分利用有效时间把该汇报的内容都说出来。

二是尽量做到每句话都有分量，繁简适度，表达得体，既不过时，也不浪费机会，让人听后有新鲜感和透亮感。

（4）灵活把握

有时在汇报当中领导会提出一些要求，比如汇报内容的增减、对一些问题的关注程度、汇报时限的变化等。遇有这类情况时就要调整汇报思路，这也是应变能力的考验。其对策有二：一是如没有排列顺序，要注意抢占"最佳点"，即选择最好时机汇报。一般来说，先说比后说强，既能"先入为主"，给人留下深刻印象，又有时间保证，免得"白准备"。二是如被排列到靠后而又面对新要求时，一定不要再去照本宣科，要选准重中之重，用最佳切入点、最精练的语言，把最重要的问题汇报好，在被动中求主动，处理得好也能收到事半功倍之效。

（5）实事求是，不要隐瞒

向领导汇报工作，无论怎么切入，怎么加工润色，都必须本着认真负责的态度和实事求是的精神，一定要把汇报工作建立在事实清楚的基础之上，决不能凭主观想象随意编造，更不能弄虚作假欺骗领导。这既是个职业道德问题，也是个人格问题。

（6）遇事冷静，随机应变

工作汇报，要看周围情况灵活应变，及时调整汇报的内容、时间和方法。

比如，当你发现你前一个汇报者想申请给下级涨工资，上级拒绝了，说等年底再说。你正好也是要去申请给下级涨工资的事，这时候再提肯定不行，就不要提了。

一件事当你汇报到一半的时候，被上级打断，这时你发现和上级在这个问题上存在意见分歧，这时你要冷静对待，客观表达自己的意见，随机应变，应该坚持的就坚持，应该放弃的就放弃。

（7）注重结果，减少细节

工作汇报时，先跟领导汇报结果，重结果，少细节，这是节约领导时间的表现。当领导想知道详情时，我们再告知细节，这样领导会对我们更加信任。切莫一味谈细节，令领导头昏脑胀。

2. 汇报工作必掌握的核心点

（1）提前沟通，时间选择：避免突然袭击，提前预约领导时间。

（2）开门见山，直奔主题：汇报工作切忌拐弯抹角，绕弯弯。

（3）拿事实和数据说话，带选择方案，让领导做选择题：找领导汇报工作时一定要带着方案，让领导做选择题，莫要领导出方案。

（4）主动解决问题，不等不靠：一定要主动出击，不能坐等事情解决。

（5）将重点风险问题展示出来，如工期、成本。

4.11.2　过度竞争的市场行情下总工的管理重点

1. 行业现状

改革开放以来，我国建筑业得到了持续快速的发展，建筑业在国民经济中的支柱产业地位不断加强，对国民经济的拉动作用更加显著。随着市场经济的发展，建筑施工企业面临着激烈的市场竞争。加入世贸组织，在给中国建筑业带来难得的发展机遇的同时，也带来了不可避免的冲击和挑战。

最近调查结果显示，国内建筑市场的过度竞争现象令人担忧，主要表现在以下几个方面。

1）市场份额争夺白热化

一个市场上哪怕仅有四五百万元工作量的工程项目，都将会有几十家，甚至上百家建筑承包商参与报名竞标。在删除少数诚信度不高、经济实力及施工能力不足的企业后，还是难以确定投标入围企业。在此情况下，只好采取抓阄或摇号的办法，随机抽取几家企业参与投标。因此，投标评标过程是确定承包权花落谁家的关键阶段。

2）产品价格竞争惨烈化

为了争夺施工经营承包权，企业不惜在产品承包价格上展开恶性竞争，导致行业产值利润率逐年下降。

3）不规范的市场要求导致竞争无序化

有的业主不管工程大小、结构难易、层次高低，都指明要一级以上企业参与投标，要一级建造师、一级项目经理承担施工任务，结果抹杀了差别化竞争，使高低资质、大小企业同时涌向一个工程项目，造成了市场的无序化竞争，加重了市场秩序的混乱。同时，派生出施工方无资质挂靠有资质、低资质挂靠高资质、建造师（项目经理）资格证书出借等诸多违法违规行为，从而进一步加剧了建筑市场的不规范运行。

2. 须应对的几个管理要点

（1）履约管控：履约策划书，节点履约管控，各专业管控，责任人。

（2）目标责任制：签订目标责任书、年度及季度考核表。

（3）标杆工程创建：标杆策划，标杆工程学习。

（4）全员安全管理：签订目标责任书、岗位安全责任书，日常巡查。

（5）现场设施：大门及围挡、茶水亭、吸烟室、洗车场、扬尘治理设施、施工现场临时厕所。

（6）生活区设施：生活区封闭式管理、监控设施，宿舍空调、浴室内配置、厕所内配置、食堂内配置、防雨盥洗池、晾衣区、职工学校、职工书屋、停车棚、无线网络、医务室、夫妻房、直饮水机、运动设施、党建活动室、洗衣房、休息亭、开水房。

（7）团建活动：组织集体观影、党建活动、集体学习、友谊比赛、庆生活动等。

3. 品牌建设要点

中国建筑市场的不断发展，促使中国建筑业逐渐进入品牌竞争时代。一方面，品牌展示了企业的综合形象，具有不可估量的市场价值，它的形成始终贯穿于企业发展之中；另一方面，品牌又是一个建筑企业综合素质的标识，它不能被企业的规模和业绩所替代。综观现代建筑企业的成功与失败，无一不与其品牌塑造的成败密切相关。因此可以说，品牌已经成为建筑企业生存与发展的重要支柱，以及建筑企业参与国际竞争的利器。甚至可以说，品牌必然是未来建筑企业的核心竞争力。

（1）"树品牌"不等于"做广告"。有些建筑企业的决策者认为，塑造品牌就是做广告，于是企业就不停地做广告，其结果是知名度大大提高了，但不是在目标消费群体中，而是在大部分与建筑消费无关的群体中。实际上，广告更多的是建筑企业进行品牌维护工作的必要手段。建筑企业塑造品牌尽管在一定程度上离不开广告，但又不能只有广告。换句话说，除了做广告，建筑企业仍有大量的事情要做，以全面提高品牌知名度、美誉度和忠诚度。

（2）"树品牌"切忌盲目跟风。由于中国建筑企业的品牌塑造尚处于起步阶段，没有成熟的、系统的理论可供参考，所以许多企业不仅塑造品牌的方式盲目跟风，连做广告也盲目跟风，致使大量的广告费"打水漂"不说，更严重的是影响了企业的品牌塑造进程。

（3）应该从企业战略的高度进行品牌塑造和管理。品牌塑造的具体表现不只是营销、广告、传播，而是由内往外的企业综合力量的持续传递，它应包含建筑企业的一切内外行动因素；而且品牌塑造是协调与平衡建筑企业自身的发展战略与看法、具体做法和客户看法的管理工具和商业系统，能帮助建筑企业定位的落实、控制、持续、平衡与发展，增强建筑企业的核心竞争力，大幅提升建筑企业的经济效益和社会效益。

4.11.3　总工如何做好施工组织管控

1. 施工组织管理基本点

施工组织管理是以施工项目为管理对象，以项目经理责任制为中心，以合同为依据，按施工项目的内在规律，实现资源的优化配置和对各生产要素进行有效的计划、组织、指导、控制，取得最佳的经济效益的过程。

1）施工现场管理的概念与特点

施工现场管理的核心任务就是项目的目标控制，施工项目的目标界定了施工现场管理的主要内容，就是"三控三管一协调"，即成本控制、进度控制、质量控制、职业健康安全与环境管理、合同管理、信息管理和组织协调。

施工现场管理是建筑业企业运用系统的观点、理论和方法对施工项目进行的计划、组织、监督、控制、协调等全过程、全面的管理。其主要特点如下：

（1）施工项目的管理者是建筑施工企业。建设单位和设计单位都不进行施工现场管理。由建设单位或监理单位进行的工程项目管理中涉及的施工阶段管理仍属建设项目管理，不能算作施工现场管理。监理单位只把施工单位作为监督对象，虽与施工现场管理有关，但不能算作施工现场管理。

（2）施工现场管理的对象是施工项目。施工现场管理的周期也就是施工项目的生命周期，包括工程投标、签订工程项目承包合同、施工准备、施工、交工验收及保修等阶段。施工项目具有的多样性、固定性及庞大性的特点给施工现场管理带来了特殊性。施工现场管理的主要特殊性是生产活动与市场交易活动同时进行；先有交易活动，后有产成品，买卖双方都投入生产管理，生产活动和交易活动很难分开。所以，施工现场管理是对特殊的商品、特殊的生产活动，在特殊的市场上进行的特殊的交易活动的管理，其复杂性和艰难性都是其他生产管理所不能比拟的。

（3）施工现场管理的内容是在一个长时间内进行的有序过程之中，按阶段变化的。每个工程项目都按建设程序进行，管理者需根据施工现场管理时间的推移带来的施工内容的变化，作出设计，签订合同、提出措施，进行有针对性的动态管理，并使资源优化组合，以提高施工效率和施工效益。

（4）施工现场管理要求强化组织协调工作。由于施工项目的生产活动的单件性，参与施工人员流动性大，需采取特殊的流水方式，组织量很大，又由于施工在露天进行，工期长、需要资源多，还由于施工活动涉及复杂的经济、技术、法律、行政和人际关系，施工现场管理中的组织协调工作最为艰难、复杂、多变，必须采取强化组织协调的办法才能保证施工顺利进行，主要强化方法是优选项目经理、建立调度机构、配备称职的人员、建立动态的控制体系。

（5）施工现场管理与建设项目管理在管理的任务、内容、范围上均不同。

2）施工现场管理的内容

在施工现场管理的全过程中，为了实现各阶段目标和最终目标，在进行各项活动时，必须加强管理工作。施工现场管理的主体是以施工项目经理为首的项目经理部，即作业管理层，管理的客体是具体的施工对象、施工活动及相关生产要素。

（1）建立施工现场管理组织——项目经理部

由企业采取适当的方式选聘称职的施工项目经理，明确项目经理部各组织机构的责、权、利，制定项目管理制度。

（2）进行施工现场管理规划

① 进行工程项目分解，形成施工对象分解体系，以确定阶段控制目标，从局部到整

体，进行施工活动和施工现场管理。

② 建立施工现场管理工作体系，绘制施工现场管理工作体系图和工作信息流程图。

③ 编制施工组织设计，确定管理点，以利执行。

（3）进行施工项目的目标控制

施工项目的目标有阶段性目标和最终目标，实现各项目标是施工现场管理的目的所在，施工项目的控制目标有：

① 进度控制目标；

② 质量控制目标；

③ 成本控制目标；

④ 安全控制目标；

⑤ 施工现场控制目标。

由于在施工过程中，会受到各种客观因素的干扰，各种风险因素有随时发生的可能性，所以应经过组织协调和风险管理，对施工项目目标进行动态控制。

（4）对施工项目的生产要素进行优化配置和动态管理

施工项目的生产要素是施工项目目标得以实现的保证，主要包括劳动力、材料、设备、资金和技术以及信息、环境、资源。生产要素管理的内容有：①分析各要素的特点。②按一定的原则、方法对施工项目生产要素进行优化配置，并对配置状况进行评价。③对各生产要素进行动态管理。

（5）施工项目的合同管理

从投标开始就要对工程承包合同的签订、履行加强管理，还要注意搞好索赔，讲究方法和技巧，提供充分的证据，以取得较好的经济效益。

（6）施工项目的信息管理

施工现场管理是一项复杂的现代化的管理活动，更要依靠大量的信息以及对大量信息的管理，并应用电子计算机进行辅助。

（7）组织协调

组织协调指以一定的组织形式、手段和方法，对项目管理中产生的关系不畅进行疏通，对产生的干扰和障碍予以排除的活动。在控制与管理的过程中，由于各种条件和环境的变化，必然形成不同程度的干扰，使原计划的实施产生困难，这就必须协调。协调为顺利"控制"服务，协调与控制的目的都是保证目标实现。

2. 施工组织核心点

（1）关注分项样板计划及审核情况。

（2）工厂化集中加工。

（3）各专业流水施工组织，穿插施工组织。

（4）进度计划编制及实施管理。

（5）提效工具应用。

4.11.4 甲指分包进场，不交管理费，怎么办

1. 基本常识

现行的建筑承包形态一般是由承担工程主体建设的施工单位作为施工总承包单位存

在，而工程其他分部、分项工程，例如机电、幕墙、精装修等，则由业主方直接发包或指定分包，即是社会广泛定义下的甲指分包。分包合同一般是由业主与分包单位直接签订，对各分包单位的工程款项也由业主直接支付，此种模式既不等同于施工总承包模式，亦不等同于施工总承包管理模式，更像是两者结合的产物，但又弱化了总承包单位在建设项目中的地位。

鉴于甲指分包是非总包单位的直接分包，总包单位对甲指分包的选定无参与权或决定权，总包单位只是作为对建设单位的服务商来对进入总包现场的甲指分包单位进行代建设单位管理所有专业承包、甲指分包企业。

2. 管理技巧

1）使用总包临设（总包不提供宿舍、食堂，只提供材料临时堆放场地，临时场地需搭建房屋的自行搭建）、机械设备时必须遵守本总包单位的专项管理规定，其中包括使用时间等方面。

2）甲指分包单位进场前必须与总包单位签订各种专项协议（安全、环保、消防保卫、道路交通、临时用电），否则不予进场。

3）按专业分包要求报送符合施工内容的资信资料（通过年检的资质证书、安全生产许可证、企业法人营业执照）。

4）报送总包单位拟用管理人员的上岗证件（承包工程负责人的法人委托书、项目经理证、安全员证、质检员证、施工员证），做好实名制考勤管理，尤其是关键人物在岗情况。

5）通过总包单位的审核，并取得总包单位签发的进场通知书。

6）总包对甲指分包不服从管理等情形，应该详细汇报给甲方。

（1）让甲方知道甲指分包不配合，对管理不利，对质量、安全也不利。让甲方有心理准备。

（2）言明让甲方出面处理这个甲指分包，否则这样不配合的话，出现问题，总包没办法处理，也不负责任（尤其涉及安全问题，甲方也会有所考虑，甲方现场负责人不会因小失大）。

4.11.5 总工如何与职能部门（招采、合约、商务、技术）沟通

1. 常见问题

（1）部门间形同路人：各做各的事，没有交集时便没有往来，关系冷淡。

（2）遇事首先抱怨其他部门：只从本部门的角度考虑，其他部门不予配合便会产生抱怨等情绪，不从自身找原因。

（3）缺少坦诚沟通：沟通过程中，需要暴露更多实质性的问题。在现有开会过程中很多人往往因为种种主观或者客观的原因不愿将实质性问题暴露，即使有问题反映出来也是片面的，带有浓厚的个人主观感情色彩。而这种情况如果得不到有效的疏通和解决，极易造成部门和个人相互间的隔阂，使公司的正常业务陷入迟缓或停滞状态。而这些问题又恰恰是解决部门问题的前提。

（4）回避问题：部门之间某些工作环节出现问题以后，双方出于某种考虑（如不愿意多承担责任，不愿部门的利益受影响等）彼此都装作没看见，这种装糊涂的结果是工作

被耽误，公司整体运作效率低下。

（5）相互推诿扯皮：遇到问题的时候，该办的不办，推给别人，无原则地争论纠缠。出现这样的情况既影响工作效率，又破坏了员工之间的和睦氛围。

2. 常见沟通要点

在项目开展中，与公司职能部门的沟通应做好以下几点：

（1）各个部门需要配合项目需求，防止因流程耽误现场施工。

（2）商务问题，多与各部门沟通，防止信息不同步。

（3）工作配合问题——开会、电话是最好的沟通方式。

（4）现场问题，多用图片报告。

（5）多提供解决问题的思路和方案——不等不靠。

4.11.6　公司各职能部室来工地检查，要做哪几项工作

项目检查是公司相关群体对项目执行情况进行检查，帮助项目查漏补缺，总结经验与不足，寻找解决问题的对策。由公司管理部门、技术服务部门或其他相关部门依据一定的工作准则与要求，通过严密的程序，定期或不定期地对项目实施的全面的或专项的督促检查。

公司各职能部室来工地检查，要做好以下几项工作：

（1）弄清楚检查内容、检查目的、检查人员。

（2）准备汇报材料（PPT 格式），安排好会议室。

（3）安排各专业对接人，准备相关检查内容（资料及现场）。

（4）管理人员穿工装，戴工牌，开会带笔记本，记录好各项问题。

（5）安排好照相人员，留好相关影像资料。

（6）以学习提高的态度积极面对，以检查促提升。

4.11.7　如何做好劳务及班组履约管控

1. 管理现状

随着我国经济不断增长，建筑施工行业也在快速发展，由于建筑行业的需求激增，对建筑工程项目管理，特别是总、分包之间的管理提出了更高的要求。我国目前大多采用施工总承包模式，项目主体结构由总包负责施工，部分专业工程分包给专业分包单位或劳务班组施工，并纳入施工总包管理范畴。

在与项目部施工管理人员交流的过程中，会发现他们有一些共同的心声：施工队伍太难管，施工队伍不听话，施工队老板太牛，施工员没有权威，施工队伍不把施工员放在眼里等。由此可见，对施工队伍的管理已经成为一个难题。

当前建设工程项目分包管理中存在的问题：

（1）分包管理不规范，缺乏基本的市场监督。例如，建设单位直接发包或指定分包，造成施工总包单位无权管理；分包商只顾自身施工管理，不管与其他项目施工之间的衔接，往往导致工期延迟；施工质量不佳，发生安全事故等现象。

（2）分包管理体系不够完善。因有些分包单位管理队伍素质和管理水平不高，没有按规定配置分包管理人员；分包单位只追求自身利益，忽视和总包沟通衔接，工程质量达不

到施工规范及相关标准要求。

（3）总包单位缺乏对分包相关的管理制度。总包对分包单位管理无序，措施不力，未尽到总包管理责任，致使分包单位管理松散，造成各种安全质量事故发生。针对以上问题，住房城乡建设部及地方政府多次发文，采取强力措施，加强对建设市场整治管理。施工企业需积极应对，做好项目风险防范管理措施。

2. 如何做好管控

1）规范分包市场管理：

（1）严守市场准入制度：企业建立合格分包商名录，并严格按照国家政策法规及企业制定的分包管理规定、工作程序，在合格分包商名录含括的分包商中进行分包招标投标工作。对分包单位的企业资质、财务状况、体系认证、诚信行为及技术力量、设备配置、业绩经验、管理素质等情况作出全面、综合的考核评价，最后选择合格的分包队伍。

（2）签订总、分包合同：分包单位应该和总包单位签订相应的分包合同，按照建设工程安全生产管理条例要求，明确总、分包权利、责任和义务。合同内容需明确：分包单位必须有健全的组织机构，配备相应的专业技术及施工管理人员。具有满足施工所需的机具设备，同时还需签订社会治安综合治理责任书，在施工过程中进行科学、规范的管控，保证分包队伍在施工实践中履行合同承诺。

2）完善分包管理机构体系：

（1）建立项目分包管理机构：总包企业应建立项目分包管理机构，进行长远规划，系统策划。按照管理流程制度化、管理手段程序化的要求对分包队伍的引进、分包施工的过程控制、工人教育培训、日常生活管理及权益保障等进行全方位、全过程管理，从而形成分包管理的系统性和制度体系，有效促进分包管理的规范化。

（2）落实分包项目管理人员到岗履职：分包单位按分包合同及相关规定，现场必须配置施工负责人、专职安全员、质量员、技术员等相关管理人员，其数量必须满足施工生产及总包要求并常驻施工现场，履行分包管理职责。未经总包同意不得擅自更换并随意离开施工现场，特殊工种必须持证上岗。现场发生紧急情况或事故时，分包单位现场负责人及其他管理人员必须听从总包组织应急行动并做好事后的处理。

3）制定落实相关分包管理制度：总包单位必须制定对分包单位管理的相关制度和要求，在签订分包合同时提出，在分包单位进场时进行交底。

分包管理制度包括：

（1）分包进场管理制度。

（2）分包组织管理制度。

（3）信函处理及印章申盖管理制度。

（4）会议、办公及生活区管理制度。

（5）总分包交底及教育培训管理制度。

（6）现场质量、安全文明、进度等管理制度。

（7）分包资料管理制度。

（8）劳务实名制管理制度。

（9）分包奖罚考核管理制度等。

通过各项管理制度，规范总分包之间的项目管理，并通过总分包协调管理，做到现场管理有序，从而保证合同约定的目标实现。

4）做好对分包交底及教育培训：为了贯彻"安全第一、预防为主、综合治理"的方针，保障职工的生命安全和身体健康，确保施工生产顺利进行，总包对分包进场需进行总交底，内容包括：工程概况、现场安全生产、技术质量、工期进度、综合管理等。交底采用书面形式，总包交底人和分包班组被交底人需分别签字并留存归档。通过教育培训提高分包施工人员的整体素质和工作技能，增强员工安全质量意识。

5）加强对分包班组现场检查监督：对分包班组的施工现场管理是一个十分重要的环节，总包项目部需从分包班组进场直至完工退场，对分包班组的各项工作进行有效的综合监督管理。

（1）分包班组施工图必须由总包项目部统一发放管理，做好收发文记录；专业分包施工组织设计及施工专项方案，必须经总包单位技术负责人及总监理工程师审批后才能实施；对分包班组的测量放样必须经总包项目技术人员复核后再报监理工程师审核，然后才能进行施工。

（2）分包单位应建立安全保证管理体系及安全生产责任制，确定各级安全管理人员及总、分包安全生产管理职责，分包班组应纳入施工总包单位统一管理，并服从总包单位及建设单位、监理工程师的领导，按施工总包总体管理及施工现场总平面布置和现场文明施工管理制度要求，做好施工现场的标准化管理工作。

（3）分包应建立质量管理体系及质量管理责任制，严格按照设计文件、规范标准及总分包合同约定的质量标准进行施工；对分包进场设备、原材料严格控制，做好检测试验工作；并对分包班组施工的每道工序进行验收。

（4）分包必须严格按照总包项目部总体施工进度计划要求在总施工控制网络计划指导下，科学安排各工序，实现各工种立体交叉和空间流水作业。

（5）项目经理组织各分包班组每周进行一次现场安全文明、工程质量、施工进度等综合检查，通过检查及时消除安全隐患，确保工程质量和施工进度目标实现。

（6）各分包单位的工程资料应纳入总包管理，分包工程资料应随工程进度同步形成，将本分包单位形成的工程文件资料整理、立卷后及时移交总包单位；总包单位负责收集、汇总归档工作。

6）项目施工现场实行实名制管理，把好实名制管理关、合同签订关、工作考勤关、工资发放关。

（1）设置劳务管理机构：总包成立劳务管理机构并配备劳务管理人员，加强对各专业及劳动人员监督协调；项目部成立以项目经理为首的劳务管理小组，并按规定要求配置专职或兼职劳务主管人员，负责日常劳务管理工作，且成立劳务管理应急小组。各分包班组应设置专职劳务管理员配合总包单位进行劳务日常管理工作。

（2）制订现场劳务实名制管理流程：分包工人进场到项目部报到→项目部对进场工人的基本信息和岗位信息进行审核→项目部对初审合格的工人进行安全教育培训考试→同劳务用工企业签订劳动合同→劳动合同报项目部备案→项目部为新入场工人办理实名制登记→工人通过门禁系统进入施工现场→分包对工人考勤数据进行收集整理并签认报项目部备案→分包支付工人工资并签认报项目部备案→工人退场，办理退场手续报项目部。

（3）分包劳务实名制管理监督：现场采用门禁系统，实行封闭管理，未按规定办理手续的人员不得进入施工现场，做到劳务作业人员考勤简洁、真实、有效。分包单位必须每月对分包班组工人考勤数据进行收集整理，签认后报项目部备案，并应按约定按月支付劳务人员工资。项目部监督分包劳务人员工资发放，并留好影像资料。分包单位按月向项目部提交经劳务人员本人签字认可的工资发放单，项目部应对其进行审核，并留存备案。

7）定期做好对分包方的考核奖罚：总包项目部应对分包方制订相应的考核奖罚措施，以便加强对施工现场的管理。

（1）项目经理部每周组织进行一次对分包班组管理的检查，总包单位每月对分包班组进行一次劳务实名制管理及现场综合检查。

（2）检查方式：采用现场随机抽查，对安全文明、工程质量、施工进度、综合管理等全面考核管理，考核评价满分为 100 分，有不符合项则按评分标准进行扣分，按检查最终总分高低进行先后排名。

（3）奖罚处理：对每月考核评分最低班组进行处罚和约谈，并限期整改；每月考核评分优胜分包班组发放流动红旗，并给予一定的奖励和表扬。

（4）总包对各分包班组的施工组织管理能力、信誉、管理人员素质等进行年度综合考评，对各分包班组综合管理较差且月度考评中连续 3 次或累计 6 次考评总分最低的，则报请公司列入不合格分包班组名录。

4.11.8 如何做好大客户管理履约管控

作为国民经济的支柱产业，近些年来我国建筑业的整体实力得到了很大的提升，但是行业内部的竞争也愈演愈烈。这种竞争不仅体现在建筑企业的技术实力上，更多地体现在企业的经营管理水平上，其中又以"客户资源"管理为最。从这个意义上来讲，"客户资源"的争夺，已成为建筑企业生存与发展的重要因素。在上述大背景下，"大客户"管理业已上升到企业发展战略的范畴。

经营"大客户"项目有各种各样的手段和技巧，但最重要的是通过履约来展现企业的实力和诚信，赢得"大客户"的信任。建筑企业的管理文化、科技水平、人才队伍、供应保证、政府关系等体现企业实力的方方面面，最终都要落实在履约上。诚信美誉度绝不是单靠关系树立起来的，而是靠对工程认真履约的过程实干出来的。提高履约能力，赢得"大客户"信任，成为我们关注的重点，可以从以下几点着手进行：

（1）掌握相关方考核表、考核点，项目根据检查表进行细化，责任到人，确保考核顺利完成，如甲方第三方飞检。

（2）现场安全文明施工。

（3）现场质量管理。

（4）现场进度管理。

（5）管理行为执行，如技术文件、验收资料、执行指令等。

（6）风险项目管控，如强条执行、红线管理等。

（7）合同约定的其他内容的完成情况。

4.11.9　如何做好人、材、机安排

资源配置很大程度上影响着项目成本，稍有不慎就会造成项目整体亏损，所以项目资源高效利用成为项目管理的核心，作为管理者可以从以下几方面进行：

（1）管理人员进出场计划，根据工程进度按月进出场。

（2）分包及劳务进出场。

（3）大型机械选择及进出场计划。

（4）材料供应及资金使用节点。

（5）确保与公司各职能部门沟通顺畅，确保资源配置满足工程需求。

4.11.10　项目刚开工遇到钉子户、高压线等障碍，怎么办

1. 问题研究

施工项目进场常常会遇到未拆迁房屋、高压线等障碍物，尤其是钉子户和高压线，下面对钉子户问题进行一些探讨研究。

项目实施中可以采取以下措施应对钉子户：

（1）深入展开摸底排查：遇到此类问题，应该主动出击，深入展开调查工作，通过正面、侧面了解被搬迁人的搬迁补偿诉求、不愿搬迁原因，并将其作为重点谈判对象，全面了解、分析其特殊情况，排查其社会关系，为以后的搬迁补偿谈判作准备。

（2）关注被拆迁人的实际变化情况：进驻项目后，应当建立被拆迁人台账制度，定期复查被拆迁人变化情况，补充开展摸底工作。

（3）统筹考虑项目搬迁补偿方案的合理性和公平性。

（4）合理控制搬迁补偿节奏。

（5）合理利用多种手段解决被搬迁人困难：对于一些长期无法签约的被搬迁人，主动了解被搬迁人的真实诉求和实际困难，在不违背项目统一补偿标准的前提下，综合利用开发商的各类社会资源，帮助被搬迁人解决实际困难，合理疏导被搬迁人的利益诉求。

2. 思考点

对于大多数施工管理人员，进场遇到钉子户、高压线等障碍物都会感到"头大"，对于这个问题大家可以换个角度去思考，也许会遇到新的转机：

（1）遇到不是自己方原因的事情，意味着机会。

（2）对于高压线等障碍物，确定合同是否包含。

（3）钉子户等甲方解决不了的，寻求综合协调解决，展示总包实力。

（4）困难中找商机，创造新的利润。

4.11.11　总工如何做好现场管理工作

1. 管理基本点

1）安全管理

不管哪个工种，施工前必须对工人进行安全教育，把安全永远放在第一位，每天都不能忽视。项目部可以每天列出明文规定，让各个工种的工长签字，严格要求工长每天对工

人在施工前进行安全提醒及明确注意事项。项目部管理人员每天必须进入施工现场进行安全检查,对于不遵守安全规定的进行严厉处罚。

2)文明施工

认真做好现场的文明施工,文明施工体现出一个公司的施工现场管理是否规范,也是施工管理制度的完善。在开工前项目部一定要提前进行明文规定,包括材料的堆放、工人施工的秩序、现场用电管理要求、施工完毕后物料的整理等。

3)材料管理

加强材料进出场管理,做好入库、出库。

减少材料的浪费有助于缩小工程项目的成本,提高单位工程项目的利润,在一定程度上也是对文明施工的加强和补充。因此,项目部必须制定明确的材料使用规范,以及达到减少材料浪费所采用的施工技术,让工人施工时严格按要求执行。

4)技术管理

做好方案编制及交底工作,尤其针对危险性较大的分部分项工程、超危险性较大的分部分项工程应按要求开展相关工作。做好各单项工程的技术交底有助于让工人明确项目部对施工技术及施工质量的要求。规范工人的现场施工,保证工程的施工质量。技术交底以施工技术交底单的形式下发给现场施工工人。

5)质量管理

项目质检人员要每天进行施工现场的质量检查,检查工程的施工质量是否符合要求,是否达到设计要求的标准。施工现场出现的质量问题要立即进行整改,严把质量关。

6)进度管理

在保证工程施工质量的前提下,还要控制好工人的施工进度,目前的进度是否在工程总计划之内,如果延后则根据现场实际情况进行调整和重新编排工人,以达到工程的预期工期要求。

7)资料管理

施工资料是工程过程的记录和工程竣工结算的依据,也是以后留档备查的可靠保证,所以做好施工现场的施工资料至关重要。

2. 核心点

(1)关注现场平面布置与平面图是否相符。

(2)要求拆模后第一时间组织混凝土质量缺陷修复工作,设专人负责。

(3)要求混凝土浇筑后钢筋偏位第一时间纠偏,专人负责。

(4)要求关注进场材料所需试验时间。

(5)每月参加一次隐蔽验收或其他验收。

(6)做好样板引路、收件验收工作。

4.11.12 总工如何做好甲指分包进场管理工作

(1)签订安全、环保、消防保卫、道路交通、临时用电等协议。

(2)要求上报公司资质证书、人员证件等一系列资料。

(3)配合费、水电费、安全文明施工保证金等与甲方无关费用的收取。

(4)组织各部门做好交底,如进出场管理、资料要求、安全管理等内容。

（5）机械、脚手架、现场使用移交管理手续办理。

4.12 拟定的专利、工法等工作正常开展

随着社会的发展和科技的进步，各种新技术、新工艺、新材料和新设备不断涌现，然而在我国传统的建筑施工行业系统中，专业技术和施工经验的积累相对贫乏，难以满足目前整个行业的需求。在这种背景下，施工企业必须组织一线技术人员结合现场第一手资料搞科研，尽快完成行业技术积累并在行业领域内进行科研创新工作，使企业在行业尖端领域获得核心竞争力，这样才能在激烈竞争的市场中博得一席之地。

对于这些常规科研工作，作为总工应该从以下几方面入手，确保项目科研工作有序推动。

1. 做好动员交底工作

将公司关于专利、工法、QC 各项科研工作的管理制度进行宣贯，尤其是奖励部分，以奖励提升项目人员积极性。

2. 细化分解，降低心理障碍

作为总工一定要给大家讲清、讲透，让大家知道什么是专利、工法、QC，如何去做。比如专利，其实就是把现场使用过程中的小改造或者遇到困难时研究小设备等事情进行总结，抓住创新点，然后进行编制；工法，就是以工程为对象，以工艺为核心，运用系统工程原理，把先进技术和科学管理结合起来，经过一定的工程实践形成的综合配套的施工方法，即把施工方法进行一个系统性的总结；对于 QC，最简单的一种方式就是把已有的经验结合自己的项目，写出自己的项目管理特色。

3. 进行阶段性会议，做好过程管理

过程中要做好指导和检查工作，避免资料缺失或突击补资料。

4. 提升员工参与感、获得感

根据科研特点，尽可能让更多的人员参与进来，利用头脑风暴法能让小组收到更多的观点、建议；同时，大家参与到科研中也能收获较多的个人荣誉，以在职称评审及个人评优中脱颖而出。

4.12.1 总工怎么组织管理人员作专利申报

1. 专利工作基本点

1）专利是专利权的简称。它是指一项发明创造，即发明、实用新型或外观设计向国务院专利行政部门提出专利申请，经依法审查合格后，向专利申请人授予的在规定的时间内对该项发明创造享有的专有权。

专利分为发明、实用新型和外观设计三种。发明的保护期是 20 年，实用新型和外观设计的保护期是 10 年。从申请日起开始计。

（1）发明专利，是指对产品、方法或者其改进所提出的新的技术方案。如新的施工方法或工艺、材料的配方等。

（2）实用新型专利，是指对产品的形状、构造或者其结合所提出的适于实用的新的技

术方案。凡是产品结构、形状或者结构和形状相结合，都可以申请实用新型专利。

（3）外观设计专利，是指对产品的形状、图案、色彩或者其结合所作出的富有美感并适于工业上应用的新设计。这里强调"外观"，即外表。

2）申请发明和实用新型专利，应当具备新颖性、创造性和实用性。

（1）新颖性，是指在申请日以前没有同样的发明或者实用新型在国内外出版物上公开发表过、在国内公开使用过或者以其他方式为公众所知，也没有同样的发明或者实用新型由他人向专利局提出过申请并且记载在申请日以后公布的专利申请文件中。

（2）创造性，是指同申请日以前已有的技术相比，该发明有突出的实质性特点和显著的进步，该实用新型有实质性特点和进步。

（3）实用性，是指该发明或者实用新型能够制造或者使用，并且能够产生积极效果。

3）取得专利权一般要经过申请—初步审查—早期公开—请求实质审查—进行实质审查—公告—异议—复审—批准九个步骤。实用新型和外观设计专利通常不需要经过早期公开、实质性审查阶段而直接进入公告。申请要填写申请书，交由专利机关。专利机关认为符合条件的，应当受理。经初步审查后，即可早期公开，自申请人提交申请之日起18个月内，将申请的内容在专利公报上予以公布，供公众自由阅览。

2. 专利工作常规三部曲

1）专利检索：专利检索是专利申请的第一步，是能否申请的关键，因此专利检索在专利申请过程中显得尤为重要。专利检索就是对现有专利技术进行检索和分析，判断企业技术方案是否满足专利授权的"三性"，即：新颖性、创造性和实用性。只有企业技术方案满足这三性后，才建议去申请专利，否则申请专利也是白费功夫。但是对于一般建筑施工企业，缺乏这方面人才怎么办？建议委托专业专利代理机构辅助完成专利申请的工作，可以起到事半功倍的效果。

2）专利技术挖掘。专利技术挖掘即将企业已有的技术方案，变为专利申请技术交底书，最后成功申请专利。对于建筑施工企业，专利技术挖掘可以从以下几个方面入手：

（1）在实际施工过程中，往往用到较新的施工方案、施工工艺，可以去检索，如果满足专利三性，建议申请发明专利。

（2）一些涉及建筑领域的相关结构改进，建议申请实用新型专利，如涉及一些工程脚手架结构的改变、建筑保温结构的改进等。

（3）通过检索分析竞争对手专利情况，针对竞争对手专利存在的不足，提出新的技术方案，也可以申请专利。总之，专利技术挖掘要善于总结工程经验，多思考，多观察。或者委托专业建筑行业知识产权代理机构协助进行专利挖掘。

3）也可以委托专业代理机构进行技术交底，最后由专业代理机构，根据企业提供的专利技术交底书，撰写符合专利法的专利申请文件，递交给国家专利局。当然，在申请途中，如有问题，专利代理机构负责跟进，直到整个案件结束为止。

3. 专利要点

1）专利请求书主要包括以下内容：

（1）发明或者实用新型的名称申请人的姓名或者名称，地址发明人或者设计人的姓名专利代理机构优先权要求申请人或者代理机构的签字或者盖章。

（2）请求书还包括申请文件清单、附加文件清单，以及其他需要注明的事项等。

2) 专利说明书是申请人向国家知识产权局提交的公开其发明或者实用新型的文件。获得专利权，申请人应当向国家知识产权局继而向社会公众提供为理解和实施其发明创造所必需的技术信息。说明书的主要内容包括以下几个方面：

（1）发明创造的名称：简单明了地反映该发明创造的技术内容。

（2）所属技术领域：简单说明所属技术范畴。

3) 背景技术：

（1）对现有技术的状况（包括原理、结构、用途等）进行评述，主要指出同类技术中存在的缺陷、问题或不足之处。

（2）发明创造的任务或目的：针对现有技术的不足之处提出所要解决的问题。

（3）发明创造的内容：描述本发明创造的技术构思，指出其具体的结构组成、连接关系、功能作用等。

（4）发明创造的优点和积极效果：有检测、检验报告等请附上附图（申请实用新型专利一定要有附图）。

（5）结合本技术方案的结构示意图、剖面图等，图中不要出现文字，各部件或构件用数字编号，另外用纸写明各编号所代表的部件名称。

（6）列举实例描述实现发明创造的具体方式，列出需保护的关键技术特点。

4. 申请专利应当注意的问题

1) 申请发明或者实用新型专利的，应当提交申请说明书及其摘要和权利要求书等文件。

说明书应当对发明或者实用新型作出清楚、完整的说明，以所属技术领域的技术人员能够实现为准，必要的时候，应当有附图；摘要应当简要说明发明或者实用新型的技术要点，专利局收到专利申请文件之日为申请日。

2) 申请专利应当注意的问题：

（1）申请人自发明或者实用新型在提出专利申请之日起十二个月内，又向专利局就相同主题提出专利申请的，可以享有优先权。

（2）一件发明或者实用新型专利申请应当限于一项发明或者实用新型，不要在专利申请前以出版物、会议、销售、展览等方式将申请内容公开，以免丧失新颖性。

4.12.2　总工怎么组织管理人员作工法申报

1. 工法的基础知识

1) 工法的含义

工法是以工程为对象，工艺为核心，运用系统工程的原理，把先进技术和科学管理结合起来，经过工程实践形成的综合配套的施工方法。

2) 工法的基本内容

包括：前沿、工法特点、适用范围、工艺原理、施工工艺流程及操作要点、材料与设备、质量控制、安全措施、环保措施、效益分析和工程实例等。

3) 工法的特点

先进性：其关键技术达到国内（行业）领先或国际（国内）先进水平。

科学性：其工艺原理要有科学依据。

实用性：其施工工艺流程及操作要点，材料与设备，质量、安全、环保等措施，在特定的环境下能够推广应用，有较普通的应用价值。

4）工法的特征

（1）工法的主要服务对象是工程建设。

（2）工法既不是单纯的施工技术，也不是单项技术，而是技术和管理相结合综合配套的施工技术。

（3）工法是用系统工程原理和方法总结出来的施工经验，具有较强的系统性、科学性和实用性。

（4）工法的核心是工艺，而不是材料、设备，也不是组织管理。

（5）工法是企业标准的重要组成部分，是施工经验总结，是企业宝贵的技术财富，并为工程管理服务。

2. 工法的意义和作用

（1）有利于企业的技术积累。

（2）有利于加强企业的技术管理，促进科技成果迅速转化为生产力。

（3）工法是企业技术标准的一部分，具有新颖性、适用性和可宣传性的特点，对内可作为组织施工和普及技术教育的工具性文件，对外有利于工程项目的投标竞争与企业的开拓经营。

（4）企业的工法体系形成后，可以大大简化施工组织的编制和施工方案的准备工作，也有利于企业的经营竞争。

3. 工法编制注意事项

（1）工法的成立是以成功的工程实践为基础的，而且被一定的工程实践证明是技术先进、效益显著、经济适用的，对未经工程应用的研究开发的科技成果，不能称之为工法。

（2）每项工法都是一个系统，系统有大有小，针对工程项目、单位工程的是大系统，针对部分、分项工程的是子系统，工法成立与否不在于项目多大，而在于其技术的先进和实用，在于其实际效益。

（3）工法的编写不同于工程施工总结，施工总结往往先交代工程情况，然后讲施工方法和经验，再介绍施工体会，大多是工程的写实。而工法是对施工规律性的剖析与总结，是同类工程先进技术与科学管理的升华与凝练。要把工艺特点（或原理）放在前面，在最后引用一些典型的工程实例加以说明。这样并不是简单的顺序问题，它是与工法的成熟性和推广应用紧密相联的。

4. 企业工法编写应用工作的组织与管理

1）制定工法管理办法

根据公司相关管理制度，修订适用于项目的管理规定，让项目执行更加有效。对不同级别的工法，技术水平的要求有所不同：

国家级工法要求关键技术要达到国内领先水平，省部级（集团）工法一般要求省内（领域）领先。

2）工法的立题

根据项目所承建工程任务的特点，制订项目的工法开发规划和年度计划，并组织项目小组的实施和协调。

3）工法编写的组织

项目部总工程师应负责落实到人，针对某一技术工艺的工法，可由 1~2 人主笔，其他人提供资料。

4）奖项申报

根据地方协会或公司组织进行奖项申报，项目应根据参评要求进行适当调整。

4.12.3　总工怎么组织管理人员作 QC 申报

QC 开展一定不要出现本末倒置，现场实践和成果总结脱节，基础数据缺失造假，逻辑混乱等各种问题；不要平时不重视，该交作业了着急应付一下。一定要根据实际问题开展相关活动，做到有理有据，资料完善，为项目解决实实在在存在的问题。

1. QC 的开展

（1）寻找项目实际问题，选择合适的研究内容。

（2）对接当地协会，熟悉评奖流程、节点及相关要求。

（3）成立小组并进行注册。

（4）开展选题及相关活动。

（5）过程资料收集及成果编制。

（6）参与奖项申报。

2. 编制要点

1）名称要精练、准确

成果报告名称要精练、准确、鲜明和简洁，言简意赅，让人看到名称就能一目了然看出要解决什么问题。

2）开头、结尾布局要用心

成果报告的开头要引人入胜，结尾要令人回味。引人入胜的开头能快速打动听众，使之加深对课题的认识和理解，令人回味的结尾能增强 QC 小组的荣誉感和自信心，为今后的活动增添动力。

3）核心问题要明确

QC 小组活动要把问题解决到什么程度，在设定目标时要明确。尽量用事实、数据说明核心问题。

4）结构要严谨

QC 小组成果报告的结构要严格按 QC 活动程序进行总结。在总结过程中可能还会发现一些不足之处，此时可以进一步补充、完善。

5）各步骤衔接要紧密，详略应得当

报告内容各步骤之间要用精巧的语言连贯自然，紧密衔接，前后呼应，内容与课题名称一致。

6）内容应图文并茂

报告要以图、表、数据为主，配以少量的文字说明来表达，尽量做到标题化、图表化、数据化，以使成果报告清晰、醒目，图文并茂，活灵活现。

4.12.4　总工怎么组织管理人员作论文申报

论文，作为个人能力提升、职称评审的重要工具之一，一定要充分利用起来。论文要以意为主，文意是文章的中心，是主脑，是统帅。要写好毕业论文，就要抓住中心。这个中心的要求应当是简单明了的，能够一言以蔽之，可以达到以简治繁的目的。抓住这样的中心，紧扣不放，一线到底。

1. 项目论文编制

（1）选题：根据项目实际情况，结合自己的岗位选择题目，可从技术、管理、安全、成本等各方面入手。

（2）格式：一定要提前关注你要投稿的期刊格式要求，包括提交公司期刊。

（3）选材：材料可从方案、网络、自我经验等方面进行搜集，一定要加入自己的观点。

（4）编制及审核：让每位职工独自或合编，过程中帮助他们进行审核、把关，提高后期通过率。

（5）定稿提交。

2. 注意事项

1）题目即建筑论文的题名，它是建筑论文的窗口，也称建筑论文的眼睛。题目是建筑论文内容的高度概括，建筑论文通过题目传神韵、显精神、见水平。拟定建筑论文题目的具体要求是：

（1）以最恰当、最简明的词语反映建筑论文中最重要的特定内容，使读者看到建筑论文题目，就立即知道建筑论文的特定内容是什么。

（2）力求简括、高度浓缩。建筑论文题目一般不超过 20 个字，若较长，可加副标题。

（3）书写要规范。建筑论文题目写在页首，通栏居中横写，上下各空一行。要注意：建筑论文题目中间可加标点（或以一空格代标点），题目末尾不加标点，题目较长、转行时，不要把一个完整的词分割开，力求整体美、和谐美、对称美。

2）正文由引论、本论、结论三部分组成：

（1）引论就是建筑论文的开头语，或叫起始段。引论的内容是交代背景，提出论点或论题。开头语不太好写，俗话说"万事开头难"，写建筑论文亦如此。引论要写得简洁明了、独具风格、引人入胜，是需要下一番功夫的。引论不宜过长，通常不超过两百字。

（2）本论是建筑论文的主干部分。写好这部分的关键在于论证，即以理论论据或事实论据论证引论中所提出的论点。

理论论据要注意科学性和逻辑性，科学性永远占主导地位。事实论据要可靠，要有说服力。论证中要特别详细地阐明作者自己的独特见解，求新、求异、求实是建筑论文学术水平高低的主要标准。如果以理论论据为主，建筑论文的理论性就较强，可称为理论型建筑论文；如果以事实论据为主，建筑论文的经验性就较强，可称为经验性建筑论文。篇幅较短的建筑论文，其本论部分可以一气呵成；若篇幅较长，则可设大小标题。

（3）结论部分必须概括论点，突出主旨，或者提出研究的价值与意义。文字不宜过长，要特别精练，要画龙点睛，而不可画蛇添足。

3）建筑论文的参考文献：如果建筑论文中引用了他人的重要论点或有关资料，就要在最后的参考文献中注明被引用的书刊名称、期号、题名及作者姓名。这有三个作用：其一，说明有可靠的依据，增强自己所写建筑论文的说服力；其二，尊重他人的劳动成果；第三，避免有剽窃之嫌。

4.12.5 如何寻找项目亮点，为项目加分

一个项目好不好，不仅需要做得好，还需要宣传得好（亮点）。如何寻找、打造项目亮点成为每一位项目管理人员关注的重点，可从以下几方面进行考虑：

(1) 质量示范。

(2) 安全文明施工（标准化）。

(3) 技术亮点："四新"技术应用，提炼成果（工法、QC、专利等）。

(4) 绿色施工。

(5) 创优：优质结构、芙蓉杯、天府杯、国家优质工程、鲁班奖等。

(6) 管理亮点。

(7) 人才培养。

例如，优秀施工做法或质量样板，安全文明施工亮点，如图 4-53 所示。

图 4-53 优秀做法图

4.13 与监理、甲方、质监等各方沟通工作

施工项目组织协调是指以一定的组织形式、手段和方法，对施工项目中产生的关系不畅进行疏通，对产生的干扰和障碍予以排除的活动。施工项目组织协调是施工项目管理的一项重要职能，项目经理部应该在项目实施的各个阶段，根据其特点和主要矛盾，动态地、有针对性地通过组织协调及时沟通，排除障碍、化解矛盾，充分调动有关人员的积极性，发挥各方面的能动作用，协同努力，提高项目组织的运转效率，以保证项目施工活动顺利进行，更好地实现项目总目标。围绕实现项目的各项目标，以合同管理为基础，组织协调各参建单位、相邻单位、政府部门全力配合项目的实施，以形成高效的建设团队，共同努力去实现工程建设目标。

工程施工过程是通过甲方、设计、监理、其他分包、供应商、劳务队等多家单位合作

完成的。施工协调工作关系到参与现场施工各单位的工作是否协调一致，其工作质量直接反映到施工进度、质量和效益等方面，因此高效率的协调管理工作是管理成败的一大要素。

4.13.1　总工如何把握与监理等各方沟通的度

（1）与监理部门的配合，关键是自觉接受监督，虚心听取提出的意见和建议，加强理解和配合，把监理部门作为良师益友，并将其作为加强自身质量进度管理的最佳外部力量，让其发挥监督作用，做好工作。

（2）考虑不间断施工因素，建议监理在夜间、假日白天等时间安排值班人员以及对工程进行验收认可，为下一步工作创造出有利的工期条件。

（3）验收、检查项目，根据施工进度的具体情况提前通知监理部门进行预约，以便监理部门提前准备。

（4）监理部门提出的整改意见及建议一定认真对待，及时整改并形成整改反馈文件，待监理二次验收。

4.13.2　总工如何管理监理等各方

1）首先，自己的态度要真诚，本着实实在在干工程的思想去做。

2）其次，专业知识要了解，出现不同的意见可以有理有据地提出自己的见解；业余时间要建立较好的私人关系，不要惧怕外部人员，他们也盼着和施工人员有较好的关系，所以应以诚相待，业余生活中以朋友的立场和监理人员沟通、交流，互相帮助。

3）要在人际关系上做到游刃有余，必须具备较高的素质及涵养：

（1）要博学多识、眼光开阔、通情达理，要具有现代科学管理技术、心理学等基础知识，树立好自己的形象。

（2）要多谋善断，灵活多变，具有独立解决问题和分析沟通的能力。主意多，点子多，办法多，要善于选择最佳的主意和办法，当机立断地去执行。当情况发生变化时，能随机应变地追踪决策，见机处理。

（3）要知人善任，善与人同；知人所长，晓人所短，用其所长，避其所短；尊贤爱才，大公无私，不任人唯亲，不任人唯资，不任人唯顺，不任人唯合；宽容大度，有容人之量，善于与人求同存异，与大家同心同德，与下层共享荣誉和利益，吃苦在先，享受在后，关心别人胜于关心自己。

（4）要公道正直，以身作则，要求别人做到的自己首先做到，立下的制度纪律自己首先遵守，铁面无私，赏罚分明，建立管理权威，提高管理效率。在哲学素养方面，项目经理必须讲究效率的"时间观"，能取得人际关系主动权的"思维观"，在处理问题时注意目标方向构成因素相互关系的"系统观"。

（5）施工项目进场前要先行和甲方及监理取得联系，协调好甲方、监理及原有施工单位的关系，取得场地中、图纸上没有的现场、技术资料，向甲方和土建单位取得现场标高及地方资料、管线分布图，便于项目进场施工。初次交往给人留下一个大方得体、不卑不亢、言语谦虚、行动迅速的好印象，为以后的联系交流做好铺垫。

4.13.3 总工如何把握与甲方等各方沟通的度

1. 与建设单位的施工配合

（1）基本原则是服从建设单位的统一指挥与调度，尽量把方便让给建设单位，把困难留给自己。另外，出现问题不隐瞒、不护短，及时向建设单位汇报，求得支持与帮助。

（2）建设单位与监理部门共同负责组织召集现场施工协调会。施工方积极参与，认真对待，在责任明确的前提下，努力作好施工配合。另外，建议由建设单位制定总施工进度表，施工单位编制分进度表，做到大家心中有数。

2. 与设计单位的配合及工作程序

（1）施工过程中出现的问题及时向设计单位反映，不隐瞒、不护短，求得设计单位的技术支持，设计中的遗漏及时反馈，为保证工程顺利、安全投入使用共同努力。随时联络，及时掌握工程变更项目，为建设单位减少不必要的浪费。工程的验收、检查提前与设计单位进行预约，以便设计单位提前安排。

（2）施工工期紧张，督促设计部门及时处理有关工程中出现的问题，设计变更及时下发，减少不必要的损失，节假日希望设计单位安排值班人员，以便有问题及时解决。

4.13.4 总工如何把握与质监等各方沟通的度

与公用部门协调的内容：在业主取得有关公用部门批准文件及许可证后，项目经理部方可进行相应的施工活动；遵守各公用部门的有关规定，合理、合法施工；项目经理部应根据要求向有关公用部门办理各类手续，例如对现场施工人员进行身份备案。

与公用部门协调的方法：在施工活动中主动与公用部门密切联系，取得配合与支持，加强计划性，以保证施工质量、进度要求；充分利用发包人、监理工程师的关系进行协调。

（1）质量监督站、安全监督站、环境保护局等政府部门提出的要求，一定认真落实，论证采纳，争取一次达标合格，定期联络，及时掌握有关政策的变化，及时采取有关措施。

（2）建议政府有关部门定期对企业的管理、工程质量等进行监督检查，使管理、工程质量进一步得到提高，创造出更好的经济和社会效益。

（3）对社区各种情况多多了解，认真听取社区管理部门反映的群众的意见和建议，及时进行沟通和通知，通过各种渠道争取群众的理解与帮助，定期对社区群众进行访问，及时进行改正、调整。

4.13.5 总工对外交往方面把握的原则

1）建设工程项目包含三个主要的组织系统——项目业主、承包商和监理，而整个建设项目又处于社会大环境中，项目的组织与协调工作既包括系统的内部协调，即项目业主、承包商和监理之间的协调，也包括系统的外部协调，如政府部门、金融组织、社会团体、服务单位、新闻媒体以及周边群众等的协调。项目组织协调工作包括人际关系的协调、组织关系的协调、供求关系的协调、配合关系的协调、约束关系的协调。组织协调是指以事实为依据，以法律、法规为准绳，在与控制目标一致的前提下，组织协调项目各参与方在合理的工期内保质保量地完成施工任务。施工项目组织协调的原则有：

（1）遵守法律法规：守法是施工项目组织协调的必要原则，在国家和地方有关工程建设的法律、法规的许可范围内去协调、去工作。例如，项目部由专人负责处理扰民和民扰问题，做到及时发现问题、及时解决问题。对可能发生的突发事件及外部干扰，在进行良好沟通的情况下取得业主和政府的支持，做好接待工作，了解居民困难，与他们沟通。对其中无理取闹者，配合政府进行处理。并采取防扰民措施：做好与社区居委会、城管、环保等部门的沟通、协调工作；做好对施工现场噪声的控制；做好对周边环境的保护；做好对现场扬尘的控制。

（2）公平、公正原则：要站在项目的立场上，公平地处理每一个纠纷，一切以最大的项目利益为原则。做好组织与协调工作，就必须按照合同的规定，维护合同双方的利益。这样，最终才能维护好业主的利益。例如，项目管理人员与分包单位人员发生争执，作为管理者，一旦发生过激的行为如打架斗殴，不管谁对谁错，一律先清出现场（一定要分析事件的严重性、发生时间、原因、影响等）。

（3）协调与控制目标一致的原则：在工程建设中，应该注意质量、工期、投资、环境、安全的统一。协调与控制的目标是一致的，不能脱离建设目标去协调，同时要把工程的质量、工期、投资、环境、安全统一考虑，不能强调某一目标而忽视其他目标。例如，施工单位目标与监理单位目标是一致的，即都是为了顺顺利利地把工程交给甲方。所以，在与监理单位沟通时要牢牢围绕这个中心。

例如，当工程有几个工种同时施工时，应根据每个工作面的开、竣工时间和安装路线，充分考虑各个施工单位的流水作业，这样既可以使工程进度得到保证，又能充分利用人力资源，避免浪费。施工时要严禁发生争抢工作面的现象，除审核施工单位在总计划中的安排外，还要求其作最短的协调计划，某个工作面谁先进入、谁跟进、何时进、何时退，都需明确规定。对于因某种原因而造成工期延误的，要求施工单位采取措施抢回，否则影响后续单位施工，要使施工始终处于有序、受控状态。相关施工单位要了解统一标高（包括地面完成面标高及吊顶完成面标高），轴线不能混乱，各专业单位不能随心所欲地自定标高，否则积累误差会导致恶果。标高应以建筑标高为准，结构标高、各安装标高与其一致。应督促总承包单位技术负责人做好标高交底工作，确保各施工单位在施工现场标高统一。

2）与远外层关系协调的原则：项目经理部与远外层关系的协调应在严格守法、遵守公共道德的前提下，通过加强计划性和通过建设单位或监理单位进行协调补充。远外层关系的协调应以公共原则为主，在确保自己工作合法性的基础上，公平、公正地处理工作关系，提高工作效率。与政府有关部门的协调，着重注意以下三个方面：

（1）应充分了解、掌握政府各行业主管部门的法律、法规、规定的要求和相应办事程序，在沟通前应提前做好相应的准备工作（如文件、资料和要回答的问题），做到"心中有数"。

（2）与政府各行业主管部门进行协调时绝不能出现"顶撞"和敷衍等现象。

（3）发挥不同人员的相应业绩关系和特长，不同的政府主管部门由不同的专人负责协调，以保持稳定的沟通渠道和良好的协调效果。

总之，与政府部门的协调要从两个方面入手，即感情方面和业务方面。感情方面：逢年过节要做工作，平时经常安排活动联系友谊等。业务方面：要严格把握质量问题，赚钱要有原则，质量第一、安全第一，两个第一要把握好。遇到问题及时与监理、甲方等各部门进行沟通，不能欺上瞒下，否则最终倒霉的是自己。

4.13.6　总工如何做好沟通协调工作

1. 发包单位

业主代表项目的所有者，对项目具有特殊的权利，而项目经理为业主管理项目，最重要的职责是保证业主满意。要取得项目的成功，必须获得业主的支持。为了项目顺利推动，应该做到以下几点：

①要理解总目标，理解业主的意图，反复阅读合同或项目任务文件；②让业主一起投入项目全过程，而不仅仅是给他一个结果；③业主在委托项目管理任务后，应就项目前期策划和决策过程向项目经理作全面的说明和解释，提供详细的资料。

例如，在施工前期项目部制定了与发包单位协调工作的"三个服从"和"三制"。"三个服从"是指：发包人要求与项目部要求不一致但不低于国家规范要求时，服从发包人的要求；发包人要求与项目部要求不一致但发包人可改善使用功能性时，服从发包人的要求；发包人要求超出合同范围但项目部能够做到时，服从业主的要求。"三制"是指：定期例会制，即定期召开发包人的碰头会，讨论解决施工过程中出现的各种矛盾及问题，理顺每一阶段的关系；预先汇报制，即每周五将下周的施工进度计划及主要施工方案和施工安排（包括质量、安全、文明施工的工作安排）都事先以书面形式向发包人汇报，以便于业主监督，如有异议，项目部将根据合同要求及时予以修正；合理化建议制，即从施工角度及以往的施工经验来为发包人当一个好的参谋，及时为发包人提供各种提高质量、改善功能及降低成本的合理化建议，积极为发包人着想，争取使工程以最少的投资产生最好的效果。

2. 监理单位

对于监理单位，应注意树立监理对现场管理的权威，尊重监理对于施工质量的否决权、施工调度权等法律、法规赋予监理的合法权益。发现现场的施工质量、进度问题，要及时与监理进行沟通协商，坚持通过监理给施工单位发出相应的工作指令。同时，充分发挥监理在现场施工质量、工期和工程量计量方面的监督管理作用，应该加强与总监理工程师的沟通与协调，尤其是对现场施工重大问题的处理与决策，双方要力争能协商一致。

例如，在施工全过程中，严格按照经业主及监理工程师批准的"施工组织设计"进行工程的质量管理。在分包单位"自检"和总承包单位"专检"的基础上，接受监理工程师的验收和检查，并按照监理工程师的要求予以整改。贯彻总承包单位已建立的质量控制、检查、管理制度，并据此对各分包单位予以监控，确保产品达到优良。对于自行分包的工程项目，总承包单位对整个工程产品质量负有最终责任，建设单位只认总承包单位，因而总承包单位必须杜绝现场施工分包单位不服从总承包单位和监理工程师监理的不正常现象。严格执行"上道工序不合格，下道工序不施工"的准则，使监理工程师能顺利开展工作。对可能出现的工作意见不一致的情况，遵循"先执行监理工程师的指导后予以磋商统一"的原则，在现场质量管理工作中，维护好监理工程师的权威性。

4.14　组织各项验收工作

建筑工程划分为"检验批→分项工程→分部工程→单位工程"并依此逐步验收的方式已被行业采纳并形成规范，工程人必须清楚：建筑工程质量在施工单位自行检查合格的基础上，由工程质量验收责任方组织，工程建设相关单位参加，对检验批、分项、分部、单位工程及其隐蔽工程的质量进行抽样检验，对技术文件进行审核，并根据设计文件和相关标准以书面形式对工程质量是否达到合格作出确认。

4.14.1　常见的验收有哪些

1. 基础工程

（1）在地基加固处理前，基坑、基槽开挖平整后，应对其土质和承载力进行检查验收。勘察、设计、质监、监理、施工、建设方有关负责人员及技术人员到场，根据基础平面和结构总说明的施工图阶段结构图，以及详勘阶段的岩土工程勘察报告，确定土质和承载力是否达到要求。

（2）地基与基础工程验收的内容包括无支护土方、有支护土方、地基及基础处理、桩基、地下防水、混凝土基础、砌体基础、劲钢（管）混凝土、钢结构等。基础浇筑前，应邀请质量监督机构和设计单位、建设单位在现场进行检查验收。对地基加固处理以后的施工质量进行检查验收。

（3）基础工程的验收：在基槽回填土以前，对基础工程的质量、构造、尺寸偏差等进行检查验收。

（4）应准备桩基轴线及样桩放线定位及复核记录、打（压）桩施工记录、灌注桩成桩施工记录。

（5）预制桩接桩，灌注桩钻孔、清孔，钢筋笼制作、吊放及混凝土灌注。

（6）桩位轴线偏差和标高验收记录（若桩顶标高与施工现场场地标高相同时，应在桩基工程施工结束后进行）。

2. 主体结构

1）钢筋等工程在验收时，应确保在浇筑混凝土、覆盖屋面保护层、地下室基槽回填土、外墙板勾缝前，对钢筋骨架、管线、部件、预埋件等的数量、尺寸偏差、构造要求、保护层厚度进行验收。

2）砌块砌筑施工前，结构工程应经有关单位验收合格。正式砌筑前，应首先在标准层砌筑样板间，包括构造柱、窗台压顶、过梁等，按照设计及规范要求施工完成；待监理单位验收合格后方可进行施工，同时确保对施工人员已经完成技术交底工作，明确施工工序流程和质量验收标准。

3）验收内容主要包括以下要点：

（1）轴线及放样（每一层）。

（2）柱、梁、楼梯、板钢筋（包括数量、规格、品种、搭接长度、焊接情况、保护层厚度、箍筋间距、预埋件等，每层一次），巡视旁站记录。

（3）雨篷、阳台、空调板等悬臂部位钢筋（每层一次），巡视旁站记录。

（4）混凝土（包括表面质量、强度等级，每层一次），巡视旁站记录。

（5）墙体砌筑（包括柱与墙拉结筋数量、规格及设置情况），砂浆级配单。

（6）屋顶水箱钢筋（包括数量、规格、品种、搭接长度），巡视旁站记录。

（7）女儿墙压顶钢筋（包括数量、规格）。

3. 屋面工程

1）防水卷起高度不小于 25cm，管根部做附加层防水，防水收头采用金属箍，且上口打密封胶。

2）上人屋面管道高度应不小于 1.8m。烟风帽盖板按 2% 找坡。

3）验收内容主要包括以下要点：

（1）卷材、涂膜防水层的基层。

（2）密封防水处理部位。

（3）天沟、檐沟、泛水和变形缝等细部做法。

（4）卷材、涂膜防水层的搭接宽度和附加层。

（5）刚性保护层与卷材、涂膜防水层之间的隔离层。

4. 装饰装修工程

1）墙面裂缝和楼板外观检查，重点检查承重墙与楼板是否有受力裂缝；墙面的颜色是否有严重色差。

2）门窗表面质量的优劣直接影响着安装后整个墙面的装饰效果。门窗的外观检查包括表面是否有裂痕、是否有变形和窗户橡胶的安装检查。

3）地面外观检查，首先须在 2m 以外的地方，对光目测地面颜色是否均匀，有无色差与刮痕，查看砖面是否有异常污染，如水泥、油漆等，然后用眼看和手摸检查表面是否有裂纹、裂缝以及破损。

4）验收内容主要包括以下要点：

（1）抹灰工程：抹灰厚度大于或等于 35mm 时的加强措施，不同材料基体交接处的加强措施。

（2）门窗工程：预埋件和锚固件、隐蔽部位的防腐、填嵌处理。

（3）吊顶工程：木龙骨防火、防腐处理，预埋件或拉结筋配置，吊杆、龙骨安装，填充材料设置。

（4）轻质隔墙工程：木龙骨防火、防腐处理，预埋件或拉结筋配置，龙骨安装，填充材料设置。

（5）饰面板（砖）工程：预埋件（后置埋件）、连接节点、防水层。

（6）幕墙工程：预埋件（或后置埋件）、构件的连接节点，变形缝及墙面转角处的构造节点，幕墙防雷装置，幕墙防火构造。

5. 建设项目专项验收

由建设单位负责向政府有关行政主管部门或授权检测机构申请各项专业、系统验收，专业、系统验收内容包括：

（1）人防验收。

（2）公安消防验收。

（3）规划验收。

（4）环保检测。

（5）电梯验收。

（6）锅炉系统验收。

（7）智能建筑验收。

（8）燃气验收。

（9）电力验收。

（10）防雷验收。

（11）供水验收。

（12）市政排水。

（13）电信验收。

（14）城建档案预验收。

各部门进行现场踏勘及资料审核并提出需整改的相关问题后，建设单位组织实施整改，得到各部门认可后，由各部门分别出具认可文件或准许使用文件（在时间紧张的情况下，可与上一步同步进行）。房屋建筑工程经竣工验收合格，并取得燃气、消防、电梯专项验收合格证明文件或者准许使用文件后，方可投入使用。

6. 建设项目专项验收注意事项

1）人防竣工验收注意事项

人防工程的竣工验收在程序上首先要有建设部门的共同把关（如：建设项目的备案条件；办理房产证的条件）、密切配合，做到未经过验收或验收不合格的工程不准交付使用，并不能办理房屋的土地及产权证。

（1）完成人防工程设计和合同约定的各项内容。

（2）有完整的技术档案和施工管理资料。

（3）有工程使用的主要建筑材料、建筑构配件和设备的进场试验报告。

（4）有勘察、设计、施工、监理等单位分别签署的质量合格文件。

（5）有施工单位签署的工程质量保修书。

（6）所有的防护门、密闭门门扇及临空墙的封堵板全部安装到位且防护门、密闭门门扇应开关灵活，做到开启到位、关闭严实；临空墙的封堵板制作完好并统一堆放。

（7）人防工程所有出入口畅通无阻。

（8）在人防工程出入口安装"人防工程标识牌"。

2）消防竣工验收注意事项

（1）要注意审查建筑工程防火设计原始审批文书。在进行消防验收时，验收人员要根据已完成的建筑消防工程实际情况，对照国家现行建筑工程消防技术标准，复核其原始审批文书是否准确、全面；有无缺项和降低标准或故意提高标准和要求的现象。验收人员不能只根据原始审批文书中所提问题去找现场、找问题，而应按现行消防技术规范和标准的要求来对照已完工建筑的实际情况去校核其消防设计施工、安装是否符合要求。这样即可消除在设计审批时，一些人为因素导致的故意放宽要求、降低标准的违规行为造成的不良后果。

（2）要认真审核消防工程质量监测的检测报告。现行的消防验收制度规定，在消防机构验收前，消防工程必须先由技术监测部门进行技术检测合格后方可组织消防验收，即验收前的强制性检测。但是，今后将取消验收前的强制性检测，由施工单位自行调试检测合格的报告替代。因此，在验收时更应该注意认真地去审查其技术检测报告的真实性和合理性。一是要防止其弄虚作假。即根本未进行实地检测，而任意填报检测项目和合格结论。因此，要认真查实检测报告中的检测人员、检测部门、检测项目、检测数量、检测时间、检测方法，以及现场鉴证人员和检测结果。二是要防止欲盖弥彰，掩盖矛盾和问题。要认真审查检测项目结果与综合评价结论，防止任意扩大故障率的允许范围。如有的检测报告中，有相当一部分检测项目不合格，而在综合评价时，结论为合格。还有的表述为"在……情况下，合格"。"在……情况下"是一种假设的情况，即隐含着目前根本不存在的事实，只有在达到"在……情况下"才能合格，即此项检测现在实为不合格。因此，在审查技术检测报告时，应认真对照有关施工验收规范和标准，并仔细查看其是否真正按施工验收规范和技术检测标准规定的程序和方法进行了检测，同时，其故障率是否在其允许的范围之内，千万不要被综合结论所迷惑。在目前由专业技术监测部门出具的检测性报告中尚有如此弄虚作假的现象，今后由施工单位自行出具的检测报告中，更难避免这种弄虚作假的现象发生。

（3）在验收检测中，应注意预防不安全事故的发生。由于在现场检测中，避免不了要启动各种消防设备设施，如果由于施工、安装和调试过程中遗留了隐患，未能及时发现和消除，或由于设备设施选材不当，或偷工减料，或由于现场检测操作不当等原因，都可能在组织验收的现场检测中暴露出来。如果没有应变措施，就有可能导致不安全事故的发生。如水管破裂，导致屋顶水箱放水，殃及整栋大楼；或误动信号阀，导致昂贵的气体灭火物质全部泄漏，甚至致使在场人员中毒身亡。因此，在验收时要督促建筑单位和施工单位做好预防各类事故发生的准备工作。在实地检测中，由使用单位的有关管理人员在公安消防监督人员的指导下，去启动有关设备设施，尽量避免由公安消防监督人员亲自操作。

3）节能竣工验收检验事项

要求技术负责人以及专业工长必须熟知《建筑节能工程施工质量验收规范》SZJG 31—2010和建筑节能设计图纸的各项要求，且在组织此分部工程施工时严格按照验收规范的要求进行，规范中的强制性条文必须严格执行。对本工程墙体、屋面、门窗、幕墙等节能项目，所用的材料以及材料的各种性能及技术指标做到心中有数，由技术负责人将要送检的材料以及所需检测的项目向试验工作交底，严格按照设计文件节能篇章节中的原材料技术指标和检测项目的要求，进行见证取样和送检委托。

建筑节能验收应提供的相关资料及应注意的事项包括：

（1）承担建筑节能工程的施工企业应具备相应的资质，施工现场应建立相应的质量管理体系，制定施工质量控制和检验制度，具有相应的施工技术标准。

（2）单位工程的施工组织设计应包括建筑节能工程的施工内容，建筑节能工程施工前，施工单位应编制建筑节能工程施工方案并经监理（建设）单位审查批准，施工单位应对从事建筑节能工程施工作业的人员进行技术交底和必要的实际操作培训。

（3）建筑节能工程应按照经审查合格的设计文件和经审查批准的施工方案施工。设计变更不得降低建筑节能效果。当设计变更涉及建筑节能效果时，应经原施工图设计审查机构审查，在实施前应办理设计变更手续，并获得监理或建设单位的确认。

（4）建筑节能工程使用的材料、设备等，必须符合设计要求及国家有关标准的规定。严禁使用国家明令禁止使用与淘汰的材料和设备。进入施工现场用于节能工程的材料和设备均应具有出厂合格证、中文说明书及相关性能检测报告：定型产品和成套技术应有型式检验报告（由生产厂家委托有资质的检测机构，对定型产品或成套技术的全部性能及其适用性所作的检验），当墙体节能工程采用外保温定型产品或成套技术时，其型式检验报告中应包括安全性和耐候性检验。

4.14.2　总工如何组织验收

1. 验收准备工作

1）完成收尾工程

做好收尾工程，必须摸清收尾工程项目，通过竣工前的预检，进行一次彻底的清查，按设计图纸和合同要求，逐一对照，找出遗漏项目和修补工作，制订作业计划，相互穿插施工。

2）准备验收资料

竣工验收资料和文件是工程项目竣工验收的重要依据，从施工开始就应完整地积累和保管，竣工验收时应编目建档。

3）做好预验收

竣工验收的预验收，是初步鉴定工程质量，避免竣工进程拖延，保证项目顺利投产使用不可缺少的工作。通过预验收，可及时发现遗留问题，事先予以返修、补修。

2. 工程验收分部要点

（1）检验批和分项工程是建筑工程质量的基础，所有检验批和分项工程在验收前应由项目部先填好"检验批和分项工程的质量验收记录"，并由项目专业质检员和专业技术负责人分别在检验批和分项工程质量验收记录中相关栏目签字，然后由监理工程师组织严格按规定程序进行验收评定工作。

（2）分部（子分部）工程在项目自检基础上由项目总监理工程师（建设单位项目负责人）组织施工单位的项目负责人和项目技术、质量负责人及有关人员进行验收，地基基础及结构分部须请质监站参加验收。

（3）项目经理每半月组织一次施工班组之间的质量互检，并进行质量讲评。

（4）分公司技术质量部对每个项目进行不定期抽样检查，对检查结果进行排名张榜公布，发现问题以书面形式发出限期整改指令单，项目经理负责在指定限期内将整改情况以书面形式反馈到技术质量部，由公司对整改情况进行抽样复查，并根据复查结果进行考核。

（5）根据质量监督部门的要求，关键部位必须请质监站核验。如地基验槽、基础钢筋、基础分部、主体结构分部、屋面等。

（6）工程完工后竣工初验前施工单位内部组织人员先做好工程自检验收工作，在符合国家、省市有关规定和设计文件、合同内容后及时向现场总监和建设单位提交"工程竣工报告"，并申请工程竣工验收。

（7）建设单位在收到竣工报告并组织自检、初验后，对符合竣工验收要求的工程，组织设计、施工、监理等单位和有关方面的专业人员组成验收组（建设单位的项目负责人、施工单位的项目经理、监理单位的总监理工程师、设计单位的项目负责人应是验收组成员），通知质监站进行工程竣工验收。

3. 必备工程验收常识

1）单位工程

单位工程就是具备独立使用功能的建筑物或构筑物。

例如：某县医院一次建三栋楼，分别是门诊综合楼（6层）、住院部（7层）、行政办公楼（3层），则门诊综合楼、住院部、行政办公楼每一个单体均称为一个单位工程。

2）分部工程

分部工程可以按专业性质、工程部位进行确定，若分部工程较大或者较复杂时，还可以按施工的特点、材料的种类、施工的顺序、专业系统及类别划分为若干子分部工程。

例如：将门诊综合楼划分为地基与基础分部工程、主体结构分部工程、建筑装饰装修分部工程、建筑屋面分部工程、建筑节能分部工程等。

例如：将门诊综合楼（单位工程）的主体结构分部工程划分为混凝土结构子分部工程、砌体结构子分部工程。

例如：将住院部（单位工程）的建筑装饰装修分部工程划分为建筑地面子分部工程、抹灰子分部工程、涂饰子分部工程、细部子分部工程等。

3）分项工程

分项工程可以按主要工种、材料、施工工艺、设备等类别划分。

例如：主体结构分部工程中混凝土结构子分部划分为4个分项工程：模板分项工程、钢筋分项工程、混凝土分项工程、现浇结构分项工程；建筑装饰装修分部工程中抹灰子分部工程划分为：一般抹灰分项工程、装饰抹灰分项工程。

4）检验批

检验批可以根据施工、质量控制和专业验收的需要，按工程量、楼层、施工缝等方式进行划分。

例如：主体结构分部工程中混凝土结构子分部工程中的钢筋分项工程划分为钢筋制作、钢筋安装、钢筋绑扎3个检验批。

5

项目收尾阶段总工工作重难点

项目工程收尾阶段的管控效果对于建筑施工单位工程履约效果起着极其重要的作用，工程项目收尾工作开展情况很大程度决定着项目整体交付质量。随着各建筑公司体量日益增大，收尾项目占比亦呈现上升趋势，但收尾项目销项情况普遍仍不理想，导致管理资源持续占用，对品质履约产生影响，故收尾项目有效管控和销项至关重要。

5.1 梳理剩余工作量，编制销项计划

在项目收尾过程中，通常由于频频更换项目管理人员，管理层对剩余工程量没有整体认识，缺乏总体思路，容易出现发现一项就施工一项的现象，造成人员窝工、机械设备闲置、材料浪费、劳务队伍反复进退场等，引起项目经济效益的流失。梳理剩余工作量，各施工总承包单位要组织各专业人员对剩余工作进行整理和核实，对每个单项排出计划，包括时间、资源计划，掌握作业环境情况，明确管理人员责任，落实安全技术措施，并对施工人员进行有针对性的安全教育和安全技术交底，确保按时完成所有项目。

5.1.1 收尾项目常见管理问题

1. 项目管理共性问题

从收尾项目履约问题分析，由于现场的许多不确定因素，收尾过程依然存在着诸多不足。存在问题总结如下：

（1）全专业全过程总承包管理意识薄弱。重前期、轻后期的惯性思维未转变，主体阶段踩油门、粗装阶段挂空挡、装饰机电穿插踩刹车的问题突出，收尾阶段项目重视度不足。

（2）总承包协调欠缺。一是管理范围不全面，主要表现为对非自行施工分包管控不足，尤其对于甲指分包缺少服务和管理意识，管理分工未做到全覆盖，销项计划未包含全专业内容，全专业统筹协调欠缺，影响整体收尾销项。二是工作面协调不到位，收尾项目

多存在专业交叉问题，未重点协调工作面移交工作，导致各专业各自为政，拖延界面交接位置收尾进度，个别项目存在界面不清，导致无人施工的情况。三是关键工序进度把控不足，对后续收尾关键工序分析不到位，存在收尾重点不突出的情况。

（3）项目资源配置不匹配。一是缺少资源统筹安排，未针对收尾计划制订各专业劳动力需求和材料需求，或者资源需求不准确，导致既定销项计划无法实现。二是对关键资源进场把控不严，对采购时间相对较长的重要物资和设备进场未派专人跟进，导致工作面闲置无法施工。三是分包履约能力判定不准确，对各分包履约能力判定不准确，或者存在过于依赖原分包，未及时组织可靠资源抢工，错过最佳抢工时间，影响后续收尾难度的现象。

（4）验收工作不同步。一是过程验收跟进不及时，多数收尾项目未编制验收计划和验收前置工作安排，导致专项检测和专项验收滞后，尤其是涉及重要验收的现场准备不足，完工但长时间未竣工项目数量持续增多。二是验收资料准备不充分，个别项目过程资料编制和整理不到位，影响验收进度，针对收尾项目资料交档未提前联系沟通，影响交档验收。三是消防验收经验不足，多数项目消防验收均不顺利，尤其是消防分包履约能力不强或者验收不配合的现象屡屡发生，但鉴于专业板块管理经验不足，导致消防验收跟进受阻。

（5）收尾施工质量不高。一是收尾项目质量把控不严，收尾项目多数存在抢工的情况，收尾销项往往缺少交底，任由分包自行施工，致使现场收尾质量存在问题，未实现一次成活，尤其是抢工队伍存在责任心不强的情况，收尾标准和效果较差。二是对已完工程整改不重视，针对已完工程质量缺陷未制订销项清单，或对交付标准把控不清晰，增加完工工程移交难度。

（6）多方需求把控不到位。一是与业主沟通不到位，收尾项目多数业主表现较为焦急，反而忽视双方正常沟通，易出现双方管控目标不统一、导向不明确，致使部署偏离实际需求，不满足业主需求，增加投诉概率。二是分包问题解决不及时，多数分包存在收尾不积极的情况，少数分包借助收尾时机寻求满足商务需求，导致分包对现场收尾需求响应不及时。

（7）工期风险化解不及时。多数项目未实现工期风险过程化解，针对因非我方因素引起的工期顺延未办理签证，增加工期反索赔风险。

2. 相关方工期制约因素

收尾项目受相关方因素制约亦较大，主要有以下几个方面的制约因素：

（1）设计及认样不及时。主要表现为业主图纸下发滞后或图纸变更频繁、交付标准不明确、材料认样反复且周期较长等情况，导致对应施工内容无法按计划实施。

（2）资金支付存在问题。主要表现为业主单位资金匮乏，拖延进度款，或业主新增合同内容未及时认价无法结算，导致下游款不及时，尤其是甲方指定分包因付款不及时出现收尾推进不积极的情况。

（3）合作方履约能力不均衡。主要表现为部分项目分包履约意识淡薄，履约能力和效果不符合工期需求，导致项目履约不顺。

（4）验收前置条件不具备。主要表现为个别项目业主方手续不全，过程新增内容不符合规划验收要求，消防验收多次组织整改推进不力，导致项目验收迟迟不能落地。

（5）目标及施工标准不确定。主要表现为业主经营决策变化，项目完工节点目标不明确，导致项目部署和决策发生变化，施工节奏受阻。

（6）其他特殊影响因素。主要表现为项目分批次开发或验收，导致土建装饰衔接不及时，项目中途停工无法完工。

5.1.2 收尾项目管理

1. 收尾项目管理思路

1）整体管理思路

实行分类分级专项管控，以收尾部署为前提，以沟通协调为重点，以销项计划为主线，以资源支撑为核心，确保收尾与验收同步、现场与商务并进。

2）收尾项目管理分级分类

根据收尾项目性质、难易程度进行分类管控，共分为三类：未完重点推进项目，未完正常推进项目，待竣工交付项目。

3）收尾项目分级响应

项目应根据不同项目分类，实行不同层级响应和管控。超期项目按照Ⅲ类项目进行管控，项目应重新与业主单位协商确定节点目标，及时化解工期风险。

4）收尾项目组织分工

项目进入收尾阶段即纳入重点管控，过程中总部紧密关注计划系统节点完成情况和项目履约管理状态，通过每周履约小组会、月度项目管理委员会进行研判，将收尾项目分为常规收尾项目和风险抢工收尾项目，根据不同类别针对性优化组织架构。对正常收尾项目采用常规项目组织分工模式，对风险抢工收尾项目采用抢工项目组织分工模式。项目管理委员会同时对风险抢工项目主要管理人员综合能力进行评估，以争先有为者为本，对无法胜任岗位要求人员进行调整。

（1）常规项目组织分工

组织分工：共设置一个领导小组和三个工作小组，现场组、验收组、商务组。

领导小组：由项目班子成员担任，其中组长为项目经理，生产负责人、技术负责人、商务负责人为副组长，主要负责项目收尾管理部署确定、资源协调，并分别负责现场组、验收组、商务组对应任务分解和实施。

现场组：由生产负责人担任组长，项目工程部、物资部、安监部、机电部、保安部等部门为组员，主要负责现场收尾管理，包括收尾计划制订、收尾资源统筹、收尾销项管理等，收尾阶段现场人员分工需根据收尾部署综合考虑，需确保工作面全覆盖、专业全覆盖。

验收组：由技术负责人担任组长，技术部、质监部等部门为组员，主要负责制订验收计划，并按照验收计划推进各项检测和专项验收，负责验收资料管理。

商务组：由商务负责人担任组长，商务部、财务部等部门成员为组员，主要负责分包及对位结算，牵头分包争议解决，解决资源前置需求，对于抢工项目负责抢工分包合同及工程量统计等工作。

（2）抢工项目组织分工

在常规项目组织分工基础上，增设机关层面领导小组和资源保障组，对应项目层面设置工作小组。

领导小组：由公司分管生产副总担任，副组长由需重点配合业务分管领导担任，如分管技术、商务、财务、招采等领导，具体因项目需求综合考虑。组员由项目管理部、技术部、商务部、招采部等部门人员及项目经理负责。

资源保障组：由招采部、项目管理部、商务部等成员担任，具体负责现场各类资源统筹和协调。

2. 收尾项目管理验收

项目验收管理主要包含专项检测、专项验收以及联合验收三部分内容。结合公司验收管理指导文件《项目验收工作示范文本》，通过系统梳理项目重要验收（检测）节点，指导项目收尾阶段在合理时刻插入对应验收（检测）事项，明确各项验收责任人，推进整体验收进展。

1）重视专项检测过程实施

人防、水电风、防雷、消防工程整体施工完毕并自检合格后即可分别开展对应的专项检测工作，提前与业主沟通检测单位履行合同方式，排除施工进度以外的原因造成的验收障碍。

2）加强专项验收责任落实

各分部专项验收由质监部牵头，结构施工过程中持续与质监站做好沟通咨询，对现场验收工作提前进行规划，确保桩基、基槽、主体结构验收顺利开展。电梯验收由电梯单位主导，正式水电风形成后即可开展，由特种设备检验所进行验收。幕墙结构验收结束后应立即督促幕墙单位开展幕墙工程验收。

3）找准联合验收启动时机

提前进行策划，做好充足准备，将验收工作提前启动，通过项目管理部组织领导及各部门开展预验收，邀请专家指导，提前发现问题并解决，把握联合验收主动权，避免被多次整改打乱施工、验收节奏。

5.1.3 如何做好竣工验收工作

工程项目的竣工验收是施工全过程的最后一道程序，也是工程项目管理的最后一项工作。它是建设投资成果转入生产或使用的标志，也是全面考核投资效益、检验设计和施工质量的重要环节。竣工验收阶段的主要工作就是对项目质量进行全面的检查与评定，考核其是否达到了项目决策所确立的质量目标：是否符合设计文件所规定的质量标准。经正式验收的项目才可办理交接手续，移交给业主。

1. 提高项目管理层意识

搞工程的人大多认为，工程的开始和收尾最难干，尤其收尾，忙活了半天看不出成绩。加上临近结束，人心浮动，和分包商的关系也因为牵涉到最后的结算，扯皮事儿多，矛盾日渐显现，远没有施工期的那种协同配合的热络劲儿。验收单位此时卡得也要严些，因为都知道，万一出错的话，没有机会可寻了。

在这种情况下，项目经理层的重视和对收尾工作的强力支持就显得异常重要了。通常项目经理会亲自过问。而且，这个项目经理必须是深知其中厉害，并有耐心来做此事的人。

其次，收尾收的全是以前的活，所以，尽管收尾工作本身的技巧和努力很重要，但收尾工作做得好坏与否，与平时所做的工作有着更根本的关系，也就是说功在平时。这里的平时之功，不仅指工程建筑物，更指与之相关的各类文档。

2. 专人负责，强调计划

因为竣工验收工作的复杂和千头万绪，必须指定专人负责，组成一个精干的移交、验收、资料归档小组，具体实施以移交验收和竣工归档为主的收尾工作。

验收要特别强调策划。一定要根据工程实际情况，结合合同条款拟定初稿，然后经由项目经理主持，各部门（尤其是合同、技术和施工部门）的会审，确定后下发，严格执行。为保证计划的执行，最好要有一个例会制度，各方定期审查进度，及时解决存在的问题。

3. 策划验收项目的顺序和数量

可以从两方面考虑：合同利益和现场实际。一般而言，应该是"成熟一个，发展一个"，且越早移交越好。因为移交以后，可以减少己方费用，尽早进入缺陷责任期，尽早转移责任给业主，也利于尽早结算工程款和质保金。当然，这需要合同部门和监理、业主方面去谈判界定。但如果工程项目较小，则可考虑将几个分部工程合并验收、移交，这样就可以减少验收、移交的费用用于提高效率（包括人情方面）。

4. 充分准备，打有准备的仗

移交验收是个琐碎、重复的工作，所以得有充分的准备。主要是两方面：资料和现场，尤其是资料。资料一定要根据规范要求，准备齐全；现场主要是缺陷修补和验收前的清理。

在准备过程中，尽可能让监理和业主提前介入，发现问题及时解决，如果有个别问题在验收前实在解决不了，要争取他们同意将其列入遗留问题，以求不致因此而延误验收。一般而言，监理和业主是不太希望提前验收的，那么负责验收的人，就需要一而再、再而三地提出验收的要求，要善于利用种种契机，直到取得同意为止。

充分准备成功的标志是什么呢？就是水到渠成的感觉。所有的问题都在验收前就已经解决掉了，真正到验收那一天，只是个形式，签字就行了。

5. 做好总结，实现程式化

第一次验收是比较难的，所以一定要保证成功率，不许失败。第一次通过以后，就可以得到一些适用于该项目的程式化的东西，以后的验收，就比较容易了。

5.2　组织资料组卷工作

资料组卷是指在工程完工，所有资料全部收集、整理完成后将资料按照规范的归档顺序进行分类编目整理。施工过程中我们的资料是按横向进行报验，而最后的组卷顺序是竖向排序，即每种表格按照时间先后顺序进行排列编目整理。所以，组卷整理也是一项很繁重的工作。关于新的组卷顺序，各个档案馆会有各自的组卷目录，在组档案馆的资料时可先去档案馆咨询组卷顺序，如图5-1所示。

图 5-1　资料组卷示意图

5.2.1　注意事项

项目文件组卷的主体单位应为项目文件的形成单位，即项目文件形成单位按照档案管理要求，对项目文件进行分类、整理、组卷。

项目文件组卷前，应收集齐全、完整，签章手续完备，其载体和书写印制材料应符合档案保护的要求。

组卷时还要特别注意：①案卷内不应存在重复文件，文件附件共用时，应在备考表中注明。②不同保管期限文件组成一卷时，案卷保管期限实行从长原则。③不同载体形式文件应分别组卷。

5.2.2　组卷方法

由于项目文件性质、内容、形成阶段以及形成单位不同，组卷的方法也存在相应差别。在遵循组卷原则的基础上，针对各行业特点，合理组卷，确保满足便于保管和提供利用的需要。

一是项目前期文件、工程管理性文件、竣工验收文件及生产准备文件，一般按阶段、问题、来源组卷。二是设计文件应分阶段、专业按卷册号组卷，设计更改文件应按专业（单位工程）、时间组卷。三是施工文件一般按单位工程组卷。四是调试文件一般按调试阶段、专业、系统组卷。五是质量监督文件一般按阶段、节点、专业组卷。六是监理文件一般按文种、专业（标段）、时间等特征组卷。七是原材料质量证明文件一般分专业按材料种类、型号组卷。八是设备文件一般按设备成套性特点，分专业、系统按台套组卷。

（1）首先要拿到的就是施工许可证、中标通知书等，要核对工程图纸上的工程名称是否与施工许可证的一样（要以施工许可证的为准，如果填写错误后期交工时会很麻烦）。

（2）然后就要熟悉下施工图纸上面的工程概况，把资料软件中的工程信息等内容先完善（需要准备的文件有施工许可证，一般施工许可证上面的内容就可以满足了），最好是建立单个的栋号，每个栋号都单独地建立信息，这样方便后续的工作。

（3）五方质量主体的承诺书也要收集齐全（建设单位、施工单位、设计单位、勘察单位、监理单位），除此以外，进场的材料也是要承诺书的，比如钢材、混凝土厂家等。

（4）上述工作准备完成以后就要开始进入工作阶段了，需要确认开工日期（一般以施工许可证上的日期或者进场的日期为准都可以，但是进场的日期不能比施工许可证的日期提前）。

（5）接下来需要填写工程开工报审表，签字完成后报给监理单位，监理单位签署开工令。

（6）在施工现场填写管理检查记录。

（7）上述工作全部完成后，开始申报施工组织设计以及各专项方案报审表（施工组织设计、施工方案是同一张报审表）。

（8）接下来就需要申报分包资质了，需要注意的是申报的资质是否符合所承包的工程范围，营业执照、资质证书有效期是否过期，专业人员的证书是否过期等。专业分包需要有项目经理（建造师证书、安全B本）、技术负责人（最低中级职称）、施工员、安全员、质检员、劳动力管理员等，人员需要齐全。

（9）还需填写见证人告知书，为后续的试验工作作准备（需要注意的是换一家试验室就需要填写一个见证人告知书，见证人签字需要手工填写）。

（10）图纸会审：按专业分别整理，有的单位各专业整理到了一起，最后组卷没法分开（需要按专业、类别分类）。

（11）工程变更：由设计单位出具变更单。

（12）工程洽商：施工过程中施工、建设、监理单位针对发现的问题提出修改，必须有四方签字。

5.3 技术总结、科研成果整理上报

一个项目好不好，不仅需要做得好，还需要宣传得好（亮点），常见的宣传有新闻报道、技术成果推广、行业奖项颁发等，申报行业奖项的大量科研成果基础，让这个项目更具竞争力；科研成果的诞生多数都源于日常的积累以及对项目的总结。

常见的技术总结：

（1）工艺、工法总结。

（2）"四新"技术应用，提炼成果（论文、工法、QC、专利等）。

（3）施工总结。

（4）创优总结。

（5）技术人才培养。

总结就是一件事情做完了以后，做成功了，或者没做成功，尤其是没做成功的，坐下来理一遍，下次再做的时候，自然就吸收了这次的经验教训。

项目总工要加强项目科技创新工作管理（科研、工法、专利），注重QC活动，重视技术总结。定期召开技术学习、技术座谈、技术培训会议；技术学习时要适当引入新知识，让大家知道该学的知识还很多，学无止境。

通常总工的总结工作有以下内容：施工工艺、工效总结，尤其是新工艺或第一次使用的常规工艺，例如施工中总结：各工序在不同工况下的进度指标，各工序在不同进度指

标、不同施工条件下的基本资源配置，主要机械设备的功率、消耗、生产效率，各种工序在不同工艺条件下对应的材料消耗量，各工序可能存在的质量通病及预防措施等。

同时，还包括为了提高现场施工安全、质量、进度等方面的小改造、小发明，也要进行总结，进而可以申报 QC、工法、专利等奖项。

6

项目总工如何
自我成长

项目总工对项目技术、生产、安全、质量、成本管理等各项工作进行配合服务，对项目整体目标发挥着重要作用。

项目总工位于"8"字的中间交点，处于信息交汇点，是项目活动输出与输入的交点，需要良好的沟通能力和传输能力，有较强的责任心、较宽泛的知识面，敢于开拓进取、创新管理和运用"四新"技术，在思想、业务能力、工作作风上是技术人员的楷模。

6.1 如何做好有效沟通

不论在日常生活还是工作中，与人沟通都是不可避免的。我们发现，往往彼此花费了很大力气进行沟通交流，却达不到理想的效果，这种情况可称之为无效沟通。

沟通，作为人们之间思想与感情的传递和反馈的方式，是有其自身的特点的。若能顺势而为，充分利用这些特点，就能实现有效沟通，达到事半功倍的效果。

简单说，沟通就是将事件、信息、意见、看法清楚明白地传达出去，同时要确定对方接收到了传递的内容，如图 6-1 所示。

6.1.1 沟通要义及方式

1. 沟通要义

（1）沟通是两方或者多方的事情，但是无论传递方还是接收方，都是特定的。

（2）沟通需要参与的几方互动。

（3）要保证传递方和接收方对所交流内容的理解是一致的。

（4）得到双方都认可的、具体可操作的结果。

2. 沟通方式

沟通方式无非就是两种，一是非正式的，一般是口头沟通；一是正式的，一般会落实到文字上。

口头沟通优点是方便快捷，简单直接，缺点是容易遗漏，不易记忆，不便追溯。文字

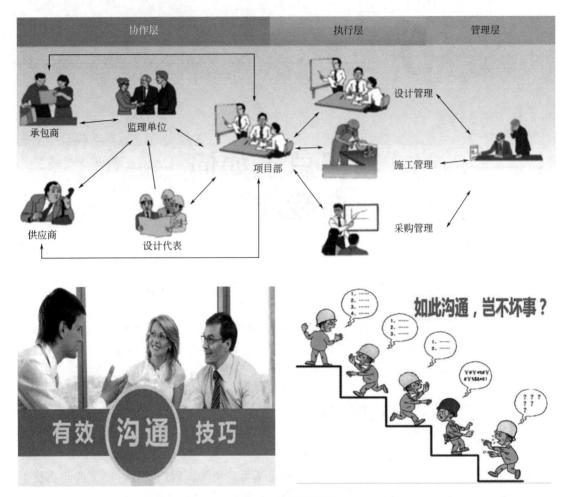

图 6-1 沟通效果图

沟通正好相反，经过一个整理的过程，内容齐全、系统，也便于记忆和追溯，但是因为要借助于第三方工具，比如邮件或者交班本等，所以比较烦琐，会有一定的延迟。

值得说的是，不能仅仅以是否落实成文字来判断沟通的类型。比如说 QQ、微信等社交工具，虽然是用文字来进行沟通，但多数时候是随意的，只能算作非正式口头。公司例会和电话会议等，虽然是用语言来传递信息，但是因其内容的系统性和形式的正规性，要算作正式沟通。

因其各自的特性，一般简短的、可迅速完成的信息，非正式沟通即可完成。而日后需要追溯和进一步跟进的信息，则需要用正式沟通的方式进行。

不过，在现实工作和生活中，正式沟通和非沟通方式是相辅相成、互相影响的。我们很少仅仅采用一种方式就能达到目的。而且在一个完整的正式沟通过程中，定然存在着无数的非正式沟通。

根据工作性质的不同，沟通的工具也各不相同。不过大致就是以下几种：

（1）交谈：最原始的，也是其他一切沟通工具的基础。包括在 QQ、微信等社交工具中的日常对话，都可以算作交谈的范畴。

（2）交接表/本：最有效的沟通工具之一。因为有文字落实，便于追溯和跟进。

（3）邮件：包括信件和电子邮件。与交接本一样，因为有文字，所以很容易跟进。不同的是，邮件更侧重于对某一具体事件的沟通。

（4）便条：只限于两个人之间的非正式沟通，一方向另一方提供某件事的主要信息。

（5）系统：快捷准确，用途广泛。用系统作为沟通工具，最具代表性的当属快递行业，对快件的跟踪。

我们只有充分了解沟通的特点，并且在生活和工作中加以利用，才能避免在交流的过程中，产生一些不必要的误会。

6.1.2　项目总工如何提高沟通效率

1. 与各外部单位沟通方式

对外联系首先要讲诚信，其次要讲立场、讲原则，为自己树立形象的同时，也为企业争信誉、赢利润。

1）与建设单位协调

项目经理部协调与发包人之间关系的有效方法是执行合同。项目总工首先要理解总目标和发包人的意图，反复阅读合同或项目任务文件，必须完整了解项目构思的基础、起因、出发点，了解目标设计和决策背景。如果项目管理和实施状况与发包人的预期要求不同，发包人将会干预，并且会去改变这种状态。尽管有预定的目标，但发包人通常是其他专业或领域的人，可能对项目懂得很少，解决这个问题比较好的办法是：使发包人理解项目和项目实施的过程，减少非程序干预；项目经理部作出决策时要考虑到发包人的期望，经常了解发包人所面临的压力，以及发包人对项目关注的焦点；尊重发包人，随时向发包人报告情况；加强计划性和预见性；对于发包人、监理及其他相关部门的检查，应很好地配合。项目经理部与建设单位之间的关系协调应贯穿于项目管理的全过程。协调的目的是搞好协作，协调的方法是执行合同，协调的重点是资金问题、质量问题和进度问题，如图 6-2 所示。

图 6-2　工地日常检查图

2）与监理单位协调

项目经理部应及时向监理机构提供有关施工方案、统计资料、工程事故报告等，应按

《建设工程监理规范》GB/T 50319—2013 的规定和施工合同的要求，接受监理单位的监督和管理，搞好协作配合；项目经理部应充分了解监理工作的性质、原则，尊重监理人员，对其工作积极配合，始终坚持双方目标一致的原则，并积极主动地工作；在合作过程中，应注意现场签证工作，遇到设计变更、材料改变或特殊工艺以及隐蔽工程等应在规定的时间内得到监理人员的认可，并形成书面材料，尽量减少与监理人员的摩擦；项目经理部应严格地组织施工，避免在施工过程中出现较敏感的问题，一旦这些敏感问题被监理方指出，总工应以事实为依据，阐述己方的观点，当与监理方意见不一致时，应本着相互理解、互相配合的原则与监理方进行协商，且项目经理部应尊重监理方的最终决定。例如，在某工程的实施中，在对监理公司的配合方面，应做好如下工作：严格按照相关要求为监理工程师在项目现场提供良好的工作条件，为监理工程师在现场顺利开展工作提供保障。严格按照文件规定及时全面地提供施工组织设计、施工方案、现场检查申请、材料报批、分包商选择等书面资料，使监理工程师及时充分地了解并掌握精装修分承包商（投标人）相关工作的进展，对工程项目的实施实行全面有效的监理，如图 6-3 所示。

图 6-3　工地日常检查及隐蔽验收图

积极组织工程相关各方参加监理例会，听取业主、监理工程师、设计工程师对工程施工的指导意见，认真落实各方提出的要求，当要求总承包商提交书面资料时，要及时提交相关资料，确保监理工程师及时明确所需的相关证明资料，保证整个精装修工程的顺利实施。按监理工程师同意的格式和详细程度，向监理工程师及时提交完整的进度计划，以获得监理工程师的批准。无论监理工程师何时需要，保证随时以书面形式提交一份为保证该进度计划而拟采用的方法和安排的说明，以供监理工程师参考。

对监理工程师在现场检查中提出的口头或书面整改要求，要及时按要求进行整改后请监理工程师再次验收，最大限度地缩短整改时间，为后续工作创造条件。在任何时候如果监理工程师认为工程或其任何区段的施工进度不符合批准的进度计划或竣工期限的要求，则保证在监理工程师的同意下，立即采取必要的措施加快施工进度，以使其符合竣工期限的要求。现场验收申请、审批资料的申报要提前提交监理工程师，为监理工程师正常的验收和审批留出足够的时间。

积极教育员工（包括专业班组作业人员）要尊重监理人员，对监理工程师提出的要求要积极响应，避免无视监理指示乃至抵触现象的发生。在施工全过程中，严格按照经发包方及监理工程师批准的"施工大纲""施工组织设计"对施工单位进行质量管理。在执行"自检、互检、交接检"三检制度的基础上，接受监理工程师的验收和检查，并按照监理要求，予以整改。贯彻已建立的质量控制、检查、管理制度，并据此对各施工工种予以监控，确保产品达到优良。对整个工程产品质量负有最终责任，任何专业工程的失职、失误均视为本公司的工作失误，因此要坚决杜绝现场施工不服从监理工程师工作的不正常现象发生，使监理工程师的一切指令得到全面执行，如图 6-4 所示。

质量自检　　　　　　　　　　　甲方、监理单位举牌验收

图 6-4　过程验收图

3）与设计单位协调

项目部应要求甲方组织设计单位参加设计交底会、工程例会及其他专题会；工程设计变更、工程洽商等由设计单位下发的书面文件，应由项目部各专业工程师与设计单位各专业负责人进行确认；项目部经理应重视与总设计师的沟通、协调。

例如，某工程的工程技术部与该工程的设计单位进行友好协作，以获得设计单位的大力支持，保证工程符合设计单位的构思、要求及国家有关规范、规定的质量要求。向设计单位提交的方案中，包括施工可能出现的各种工况，协助设计院完善施工图设计。向设计单位提交根据施工总进度计划而编制的设计出图计划书，积极参与设计的深化工作。主持施工图审查，协助业主会同建筑师、供应商（制造商）提出建议，完善设计内容和设备物资选型，如图 6-5 所示。

组织地方专业主管部门与建筑师联系，向设计单位提供需主管部门协助的专项工程，例如外配电、水、环保、消防、网络通信等的设计、施工、安装、检测等资料，完善整体设计，确保联动调试的成功和使用功能的实现。对施工中出现的情况，按驻场建筑师、监理的要求及时处理，并会同发包方、建筑师、施工方按照总进度与整体效果要求，验收小样板间，进行部位验收、中间质量验收、竣工验收等。根据发包方指令，组织设计方参加机电设备、精装修用料等的选型、选材和订货，参加新材料的定样采购。定期交换我们对设计内容的意见，用我们丰富的施工经验来完善细部节点设计，以达到最佳效果。如遇业主改变使用功能或提高建设标准或采用合理化建议需进行设计变更时，我们将积极配合，

图 6-5　设计交底及基槽验收图

若需部分停工，我们将及时改变施工部署，尽量减少工期损失。

4）与分包单位协调

要求分包单位严格按照分包合同执行；每道工序施工前必须对分包单位进行技术交底及下发相关资料；施工过程中必须加强动态控制，严格要求分包单位按照图纸、规范进行施工；若分包单位未按照施工规范施工，项目部应立即下发整改通知单，并且要求分包单位在限定时间内整改完毕，若分包单位未能按照要求整改到位，项目部应下发罚款通知单，并且安排专人进行整改；项目部应对分包单位的工作进行监督和支持。项目经理部应加强与分包单位的沟通，及时了解分包单位的情况，发现问题及时处理，并以平等的合同双方的关系支持分包单位的活动，同时加强监管力度，避免问题的复杂化和扩大化。

例如，为协调调压室及压力管道工程斜井开挖及管道安装，浙江苍南队尽快清理了斜井下部的虚渣、积水，以便于安装工区安设弯管，要求于 2012 年 3 月 16 日完成并交面；各危险源需悬挂警示标志（加强保护，谁破坏谁赔偿）；各工作面需配备一定数量的灭火器械，特别是压力钢管的焊接，在焊接过程中容易导电，进而引发火灾，必须配置灭火器；用电线路及开关柜要按规范布置；各交通道路路口要设置警示、指示标志；严禁酒后驾车；特种设备必须设专人指挥和导向，并做好相关运行记录和维修保养记录；各洞口必须设置安全防护栏，并挂安全标识牌，施工人员防护用具必须佩戴齐全，各施工作业面设置专人进行瞭望监护；闲暇时间不允许施工人员去其他施工作业面观望或逗留，以免带来不必要的损失；浙江苍南队加强抽排下平段积水，确保文明施工；各协作队伍每项工作施工完毕后，必须清除在施工过程中产生的垃圾和废旧材料，做到工完、料净、场地清。

例如，水电施工的协调，分公司工程管理科是动能供应的管理职能部门，相关专业工地是负责实施单位，生产区的用水设施的维修和日常管理由机炉工地负责，用电管理由电控工地负责。各专业工地必须严格执行有关规定，如出现故障必须报告水电管理人员，因施工需要各专业需增加负荷或管理时，应事先填写工程联系单，交项目工程管理科审核批准，由专业人员负责施工。

例如，混凝土浇筑过程中预留、预埋的协调，在混凝土结构施工期间，项目经理部要求各专业分包单位和其他承包单位根据施工进度计划安排，在混凝土浇筑 11d 前提交预留、预埋在混凝土结构中的各种洞口、槽口、埋件等的尺寸、位置、质量标准等相关资料，由项目经理部工程部门负责汇总、核对后提前 7d 报监理工程师及设计师审批，审批完成后由项目部负责预留、预埋施工。在混凝土施工过程中，项目经理部按照专业分包单位和其他承包单位要求进行预留、预埋的套管、固定件、锚栓等由专业分包单位负责提供，专业分包单位对所提供材料的质量负责。埋件安装完成后混凝土浇筑前，为避免出现差错造成缺陷，专业分包单位作为埋件的使用方，必须对埋件进行检查验收，并在验收文件上签字。若在混凝土浇筑时，设计师或专业分包单位不能提供埋件的具体资料，为避免延误混凝土浇筑，项目经理部将会同监理工程师进行协商，按照监理工程师的指示安装有关埋件。

例如，垂直运输机械的协调，项目部将免费向专业分包单位及其他承包单位提供现场已有的棚架、爬梯、工作台、升降设备等，各分包单位应每周以书面形式向项目经理部提出下周的材料运输量的申请，以便总承包单位调配安排提升设备的运输计划。各分包单位应无条件服从项目部的管理规定。

例如，地下室外墙预埋协调，安装管线施工的协调顺序为先室外后室内，室内的顺序是先立管主干管后分支管。为了充分利用时间和空间，开展立体交叉施工，为下一步楼层管线全面安装创造条件，当土建结构施工到 2/3 高度时，可安装各管中的立管，包括给水排水管、消防水管、空调水管和卫生间全部立管等，其顺序是自下而上进行。这一施工部署对加快工程进度和缩短工期是十分有用的。

5）与其他政府单位协调

（1）在施工活动中主动与公用部门密切联系，取得配合与支持，加强计划性，以保证施工质量、进度要求；充分利用发包人、监理工程师的关系进行协调。

例如，我方积极主动地与当地交通、城管、市政、园林、环保环卫、自来水公司、电力公司、燃气公司等各社会公共部门取得联系，向他们通报情况，听取他们的意见，了解政府及主管部门的最新管理信息，按要求办理相关手续，制定相应的管理制度，使施工行为符合政府及主管部门的管理规定，以取得当地政府及主管部门的支持、信任与配合，为工程施工的顺利进行打下了良好的基础。主要工作如下：在业主取得有关公用部门的批准文件及许可证后，项目经理部方可进行相应的施工活动；在工程开工前，与各部门取得联系，并办理政府各部门规定的手续。

例如，临建审批、夜间施工、污水排放等，遵守各公共部门的有关规定，合理、合法施工。项目经理部应根据施工要求向有关公共部门办理各类手续：到交通管理部门办理通行路线图和通行证；到市政部门办理街道临建审批手续。在施工活动中主动与社会公共部门密切联系，建立定期沟通制度，及时向有关部门汇报施工管理情况，以期获得有力的支持。

（2）项目经理部应接受政府建设行政主管部门的审查，按规定办理好项目施工合同备案等手续，在施工活动中发生合同纠纷时，项目部应委托政府建设行政主管部门参与调解或仲裁。在施工活动中，应主动向政府建设行政主管部门请示、汇报，取得支持与帮助。

例如，办理施工合同备案应提前协调准备备案相关材料，如中标通知书、合同书；工程项目中标项目负责人的建造师注册证书和职业印章、身份证及安全生产考核合格证书或小型项目负责人的证书、身份证及项目负责人的安全生产考核合格证书；项目技术负责人、安全员、施工员、质检员、资料员、材料员的相关资料等。

6.2 总工如何给自己和公司盈利

对建筑行业来说，企业要想持续发展，盈利是必要手段，只有不断盈利企业才能长久发展。随着建筑市场竞争的日趋激烈，工程项目的利润空间越来越小，而企业追求的永恒目标是"利益最大化"。在当今激烈的市场竞争中，如何合理获取利润成为各家建筑企业的核心问题，下面从总工层面进行一些探讨。

6.2.1 如何为自己赚钱

1. 努力学习，不断提升

（1）努力学习，考取证书，获取公司相关补贴，增加自己的收入。

（2）不断积累，使自己的能力不断提升，进而实现岗位提升，让自己的工作得到跨越式发展。

2. 技术创新创效

项目实施过程中都会有许多的亮点及特色，应做好项目策划及日常管理，实现项目技术创效，通过技术创效奖励，实现收入增加。具体可以从以下几点着手：

（1）认真学习公司相关制度，如各类技术创效奖励机制。

（2）收集学习地方评奖、评优文件，提前进行创优规划。

（3）做好相关宣传工作，让大家积极参与进来，得到提升的同时获得一笔收入，还可以培养项目人员的创优意识。

（4）做好宣传工作，一个项目不仅需要做得好，还需要宣传得好：

通过申报各种奖项，不仅可以提升能力和完善履历，也能带来一笔不菲的收入，所以各位总工一定要重视这部分工作。

6.2.2 如何为公司赚钱

进行工程建设的最终目的是在工期短、质量好的前提下，创造出最佳的经济效益。

1. 项目实施阶段

1）应用新技术、新材料，提高劳动生产效率

（1）推行快拆模板体系及大模板组合体系，加快施工进度，提高劳动生产效率。

（2）采用泵送混凝土并掺加粉煤灰、减水剂、早强剂，从而节约水泥。

（3）粗直径钢筋连接采用剥肋滚压直螺纹连接工艺，减少钢筋搭接长度，从而节约钢材用量。

（4）供水管线、内排水管线、电线穿线管和雨水管等采用硬聚氯乙烯管线，可降低成本。

（5）屋面防水材料使用防水卷材，可减少污染，减少维修费用，延长使用年限，从而降低成本。

（6）顶梁板采用清水混凝土施工工艺，减少了抹灰工序。

（7）地热地面采用细石混凝土原浆压光，从而节约水泥用量。

2）科学组织施工，提高劳动生产效率

（1）科学周密地安排计划，巧妙地组织工序间的衔接，合理安排劳动力，做到不停工、不窝工、不抢工，创造条件缩短单项工程工期，减少人力、机械、周转材料等费用。

（2）提高机械化施工效能，劳动力组织合理，生产效益好，机械利用率高，工艺先进，做到少投入多产出。

（3）加强对操作工人的技术培训，提高工人的劳动熟练程度，实行合理的工资奖励制度，调动劳动积极性，提高生产效率。

（4）对重大、关键问题超前研究，制订措施。及时调整工序和调运人、财、物、机，以保证工程的连续性和均衡性。

（5）严格执行质量体系标准，加强过程施工质量控制，避免返工浪费，做到所有项目一次验收合格，并达到优良标准。

（6）安排好雨期、夜间施工，有预见性地调整各项工程的施工顺序，并做好预防工作，使工程有序不断地进行。

3）把好建筑材料的供应使用关，减少材料消耗

（1）建筑材料的供应货比实行三家，积极配合建设方选择质优价廉的材料。同时，对原材料的运输要进行分析，确定经济合理的运输方案。

（2）加强成品、半成品及材料采购、验收管理，以保证工程质量，降低工程造价，重要产品的价格、质量必须由业主、监理及施工单位共同确认后方可采购。

（3）利用新技术，改善技术操作方法，推广节约材料和能源的先进经验，减少材料消耗。

（4）科学合理地制订材料消耗定额，加强材料的采购、运输、验收、保管、发放、退库等各个环节的管理工作。

（5）实行材料节约奖励制度。

4）加强项目生产管理，提高施工管理水平

（1）编制先进合理的施工组织设计，进行施工优化组合，有标准、有目标。优化施工平面布置，减少二次搬运，节省工时和机具。

（2）临时设施尽可能做到一房多用，减少面积和造价。

（3）完善和建立各种规章制度，加强质量管理，落实各种安全措施，进一步改善和落实经济责任承包制及成本核算制。

（4）在施工过程的每一个环节上，用责任制和经济手段切实加强管理，做到工完料尽，以降低成本，提高经济效益。

（5）积极开展劳动竞赛，提高事业心、责任心，杜绝因质量问题而引起的返工损失和因安全事故引起的经济损失。

5）加强施工图预算，落实技术组织措施

（1）在满足用户要求和保证工程质量的前提下，对设计图纸进行认真会审，提出积极的修改意见，为建设方把握好设计的适用性，减少不必要的施工浪费；也可以在图纸会审时，对于设计文件中不明不详或有错误的事宜，提出利于施工、降低工程成本（主要是利

于提升利润空间)的合理化建议。

(2)按照国家相关规定精确编制施工预算,做到该收的点滴不漏,保证项目预算的真实性,决不将因项目管理不善等因素造成的损失列入施工图预算,更不得违反政策向甲方高估冒算或乱收费。

(3)根据工程建设实际情况,编制降低工程造价的技术组织实施计划,充分发挥群众进行讨论,群策群力。

(4)定期编制降低工程造价的技术组织实施完成情况表,并据以进行分析。

6)保证质量,减少返工损失,节约间接费用

(1)建立健全各级质量管理机构,加强质量管理。

(2)施工过程中做到每道工序、每个环节实行岗位责任制,严格工序交接检验,做好质量控制。

(3)建立队组工人质量责任制,组织好自检、互检和交接检。

(4)加强工程质量调查工作,从各方面及时取得质量事故的信息,预防和减少质量事故的发生,以减少返工损失。

2. 收尾阶段

(1)对剩余所有项目进行梳理,对每个单项排出计划,包括时间、资源计划,确保按时完成所有项目,确保项目资源分阶段合理释放。

(2)加大二次经营工作力度,争取将已报变更全部完善手续,同时对剩余工程是否仍有变更的可能作出评估。

(3)按照工程交验规定,分阶段组织各方进行工程交验。按照竣工资料编制办法,组织技术人员提前开始组卷工作,确保在完工后规定期内完成竣工资料的编制及移交。

(4)做好半成品、成品的保护工作,在移交完成前确保外观质量不受损。

(5)做好各种技术总结、科研成果等的整理与上报工作。

(6)仍要保持工地的文明施工及企业形象,杜绝收尾时"脏、乱、差"的场面,为区域发展奠定基础。

6.3 总工面对的诱惑有哪些

6.3.1 常见的诱惑

(1)信息如此发达的时代,网络上充斥着各类消极信息,长期下去,将影响个人工作积极性。

(2)手机的诱惑:每天大量的工作造成身体比较疲劳,最初是想着歇一会,玩会手机解解乏,或者偶尔休息的时候利用手机解解闷,但是长期发展下去以后,每天都离不开手机,每天大量的时间在刷短视频或者打游戏,更有甚者在开会期间玩起手机,严重影响个人工作和团队凝聚力,长此以往将会导致整个项目团队战斗力下降。

(3)酒桌的诱惑:项目管理中饭局是一种文化,可以帮助项目顺利实施,包括与团队之间进行聚餐可以帮助更好地进行内部沟通,提高团队凝聚力,但是作为总工不能沉溺于

酒桌，忘记自己的本职工作，让项目技术管理工作下降。

（4）其他外部环境的诱惑：项目管理中还充斥着其他各类诱惑，如分包、材料供应商、竞争对手等提供的各类条件，他们都将不同程度地影响着我们的行为举止和个人发展，让我们在项目管理中迷失方向，最终可能导致自毁前途。

6.3.2　如何抵制诱惑

君子爱财，取之以道，对待任何事物都是这样。金山银山背后很可能就是一双拉你下马的黑手，权利之杖的内部很可能就是一条吐着血红信子的毒蛇，只要不被欲望烧昏了头脑，就可以不被拖下万丈深渊。也许，还可以抓住机会，从一条良性的路上走过去，用自己的真实能力去实现理想，拥抱未来。

面对诱惑，学会拒绝，坚守自己的人生信念，才能抵达目的地。诱惑就像迷雾一样遮住了我们前进的方向，拒绝了诱惑，会让我们更清楚地看清前面的目标，认清自己心中所想，才能更轻松、平安、快捷地迈向成功的终点。

例如，花些时间分析一下：成果失败都是由因及果的，如果我们把心思专门用在学习和工作上，即抵制住诱惑，我们会获得什么结果；如果我们把心思用在别的方面，即抵制不住诱惑，我们会获得什么后果。这样我们可以列一个表，在表里我们填下现在忍耐吃苦的话，将来会获得什么快乐；现在就急于求乐的话，将来会承受什么痛苦。

6.4　总工如何带团队

项目总工是一个行政管理岗位，是项目经理的"军师"，是项目部的"参谋长"，是项目工程技术、质量的主要责任人，是项目执行层的领头人。由于项目总工的工作特性，对于项目的技术负责人和中层领导，一般需要具备专业知识和专业技能、管理经验、人际关系、成本管控、培养人才、总结工作等方面的能力。

1. 掌握过硬的业务知识

项目总工是一个项目的技术总负责人，是项目全体技术人员的主心骨，过硬的业务知识是一切工作的前提，如果自己业务不熟练，一知半解，工作作风就会陷于漂浮、务虚，安排工作可能会脱离实际，在该决策时可能犹豫不决，对工作百害而无一利。

2. 公平公正

每天布置的任务，还有大家所承受的工作量，都尽量一碗水端平，避免出现有人与你关系好，你分配的任务就易出成绩等情况，让你在大家心中形成一个公正的裁判的形象在监督考核他们，团队中一次特例都不能有，不然这一次就会毁掉你对团队的凝聚力。

3. 做好传帮带，帮助团队成员迅速成长

教给项目员工做事、思考的方法，但不干涉他实际的工作，让他得到提升，同时在实施中发现自身不足。如果总是习惯于什么事情都带着员工，员工永远也没有机会成长，作为一个领导你就会很累。

例如，定期召开技术学习、技术座谈、技术培训会议；技术学习时要适当引入新知识，让大家知道该学的知识还很多，学无止境，以此激发大家自觉学习的积极性。给所有技术人员提供畅言的机会和学习条件。

常见的培训：

（1）内部培训：法律、法规、规范、管理制度、图纸、方案、案例、经验、人生感悟等。

（2）外部培训：参观交流，专家讲课，安全、资料汇整、试验技能培训，如图6-6所示。

图6-6 项目团队培训图

4. 制度管人，以情带兵

要用好企业、项目制度这个工具，以制度管人。

5. 关心下属

多与员工沟通，做好关怀工作，例如当员工恋爱了，不妨给他放几天假去甜蜜一下；当员工家中有事，可以长者的身份督促他回家处理，并提供必要的帮助；当员工生病，去医院看看他；当员工受打击时，安慰他一下。以上这些都能让员工得到极强的归属感。

再比如帮助技术人员规划职业生涯，让每位员工看到希望，按照既定目标奋斗。

6. 发现别人的优点并给予赞美

当员工取得好的成绩，有优秀的创新时，记得及时给予肯定，可在项目技术会议上进行表扬，有条件的还可在公司进行宣传，让所有人都知道，只要努力踏实工作，项目、公司不会埋没员工的才华，同时也让公司领导了解到你带出了优秀的员工。作为部门领导，不应该担心被员工超越，成就了员工，才能更好地成就自己。

7. 具备优良的工作作风

优良的工作作风需要在工作过程中逐步锻炼、沉淀、积累，对于技术干部来讲，主要体现在以下几个方面：

1）提倡务实，反对务虚

何为务实？何为务虚？举个例子，要求每个人写个人总结，有的人能够结合自己的工作实际，写得比较具体，甚至能够结合工作中的具体事例得出自己的体会和感受，这就是务实；我认为这不仅是写一份个人总结，而且要形成这样一种务实的风气。

项目的技术工作也是一样，譬如说现场的技术交底、作业指导书等，编制得很整齐，专柜专盒，应付检查没问题，但如果没有按程序组织交底和技术指导，就不能起到应有的作用，这就是务虚。务虚的作风造成的恶果对工作就是漂浮、不切实际、无法执行，对个人就是喜欢说空话、大话、眼高手低。项目总工要带头克服这种坏习惯。

2）提倡雷厉风行，反对拖沓、散漫

新项目工程工作的时效性要强，如果不限时完成，任务很容易"堆积"起来，所造成的后果就是对堆积的问题粗糙处理，蒙混过关，甚至不处理，留下隐患。所以，对待一项工作，无论是施工现场的技术指导、技术交底，还是技术方案的编制和报送，都要有雷厉风行的快节奏，不可一拖再拖，养成拖沓、散漫的习惯。

作为项目总工一定要注意这一点，这是争取技术工作主动、克服被动局面的关键。有的技术工作是拖延不得的，譬如测量工作，小拖延可能酿成大麻烦。

3）工作严谨细致，反对马虎粗心

这一点从投标工作中最能反映出来，严谨细致、反复校对是减少工作失误、避免责任事故的关键。因工作马虎粗心造成投标失误的情况时有发生。

我们在编制技术方案、技术交底时也经常有语句不通、错别字等现象，自己写的东西不经过检查校对就上报，这不是水平问题，而是马虎粗心问题。如果在测量工作和技术交底上养成马虎粗心的习惯，往往会付出惨重的代价。

4）工作认真负责，反对敷衍塞责

认真负责是责任心、工作态度的体现，工作态度决定工作标准，一项工作安排下来，如果管理人员抱着认真负责的态度，认真检查桩位、标高等关键过程控制，分析控制不到位可能会造成的不良后果，从而就能对造成这些不良后果的关键环节加强监控。

反之，如果管理人员抱着敷衍塞责的态度，他可能就会侥幸地认为这项检查不做也不会有事。项目总工要特别警惕这种情况，对这种敷衍塞责的行为要坚决制止，许多质量、安全事故都是由这种不负责任的行为造成的。

6.5　总工如何学习

项目总工必须具备过硬的业务能力，过硬的业务知识来自于平时工作的积累。我们不能要求一个人对什么都懂，对什么都专，但至少有一点，本项目所涉及的施工技术要掌握；公司关于技术、安全、质量管理的各项制度要熟悉；对于项目技术管理的工作程序，平时要注意观察、学习和总结。只要有一个好的态度，不懂的可以学会，会了的可以变得更精通，"工欲善其事，必先利其器"，掌握了过硬的业务知识，说起话来有底气，有了责任敢承担，关键时刻能拍板定论，可以得到同事及下属的信任，所制订的方案就容易贯彻执行，工作起来也会得心应手。

6.5.1　常见的学习渠道

1. 网络平台

随着互联网的普及化，可以利用网络平台获取大量自己需要的资料，让自己得到快速提升。

2. 公司制度等资料

作为总工，要认真学习公司、项目的各类制度，掌握工作中的流程、方法，让自己的工作更加得心应手。

3. 各类培训

积极参加公司、协会、甲方等单位举办的各类培训，获取知识的同时也可帮助你扩展人脉。

4. 虚心请教学习

工作中要虚心请教他人，同时虚心接受他人的意见，切勿自高自大，最终让自己在管理中迷失自我。

5. 借鉴与创新

在项目实施中借鉴已有施工经验可以让我们少走很多弯路，如果在借鉴的同时，能够有所创新、有所改进、有所总结，那么就可以更好地丰富和提高我们的施工技术。

总工一定要胸怀宽广，不能器量狭小，要以提高个人素质为基本点，不要过分看重眼前的一点小权小利，要从个人长远发展出发，有时即使暂时被误解，也要淡然处之，在对待荣誉、利益、权力上，不去争，要靠自己的工作能力和个人品质去自然获得。要相信，有能力才能更容易抓住机会，是金子总会发光的。

6.5.2 如何快速学习

1. 学会总结，快速提升

项目总工要加强项目科技创新工作管理（科研、工法、专利），注重 QC 活动，重视各类技术总结。

施工中总结：各工序在不同工况下的进度指标，各工序在不同进度指标、不同施工条件下的基本资源配置，主要机械设备的功率、消耗、生产效率，各种工序在不同工艺条件下对应的材料消耗量，各工序可能存在的质量通病及预防措施等。

2. 要善于创造性地开展工作

（1）对工作要有超前想法和对策。

（2）要积极主动地与项目班子成员沟通交流，相互达成共识。

（3）积极主动工作，达成目标。

3. 丰富知识面，培养决策能力

（1）具备设计、地质、施工、预算、安全、质量、试验、设备等方面的知识。

（2）善于学习、积累、总结。

（3）能够静下心，负责、充满激情地工作。

（4）要善于在不断决策的过程中成长。

4. 转变工作心态

要会当领导，团结同事，支持项目经理的工作，并能带领全体施工技术人员做好质量、技术工作。

项目总工是项目经理部的领导之一，不是一个单纯的技术人员，总工的职责更多地要放在管理上，而不是非常具体的业务上，总工既要自身过硬，以身作则努力地工作，更要能带动大家共同负责。

总工需要站得更高一些，看得更远一些，才能搞好项目的质量技术、管理工作。

6.6 总工如何快速胜任

总工在施工单位一般也称为项目总工，负责该项目整体的施工进度、工程质量、工程造价等方面的工作。负责本项目全面的管理，含组织、协调等工作。他们一般具有高级技术职称。同时，每个项目在各专业还指定一个项目专业技术负责人，负责各专业的本项目管理工作。

一位出色的总工，能够创建优秀的学习型技术团队，营造有激情、积极向上的良好氛围，使所有技术人员团结一心、努力工作。

6.6.1 岗位疑问

初入岗位或者进入新的领域，作为总工常常会有这样的疑问：

（1）我行吗？该做什么？不该做什么？

（2）怎样开展工作？

（3）有哪些工作程序？

（4）项目经理重视技术管理吗？

6.6.2 常见的误区

（1）不明确自身职责，总认为总工是一个技术岗位，只负责施工技术，为现场搞好技术服务就行，对安全、进度、成本等方面不关心，存在事不关己、高高挂起的思想，未充分履行自身义务和发挥应有权利，一旦出现问题追究责任时感觉不合理，冤枉。

（2）只知自己埋头做事，不关注其他技术人员的工作状况，不能发挥团队协作精神，不能提升整体技术水平，有的当甩手掌柜，具体事情从不过问，被动工作。

（3）对程序文件、公司手册的学习不彻底，总工应干哪些工作不知道。

（4）科研工法参与度低，积极性差，应付了事，没有真正开展起来，时间到了就临时编凑，成果水平不高，获奖成果少。

（5）质量、环境管理，没有真正形成质量、环境管理保证体系，体系运转不正常，有的干活现场想咋干就咋干，质量没有底线，质量通病和大的隐患很多，麻木不仁，无法满足施工要求。项目的节能减排工作也没有真正开展起来，停留在表面，有的只是概念。

（6）施工过程中对测量、试验方面的关注度不够，对测量的精度、试验强度不能有效掌控，导致出现测量偏位、强度不足等情况，测量原始记录随测随丢，没有复核、没有签字，像草稿子一样。

（7）不注重公司要求上报各项资料（包括施工组织、方案、计划）的及时性和质量，敷衍了事，未进行认真审核把关，对公司文件执行的严肃性重视不够。

（8）编制方案未与项目团队、劳务公司、作业班组充分讨论，导致现场与方案脱离。

（9）缺少对项目技术人员的指导和培养，导致自己干活很累，工作开展不足，技术管理水平低，不能形成合力。

（10）对项目的重难点方案、关键的地方不是很清楚，没有超前考虑，重视不够，不善于通过查资料、网络、邀请专家的方式解决现场问题，心浮气躁，不能沉下心。

（11）报检通不过，就想办法说服监理工程师而进行下道工序的施工。这样，把我们的班组带入了误区，可能一而再地发生同样的问题。

6.6.3　如何快速胜任

1）将对项目起主要作用的相关资料动态归档、科学使用，并组织主要管理人员认真学习、理解：

（1）合同文件：招标图纸、招标文件、补遗书、施工合同、施工图纸、建设单位下发的各种文件。

（2）规范、标准、规程、验标、指南等。

（3）建设单位及当地政府文件。

（4）各种调查资料，与项目相关方的协议或书面往来资料。

（5）企业上级管理部门的相关管理办法、制度或文件。

（6）竣工资料管理办法。

2）认真学习招标文件及合同文件，梳理出履约要求、预付款条款、变更条款、临建标准要求等，提供给相关负责人员办理相关手续，确保相关工作有针对性地开展。

3）原材料调查、取样、试验，及早做好开工需要的配合比。

4）认真梳理出各种边界条件，并进行认识、分析、评估。

5）组织技术人员进行图纸核对，将发现的问题及时与设计沟通（确保向有利于我方的方向沟通），做好设计优化策划工作。

6）组织人员现场调查和测量，确定临建方案和平面布置及临建标准。

7）编制项目策划（掌握各种边界条件，分析项目特点、重难点及对策，明确项目区段划分及总体施工顺序、各种资源需求、工期目标、临建规划、二次经营策划等）。要求：深度策划、巧妙规划、细心计划、严格执行。

8）组织人员进行危险源辨识、环境因素识别，列出危险源清单、环境因素清单。编制安全管理措施、环境保护措施；编写应急预案、重大环境因素管理方案。

9）组织技术人员编制实施性施工组织设计及开工报告需要的各种资料（原材料调查及确定来源、试验配合比、人员设备配置及进场计划等）。

10）组织技术人员编写各种专项方案（临电、临建、深基坑支护、降水、塔式起重机安拆、模板、钢筋、混凝土、外架等），需要专家评审的及早进行评审。

11）明确各种用表样式。各种施工记录、检验批、试验、测量交底、监测记录、安全巡查、技术交底、培训记录、会议记录等，当地政府有要求的必须统一。

12）规划并完成现场各种图、表、牌的设计、制作、悬挂。既要符合建设方的要求，同时也要符合关于企业文化的相关规定。

13）编制内部技术管理办法及其他管理制度。组织技术人员进行技术培训。

14）针对项目特点、难点，编制科研、工法等技术成果计划并上报公司。根据项目工序需要改进的方面，成立 QC 活动小组并报公司登记。根据项目规模及技术含量，编制创优规划。根据项目条件，编制创建安全文明样板工地的规划。

15）参与并建议分包策划，确保便于管理，分包内容合理。参与并对各种协议进行细致审修，确保其条款具有可操作性及严密性，确保条款权责全面界定清晰。

16）必要时组织技术人员及主要管理人员到类似在建项目观摩学习。

17）加强与建设单位、设计单位、监理单位、检测机构等各方的密切联系，为项目的顺利施工创造更多有利条件（包括二次经营）。

18）对项目技术管理统一性的准备工作。

19）组织进行单价分劈，测算各种工序的利润空间，确保变更时向有利的方向努力，或必要时新增项目。总工是二次经营及成本核算的牵头人，项目经理是负责人。

20）制作较好的投影 PPT 资料，为本项目以后各种汇报打好基础。确保汇报内容新颖，资料排版合理，图文并茂。

21）项目总工在准备阶段事情特别繁多，需要经常对工作进行梳理，要善于利用"优先矩阵"：达到"事事有人管、事事有标准、人人有事做、人人有考核"的管理境界，如图 6-7 所示。

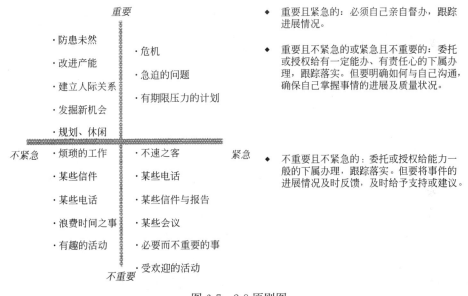

图 6-7　2-8 原则图

22）各种施工记录要：及时、准确、闭合、签证完善、分类归档；各种施工音像资料要定期收集、整理、归档。

23）测量复核，精度达标；各种混凝土抗压强度统计分析，适当优化，分部分项工程阶段或集中验收评定。

24）二次经营按商务策划及相关程序进行。

二次经营：会干更要会算，要有大智慧、大胆略、高情商，善引势、巧借势、会造势，找准切入点、抓住关键点、瞄准着力点、选好结合点，使项目二次经营有序开展。

25）拟定的科研创新、工法、专利工作的正常开展，QC 攻关小组活动的正常开展。

26）养成施工记录的好习惯，督促检查施工日志记录及时、准确、全面。项目各种大事要作专门记录（大事记）。各种会议记录要完整并存档备查。重要电话也很有必要做好通话记录。

27）对剩余所有项目进行梳理，对每个单项排出计划，包括时间、资源计划。确保按时完成所有项目。确保项目资源分阶段合理释放。

28）加大二次经营工作力度，争取将已报变更全部完善手续。同时对剩余工程是否仍有变更的可能作出评估。

29）按照工程交验规定，分阶段组织各方进行工程交验。按照竣工资料编制办法，组织技术人员提前开始组卷工作。确保在完工后规定期内完成竣工资料的编制及移交。